教育部高等学校电子信息类专业教学指导委员会规划教材
高等学校电子信息类专业系列教材

数据结构

高秀娥　主编
陈霞　秦静　桑海涛　张凌宇　梁莉　副主编

清华大学出版社
北京

内容简介

本书基于案例展开教学,突出以读者为中心,以读者实际学习成果为导向,符合新工科发展理念,引导读者循序渐进地掌握线性表、栈和队列、数组与广义表、树与二叉树、图、查找和排序等内容。本书突出实用性,每章以项目驱动切入并最终加以实现,章末附有典型习题,便于加强知识的巩固。全书文字浅显易懂,案例采用C语言实现,简洁明了。

本书作者集多年教学经验,配有实验讲义、课程设计、算法程序示例和PPT等,适合作为高等院校计算机、信息技术相关专业课程的教材,也可供从事计算机工程与应用工作的人员使用。

本书封面贴有清华大学出版社防伪标签,无标签者不得销售。
版权所有,侵权必究。举报: 010-62782989, beiqinquan@tup.tsinghua.edu.cn。

图书在版编目(CIP)数据

数据结构/高秀娥主编. —北京:清华大学出版社,2023.1(2025.3重印)
高等学校电子信息类专业系列教材
ISBN 978-7-302-61164-6

Ⅰ. ①数⋯ Ⅱ. ①高⋯ Ⅲ. ①数据结构-高等学校-教材 Ⅳ. ①TP311.12

中国版本图书馆CIP数据核字(2022)第110445号

责任编辑:王 芳
封面设计:李召霞
责任校对:郝美丽
责任印制:丛怀宇

出版发行:清华大学出版社
网　　址: https://www.tup.com.cn, https://www.wqxuetang.com
地　　址: 北京清华大学学研大厦A座　　邮　编: 100084
社 总 机: 010-83470000　　　　　　　　邮　购: 010-62786544
投稿与读者服务: 010-62776969, c-service@tup.tsinghua.edu.cn
质量反馈: 010-62772015, zhiliang@tup.tsinghua.edu.cn
课件下载: https://www.tup.com.cn, 010-83470236
印 装 者: 大厂回族自治县彩虹印刷有限公司
经　　销: 全国新华书店
开　　本: 185mm×260mm　　印　张: 14.75　　字　数: 359千字
版　　次: 2023年1月第1版　　　　　　　印　次: 2025年3月第2次印刷
印　　数: 1501~2000
定　　价: 59.00元

产品编号: 092514-01

高等学校电子信息类专业系列教材

顾问委员会

谈振辉	北京交通大学（教指委高级顾问）	郁道银	天津大学（教指委高级顾问）
廖延彪	清华大学　　（特约高级顾问）	胡广书	清华大学（特约高级顾问）
华成英	清华大学　　（国家级教学名师）	于洪珍	中国矿业大学（国家级教学名师）

编审委员会

主　任	吕志伟	哈尔滨工业大学			
副主任	刘　旭	浙江大学	王志军	北京大学	
	隆克平	北京科技大学	葛宝臻	天津大学	
	秦石乔	国防科技大学	何伟明	哈尔滨工业大学	
	刘向东	浙江大学			
委　员	韩　焱	中北大学	宋　梅	北京邮电大学	
	殷福亮	大连理工大学	张雪英	太原理工大学	
	张朝柱	哈尔滨工程大学	赵晓晖	吉林大学	
	洪　伟	东南大学	刘兴钊	上海交通大学	
	杨明武	合肥工业大学	陈鹤鸣	南京邮电大学	
	王忠勇	郑州大学	袁东风	山东大学	
	曾　云	湖南大学	程文青	华中科技大学	
	陈前斌	重庆邮电大学	李思敏	桂林电子科技大学	
	谢　泉	贵州大学	张怀武	电子科技大学	
	吴　瑛	战略支援部队信息工程大学	卞树檀	火箭军工程大学	
	金伟其	北京理工大学	刘纯亮	西安交通大学	
	胡秀珍	内蒙古工业大学	毕卫红	燕山大学	
	贾宏志	上海理工大学	付跃刚	长春理工大学	
	李振华	南京理工大学	顾济华	苏州大学	
	李　晖	福建师范大学	韩正甫	中国科学技术大学	
	何平安	武汉大学	何兴道	南昌航空大学	
	郭永彩	重庆大学	张新亮	华中科技大学	
	刘缠牢	西安工业大学	曹益平	四川大学	
	赵尚弘	空军工程大学	李儒新	中国科学院上海光学精密机械研究所	
	蒋晓瑜	陆军装甲兵学院	董友梅	京东方科技集团股份有限公司	
	仲顺安	北京理工大学	蔡　毅	中国兵器科学研究院	
	王艳芬	中国矿业大学	冯其波	北京交通大学	

丛书责任编辑　　盛东亮　　清华大学出版社

序
FOREWORD

我国电子信息产业销售收入总规模在2013年已经突破12万亿元,行业收入占工业总体比重已经超过9%。电子信息产业在工业经济中的支撑作用凸显,更加促进了信息化和工业化的高层次深度融合。随着移动互联网、云计算、物联网、大数据和石墨烯等新兴产业的爆发式增长,电子信息产业的发展呈现了新的特点,电子信息产业的人才培养面临着新的挑战。

(1) 随着控制、通信、人机交互和网络互联等新兴电子信息技术的不断发展,传统工业设备融合了大量最新的电子信息技术,它们一起构成了庞大而复杂的系统,派生出大量新兴的电子信息技术应用需求。这些"系统级"的应用需求,迫切要求具有系统级设计能力的电子信息技术人才。

(2) 电子信息系统设备的功能越来越复杂,系统的集成度越来越高。因此,要求未来的设计者应该具备更扎实的理论基础知识和更宽广的专业视野。未来电子信息系统的设计越来越要求软件和硬件的协同规划、协同设计和协同调试。

(3) 新兴电子信息技术的发展依赖于半导体产业的不断推动,半导体厂商为设计者提供了越来越丰富的生态资源,系统集成厂商的全方位配合又加速了这种生态资源的进一步完善。半导体厂商和系统集成厂商所建立的这种生态系统,为未来的设计者提供了更加便捷却又必须依赖的设计资源。

教育部2012年颁布的《普通高等学校本科专业目录》将电子信息类专业进行了整合,为各高校建立系统化的人才培养体系,培养具有扎实理论基础和宽广专业技能的、兼顾"基础"和"系统"的高层次电子信息人才给出了指引。

传统的电子信息学科专业课程体系呈现"自底向上"的特点,这种课程体系偏重对底层元器件的分析与设计,较少涉及系统级的集成与设计。近年来,国内很多高校对电子信息类专业课程体系进行了大力度的改革,这些改革顺应时代潮流,从系统集成的角度,更加科学合理地构建了课程体系。

为了进一步提高普通高校电子信息类专业教育与教学质量,贯彻落实《国家中长期教育改革和发展规划纲要(2010—2020年)》和《教育部关于全面提高高等教育质量若干意见》(教高〔2012〕4号)的精神,教育部高等学校电子信息类专业教学指导委员会开展了"高等学校电子信息类专业课程体系"的立项研究工作,并于2014年5月启动了《高等学校电子信息类专业系列教材》(教育部高等学校电子信息类专业教学指导委员会规划教材)的建设工作。其目的是为推进高等教育内涵式发展,提高教学水平,满足高等学校对电子信息类专业人才培养、教学改革与课程改革的需要。

本系列教材定位于高等学校电子信息类专业的专业课程,适用于电子信息类的电子信息工程、电子科学与技术、通信工程、微电子科学与工程、光电信息科学与工程、信息工程及其相近专业。经过编审委员会与众多高校多次沟通,初步拟定分批次(2014—2017年)建设约100门课程教材。本系列教材将力求在保证基础的前提下,突出技术的先进性和科学的前沿性,体现创新教学和工程实践教学;将重视系统集成思想在教学中的体现,鼓励推陈出新,采用"自顶向下"的方法编写教材;将注重反映优秀的教学改革成果,推广优秀的教学经验与理念。

为了保证本系列教材的科学性、系统性及编写质量,本系列教材设立顾问委员会及编审委员会。顾问委员会由教指委高级顾问、特约高级顾问和国家级教学名师担任,编审委员会由教育部高等学校电子信息类专业教学指导委员会委员和一线教学名师组成。同时,清华大学出版社为本系列教材配置优秀的编辑团队,力求高水准出版。本系列教材的建设,不仅有众多高校教师参与,也有大量知名的电子信息类企业支持。在此,谨向参与本系列教材策划、组织、编写与出版的广大教师、企业代表及出版人员致以诚挚的感谢,并殷切希望本系列教材在我国高等学校电子信息类专业人才培养与课程体系建设中发挥切实的作用。

吕志伟 教授

前 言
PREFACE

"数据结构"是计算机及相关专业的专业基础课和核心课程,它所包含的知识内容和技术方法,无论对学习计算机学科的其他相关课程,还是对从事软件设计和开发工作,都是重要的理论基础。编者结合近几年的教学改革实践、科研项目以及团队充分调研意见,参考大量的文献资料,按照新工科发展理念来构建本书的知识框架。

针对"数据结构"这门课中很多知识晦涩难懂,学生通常难以达到学以致用的目的,本书以项目导入为前提,引入相关知识体系,介绍数据结构的存储表示和各种基本操作的实现,最后再完成项目的分析与实现,使学生明白从"为何学知识"到"知识怎么应用"的转换过程,深刻理解数据结构在程序开发中的作用。

在内容选取上,本书符合复合型、应用型人才培养目标的要求,把抽象问题具体化,易于理解,循序渐进地引导读者理解和掌握核心知识。每一章的案例都经过精心设计,选取有代表性和典型性的实例。在知识的讲解中,采用通俗易懂的方式由浅入深进行分析,一步步启发读者将自然语言描述的问题转化为程序设计的能力,培养思维的全面性,真正提高算法设计和实现能力。考虑到很多高校采用 C 语言作为新生开学的第一门程序设计语言,而"数据结构"一般在大学二年级开设,所以本书采用 C 语言作为数据结构和算法的描述语言,学生在实际上机操作时,可以很容易地将书中的数据结构和算法转换成 C 程序。

本书共有 9 章,每一章结合项目实现,并配备习题和习题答案,实用性强。第 1 章数据结构概述,介绍数据结构和算法的基本概念;第 2 章线性表,由实际项目引出线性的逻辑结构、存储结构及相应的操作;第 3 章栈与队列,讨论了栈和队列的基本概念、逻辑结构、存储结构和经典应用;第 4~7 章分别介绍串、数组、树和图,同样以项目案例导入的形式,介绍基本的数据结构及其应用;第 8 章和第 9 章分别讨论查找和排序。

本书的每位编者都有丰富的数据结构教学经验和项目开发实战经验。其中,第 1 章和第 2 章由高秀娥编写,第 3 章和第 4 章由张凌宇编写,第 5 章和第 8 章由梁莉编写,第 6 章由陈霞编写,第 7 章由秦静编写,第 9 章由桑海涛编写,全书由高秀娥统稿。配套的实验讲义包括基础实验和课程设计两部分。基础实验重在实现书中验证性实验,课程设计部分综合应用经典算法解决工程实践问题,重在培养读者解决复杂工程问题的分析和设计能力。本书算法均采用 C 语言进行描述,并在 DevC++ 中调试通过。多名研究生和本科生参加算法调试与多媒体课件制作,在此一并表示感谢。

虽然本书在编写过程中力求完美,仍难免有不足之处,希望各位不吝指正。

高秀娥

2022 年 8 月

目录 CONTENTS

第1章 数据结构概述 ... 1
1.1 项目分析引入 ... 1
1.2 项目相关知识点介绍 ... 2
1.2.1 数据结构的逻辑结构 ... 2
1.2.2 数据结构的存储结构 ... 4
1.2.3 数据类型 ... 5
1.3 算法与算法性能分析 ... 6
1.3.1 算法的定义与特性 ... 7
1.3.2 算法性能分析 ... 7
1.4 项目实现 ... 12
1.5 习题 ... 12

第2章 线性表 ... 14
2.1 项目分析引入 ... 14
2.2 项目相关知识点介绍 ... 14
2.3 线性表的结构及基本运算 ... 15
2.3.1 顺序表的结构与操作 ... 15
2.3.2 链表的结构与操作 ... 19
2.3.3 循环链表 ... 26
2.3.4 双向(循环)链表 ... 27
2.4 项目实现 ... 28
2.4.1 项目实现内容 ... 28
2.4.2 项目实现结果 ... 29
2.5 习题 ... 32

第3章 栈与队列 ... 37
3.1 项目分析引入 ... 37
3.2 项目相关知识点介绍 ... 37
3.3 栈的定义 ... 38
3.3.1 顺序栈 ... 38
3.3.2 链式栈 ... 40
3.3.3 栈与递归 ... 42
3.4 队列的定义 ... 47
3.4.1 队列的定义和特点 ... 47
3.4.2 队列的基本操作 ... 47

	3.4.3	循环队列	48
	3.4.4	链式队列	51
3.5	项目实现		53
3.6	习题		56

第 4 章 串

4.1	项目分析引入	58
4.2	项目相关知识点介绍	58
4.3	串的存储结构	59
	4.3.1 串的顺序存储结构	59
	4.3.2 串的动态存储结构	59
4.4	串的模式匹配算法	60
	4.4.1 BF 算法	61
	4.4.2 KMP 算法	62
4.5	项目实现	66
4.6	习题	67

第 5 章 数组和广义表

5.1	项目的分析和引入	69
5.2	项目相关知识点介绍	69
5.3	数组	70
	5.3.1 数组概念	70
	5.3.2 数组的顺序存储结构	70
5.4	特殊矩阵的压缩存储	72
	5.4.1 主对角线对称矩阵	72
	5.4.2 副对角线对称矩阵	73
	5.4.3 三角矩阵	74
	5.4.4 稀疏矩阵	74
5.5	广义表	76
	5.5.1 概述	76
	5.5.2 广义表重要操作	76
	5.5.3 广义表的存储	76
5.6	项目实现	77
5.7	习题	78

第 6 章 树

6.1	项目分析引入	80
6.2	项目相关知识点介绍	81
6.3	树的基本概念	82
6.4	二叉树的概念和性质	84
	6.4.1 二叉树的概念	84
	6.4.2 二叉树的基本操作	85
	6.4.3 二叉树的性质	85
6.5	二叉树的存储结构	87
	6.5.1 二叉树的顺序存储结构	87

6.5.2　二叉树的链式存储结构 ·· 88
6.6　二叉树的遍历及其他操作 ·· 89
　　6.6.1　二叉树遍历概念 ·· 89
　　6.6.2　二叉树遍历算法 ·· 91
　　6.6.3　二叉树其他操作 ·· 94
6.7　线索二叉树 ··· 96
　　6.7.1　线索二叉树概念 ·· 96
　　6.7.2　线索二叉树存储表示和实现 ·· 97
6.8　树和森林 ·· 100
　　6.8.1　树的存储结构 ·· 100
　　6.8.2　树和森林与二叉树的转换 ·· 103
　　6.8.3　树和森林的遍历 ·· 106
6.9　哈夫曼树与哈夫曼编码 ·· 107
　　6.9.1　哈夫曼树的定义 ·· 107
　　6.9.2　哈夫曼编码 ··· 110
6.10　项目实现 ·· 113
6.11　习题 ··· 118

第 7 章　图

7.1　项目分析引入 ·· 123
7.2　项目相关知识点介绍 ·· 125
　　7.2.1　图的定义 ··· 125
　　7.2.2　图的相关术语 ·· 126
　　7.2.3　图的基本操作 ·· 126
7.3　图的存储结构 ·· 127
　　7.3.1　图的邻接矩阵表示法 ·· 127
　　7.3.2　图的邻接表表示法 ·· 129
　　7.3.3　有向图的十字链表表示法 ·· 133
7.4　图的遍历 ·· 135
　　7.4.1　深度优先搜索 ·· 136
　　7.4.2　广度优先搜索 ·· 143
7.5　最小生成树 ·· 147
　　7.5.1　生成树概念 ··· 147
　　7.5.2　普里姆算法 ··· 148
　　7.5.3　克鲁斯卡尔算法 ·· 149
7.6　拓扑排序与关键路径 ·· 152
　　7.6.1　拓扑排序 ··· 152
　　7.6.2　关键路径 ··· 154
7.7　最短路径 ·· 157
　　7.7.1　单源最短路径 ·· 157
　　7.7.2　任意两个顶点间的最短路径 ··· 161
7.8　项目实现 ·· 164
7.9　习题 ··· 175

第 8 章 查找 ········ 180

- 8.1 项目分析引入 ········ 180
- 8.2 项目相关知识点介绍 ········ 180
  - 8.2.1 顺序查找 ········ 180
  - 8.2.2 折半查找 ········ 181
  - 8.2.3 分块查找 ········ 184
- 8.3 动态查找表 ········ 185
  - 8.3.1 二叉排序树 ········ 185
  - 8.3.2 平衡二叉树 ········ 187
  - 8.3.3 B 树 ········ 191
- 8.4 哈希表 ········ 191
  - 8.4.1 算法思想 ········ 191
  - 8.4.2 哈希函数的构造 ········ 192
  - 8.4.3 冲突解决方法 ········ 192
  - 8.4.4 哈希表的查找过程 ········ 193
  - 8.4.5 哈希法性能分析 ········ 194
- 8.5 项目实现 ········ 194
- 8.6 习题 ········ 196

第 9 章 排序 ········ 198

- 9.1 项目分析引入 ········ 198
- 9.2 排序的相关术语与概念 ········ 198
- 9.3 插入排序 ········ 200
  - 9.3.1 直接插入排序 ········ 201
  - 9.3.2 折半插入排序 ········ 202
  - 9.3.3 希尔排序 ········ 203
- 9.4 交换排序 ········ 205
  - 9.4.1 冒泡排序 ········ 205
  - 9.4.2 快速排序 ········ 206
- 9.5 选择排序 ········ 209
  - 9.5.1 简单选择排序 ········ 209
  - 9.5.2 树形选择排序 ········ 210
  - 9.5.3 堆排序 ········ 211
- 9.6 归并排序 ········ 214
- 9.7 各种排序方法比较 ········ 216
- 9.8 项目实现 ········ 217
- 9.9 习题 ········ 221

第 1 章 数据结构概述

CHAPTER 1

数据结构是计算机科学的基本内容之一,它是一门专门处理数据的学科,数据元素之间的关联称为结构,描述的是存储和组织数据的方式。目前数据结构没有统一的定义,Sartaj Sahni 在其著作《数据结构、算法与应用》中给出的定义为:"数据结构是数据对象,以及存在于该对象的实例和组成实例的数据元素之间的各种联系。这些联系可以通过定义相关的函数来给出"。Clifford A. Shaffer 在其著作《数据结构与算法分析》中给出的定义为:"数据结构是抽象数据类型(Abstract Data Type,ADT)的物理实现"。中文维基百科上关于数据结构的定义为:"数据结构(Data Structure)是计算机中存储、组织数据的方式。通常情况下,精心选择的数据结构可以带来最优效率的算法"。

由上可知,数据结构研究的内容就是如何按照一定的逻辑结构,把数据组织起来,并选择适当的存储表示方法,把逻辑结构组织好的数据存储到计算机的存储器中。学习数据结构的目的是更有效地组织数据,提高数据的运算效率。

1.1 项目分析引入

某新开的一家书店,图书摆放是关键问题,因为后续会涉及查找图书、插入图书等操作,假如书店老板采取以下策略。

(1) 为了急于开店,图书随便放置。
(2) 按照书名的拼音顺序摆放。
(3) 把书架划分成不同区域,按照类别存放,每一种类别内部再按照书名拼音顺序存放。

后来要对这些图书进行某些操作,例如,新来一批书怎么插入?读者要买一本指定的图书怎么找到?

针对上面书店老板的 3 种策略,第一种插入时就可以随便插入,但是要查找指定一本图书就会很辛苦,可能要耗费很长的时间找遍所有的图书。对第二种策略而言,按照拼音顺序插入即可,在插入之前要进行查找,可以利用二分查找法,这在后面的章节中会叙述。对第三种策略,因为书架划分了几个区域,每个区域是不同的类别,新书可以很快根据类别,找到适当的区域,这时因为数据量变小,查找的速度就变快,按照拼音顺序找到确定的位置,移出空位,插入新书即可。

通过上面的案例分析,可以知道解决问题的效率跟数据的组织方式有关,如何合理地组织数据、高效地处理数据,这就是"数据结构"主要研究的问题。

1.2 项目相关知识点介绍

1.2.1 数据结构的逻辑结构

数据的逻辑结构是从逻辑关系上描述数据,它与数据的存储无关,是独立于计算机的。因此,数据的逻辑结构可以看作从具体问题抽象出来的数学模型。

数据的逻辑结构有两个要素:一是数据元素;二是关系。数据元素是数据的基本单位,在有些情况下也可以是一条记录等,它用来完整地描述一个对象。数据项是组成数据元素不可分割的最小单位,如学生基本信息中的学号、姓名、性别等都是数据项。关系是指数据元素间的逻辑关系,根据数据元素之间关系的不同特性,通常有 4 类基本结构,如图 1-1 所示。它们的复杂程度依次递进。

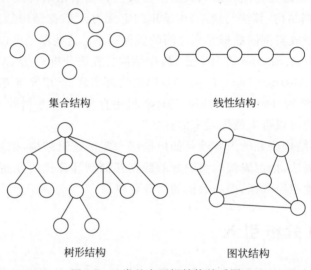

图 1-1　4 类基本逻辑结构关系图

(1) 集合结构。数据元素之间除了"属于同一集合"的关系外,别无其他关系。如一个学生属于班级成员,班级则是一个集合。

(2) 线性结构。数据元素之间存在一对一的关系,除了首尾结点之外,中间的结点有唯一的前驱和唯一的后继结点,如学生管理信息系统。学生信息登记表中每一个学生的信息由学号、姓名、性别、专业和班级等若干项构成,每个学生都有唯一的学号,具体如表 4-1 所示。因此,在学生登记表中可以建立一个按学号顺序排列的学生文件,计算机处理的对象之间通常存在一种最简单的线性关系,这种数学模型可以称为线性数据结构。

表 1-1　学生信息登记表

学　　号	姓　　名	性　别	专　　业	班　级
2021834001	张琳	女	计算机科学与技术	1 班
2021834002	黎明	男	计算机科学与技术	1 班
2021834003	王胜	男	计算机科学与技术	1 班
2021834005	李艳梅	女	计算机科学与技术	1 班

续表

学号	姓名	性别	专业	班级
2021834006	陈永涵	男	计算机科学与技术	1班
2021834007	丁凯	男	计算机科学与技术	1班
2021834008	李玉梅	女	计算机科学与技术	1班

(3) 树形结构。数据元素之间存在一对多的关系。如学校的组织架构中,学校包含多个部门,每个部门又有多种人员构成,树根就是学校最高机构,查找某个学生的过程就是从根开始到叶子的搜索路径构成,这种非数值结算问题的数学模型称为树形结构,如图1-2所示。

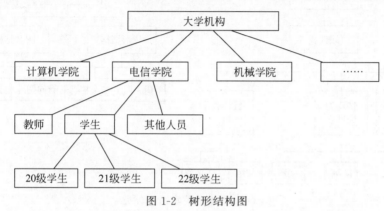

图1-2 树形结构图

(4) 图状结构。数据元素之间存在多对多的关系。例如,校园导航图中任何两个教学楼都是连通的,楼与楼之间是多对多的网状关系,这种数学模型称为图状结构,如图1-3所示。

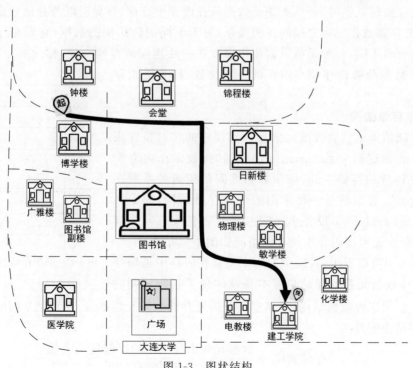

图1-3 图状结构

以上 4 种结构中,集合结构中的任何两个元素之间都没有逻辑关系,组织形式极为松散,因此通常用其他结构来表示。由此可知,数据的逻辑结构分为两大类,即线性结构和非线性结构。线性结构包括线性表、栈、队列、串、数组和广义表;非线性结构包括树形结构和图状结构,如图 1-4 所示。

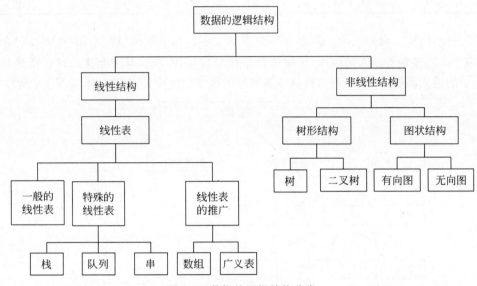

图 1-4　数据的逻辑结构分类

1.2.2　数据结构的存储结构

计算机在处理数据时,必然要先把数据放在内存中存储,存储时既要存储数据元素的各种数据,也要存储数据元素之间的逻辑关系,对于不同逻辑结构的数据,它们在计算机中的存储方式也有所不同,一种是将数据集中存放在一片连续的存储空间,称为顺序存储结构;另一种是将数据分散地存储在内存的各个位置,称为链式存储结构。

1. 顺序存储结构

顺序存储结构是借助数据元素在存储器中的相对位置来表示数据之间的逻辑关系。采用顺序存储时,数据在内存中被分配一片连续的存储空间,按照数据之间的逻辑关系顺序存放每个数据。数组就是一种常用的顺序存储结构,如定义一个数组:int array[6],设每个元素占 4 个字节,array[0]到 array[5]的每个元素在内存中的存储情况如图 1-5 所示。

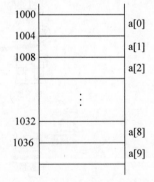

图 1-5　顺序存储结构示意图

从图 1-5 中可以看出,数组中的每个元素在内存中是顺序连续存放的,数组元素的存储位置本身就体现了它们之间的逻辑关系。使用这种数据结构,结点空间只需要存储数据元素本身,对存储空间的利用率是 100%,即存储密度是 1:

$$存储密度 = \frac{数据元素本身占用的存储量}{结点结构占用的存储量}$$

顺序存储结构中，所有分配给数据元素使用的存储空间全都被用来存放数据内容。

2. 链式存储结构

链式存储结构借助每个元素的指针表示数据元素之间的逻辑关系，不需要占据一整块的存储空间。每个元素在存储时均由两部分组成，一部分存放数据元素自身的值，另一部分存放与当前元素相邻的数据元素的位置信息，即每个元素包含数据部分和指针部分。采用链式存储结构时，每个数据元素可以被存放在内存中的任何可用位置，通过指针表示数据元素之间的逻辑关系。例如，3 个元素用链表表示如图 1-6(c) 所示，在逻辑上是相邻关系，但是在存储器中的实际位置却不一定相邻，如图 1-6(a) 所示。每一个结点由数据域和指针域两部分构成，如图 1-6(b) 所示。

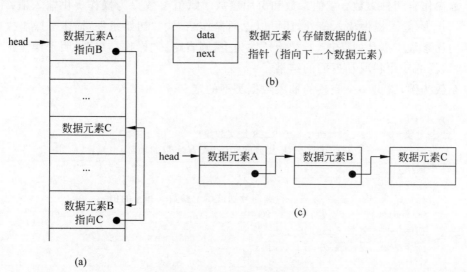

图 1-6 链式存储的逻辑状态

指针域指向下一个元素的实际存放的物理地址。数据元素 A、数据元素 B 和数据元素 C 逻辑上相邻，但物理地址并不相邻，存储更为灵活，有效地提高对内存空间的利用率。但是链式存储结构除了存储数据本身，还要额外开辟空间存放指针以反映元素之间的逻辑关系，构成了存储的额外开销。因此，降低了存储空间的利用率，即存储密度小于 1。

1.2.3 数据类型

数据类型是一组性质相同的值集合以及定义在这个值集合上的一组操作的总称。在程序设计语言中，将程序设计类型分为原子类型和结构类型两类。原子类型的值是不可再分的，如 C 语言中的整型、实型和字符型等；结构类型的值由若干成分按某种结构组合而成，可以继续分解，它的成分可以是原子的，也可以是结构的，比如结构体类型中表示出生日期可以用年、月、日表示。

高级编程语言中的数据类型实质是对数据的抽象，编程人员编程时可以直接使用，不用考虑计算机内部的实现细节，显然，所定义的数据类型的抽象层次越高，含有该抽象数据类型的软件模块的复用程度也就越高，可以不用依赖于某种程序设计语言。抽象数据类型的程序模块包含数据对象、数据关系以及基本操作三部分。格式为：

```
ADT 抽象数据类型名{
数据对象:<数据对象的定义>
数据关系:<数据关系的定义>
基本操作:<基本操作的定义>
} ADT 抽象数据类型名
```

数据对象和数据关系的定义采用数学符号和自然语言描述,基本操作的定义格式为:

```
基本操作名(参数表)
初始条件:(初始条件描述)
操作结果:(操作结果描述)
```

基本操作有两种参数:赋值参数和引用参数。赋值参数只为操作提供输入值;引用参数以"&"开头,除了提供输入值外,还可以返回操作结果。"初始条件"描述了操作执行之前数据结构和参数应满足的条件,若初始条件为空,则省略。"操作结果"说明了操作正常完成后,数据结构的变化状况和返回的结果。

以复数为例,给出一个完整的抽象数据类型的定义。

```
ADT Complex {
    数据对象:D = {e1,e2 | e1 , e2∈R , R是实数集}
    数据关系:S = { <e1 , e2> e1 是复数的实部,e2 是实数的虚部}
    基本操作:
        Creat(& C , x , y)
        操作结果:构造复数 C,实部和虚部分别被赋予参数 x 和 y 的值。
        GetReal(C)
        初始条件:复数 C 已存在。
        操作结果:返回复数 C 的实部值。
        GetImag (C)
        初始条件:复数 C 已存在。
        操作结果:返回复数 C 的虚部值。
        Add(C1,C2)
        初始条件:C1, C2 是复数。
        操作结果:返回两个复数 C1 和 C2 的和。
        Sub(C1,C2)
        初始条件:C1, C2 是复数。
        操作结果:返回两个复数 C1 和 C2 的差。
}ADT Complex
```

在后续章节中,每定义一个新的数据结构,都先用这种定义方式给出其抽象数据类型的定义,根据不同的存储结构相应给出数据结构的表示方法,本书中用 C/C++语言给出主要操作的实现方法。

1.3 算法与算法性能分析

数据结构定义时,都离不开算法的介绍,瑞士著名的计算机科学家、图灵奖获得者 N. Wirth 教授给出了著名的公式:

$$程序=数据结构+算法$$

可以看出,数据结构和算法是程序设计的两大要素,二者相辅相成、缺一不可。

1.3.1 算法的定义与特性

算法是为了解决某类问题而制定的一系列的操作指令。算法必须满足以下 5 个特性。

(1) 有穷性。一个算法总是在执行有限个步骤之后终止。

(2) 确定性。算法在每种情况下所应执行的操作，都有明确的规定，不会产生二义性。

(3) 可行性。算法中执行的任何计算步骤都可以通过已经实现的基本操作来完成，并且每个计算步骤都可以在有限时间内完成。

(4) 输入。一个算法有零个或多个输入。所谓零个输入是指算法本身有初始条件。

(5) 输出。一个算法有一个或多个输出，没有输出的算法是毫无意义的。

1.3.2 算法性能分析

算法有很多种，那么如何衡量一个算法的优劣呢？一个好的算法应该符合下面几个要求。

(1) 正确性。算法的正确性是指算法能正确反映问题的需求、能够得到问题的正确答案。

(2) 可读性。设计算法的目的不仅使计算机执行，还要便于阅读，让人理解，如果可读性不好，晦涩难懂，容易隐藏错误，不易修改和调试。

(3) 稳健性。当用户输入不合法数据时，算法应能适当地做出反应或者进行相应处理，而不是输出莫名其妙的结果。

(4) 高效率和低存储量。衡量一个算法的高效率通常指的是时间效率，即算法执行的时间；算法的低存储量指算法在执行过程中所需要的最大存储空间。时间效率和空间效率是衡量算法优劣的两个主要指标，两者的复杂度都与问题的规模有关。

为了清楚地说明算法的时间效率和空间效率，通过具体算法实例加以解释。

【例 1-1】 使用一个 for 循环语句，在 for 循环语句内，每一次循环把当前的 i 打印出来。

```
void PrintN ( int N )                    /* 循环函数 */
{
  int i;
  for ( i = 1;i <= N;i++){
   printf("%d\n",i);
   }
    return;
}
```

【例 1-2】 运用递归函数打印 1～N，对 N 进行判断，若 N 不是 0，则递归地调用 PrintN() 函数。

```
void PrintN ( int N )                    /* 递归函数 */
{
  if(N){
   PrintN(N-1);                          /* 递归的把 1 到 N-1 打印出来 */
   printf("%d\n", N );                   /* 打印当前的第 N 个数 */
  }
   return;
}
```

那么，例 1-1 和例 1-2 中调用的函数运行效果如何呢？测试函数如下：

```
# include < stdio. h >
void PrintN ( int N );
int main (){
int N;
    scanf(" % d", &N);
PrintN( N );
    return 0;
}
```

当 $N=10$ 时，两个函数都正常运行，如图 1-7 所示。图 1-8 为 $N=100\,000$ 的循环函数运行结果，图 1-9 为 $N=100\,000$ 的递归函数运行结果。通过对比分析，可以看到：循环函数最后成功打印出 100 000，结果正确；在调用递归函数时，输入 100 000 作为递归函数的参数，函数会非正常终止，直接跳出，因为递归函数对于空间的占用是十分巨大的，它将能用的空间使用完后仍不够。

图 1-7　$N=10$ 的运行结果

图 1-8　$N=100\,000$ 的循环函数运行结果

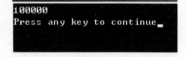
图 1-9　$N=100\,000$ 的递归函数运行结果

所以由例 1-2 可知：解决问题方法的效率，跟空间的利用效率有关。

因为解决问题的方法不同，导致时间效率也有差别。首先介绍测试算法时间的方法，通常使用 clock()函数进行测试。

(1) clock()：捕捉从程序开始运行到 clock()再次被调用终止时所耗费的时间。这个时间单位是 clock tick，即"时钟打点"。

(2) 常数 CLK_TCK(或 CLOCKS_PER_SEC)：机器时钟每秒所走的时钟打点数。

```
# include < stdio. h >
# include < time. h >        /* 必须导入<time.h>的头文件，才能使用 clock()函数 */
clock_t start, stop;         /* clock_t 是 clock()函数返回的变量类型 */
```

```
double duration;               /* 记录被测函数运行时间,以秒为单位 */
int main () {                  /* 不在测试范围内的准备工作写在 clock()函数调用之前 */
start = clock();               /* 开始计时 */
MyFunction();                  /* 把被测函数加在这里 */
stop = clock();                /* 停止计时 */
duration = ((double)(stop - start))/CLK_TCK;    /* 计算运行时间 */
                               /* 其他不在测试范围的处理省略,例如输出 duration 的值 */
printf("duration = %f\n",duration);
return 0;
}
```

当一个算法比较简单时,通常不能清晰比较出时间效率的差别。下面通过不同的策略完成多项式求值,来衡量算法的时间效率。

【例 1-3】 写程序实现计算给定多项式在给定点 x 处的值。

$$f(x)=a_0+a_1x+\cdots+a_{n-1}x^{n-1}+a_nx^n$$

(1) 方法一代码实现如下:

```
double f1( int n, double a[], double x )    /* 多项式的阶数 n,系数放在数组 a 中 */
{
int i;
double p = a[0];
for ( i = 1; i <= n; i++)
p += (a[i] * pow(x, i));
return p;
}
```

(2) 采用秦九韶算法,巧妙地运用结合律,每一次把 x 作为一个公因子提出来,一层一层往里面提取公因子:

$$f(x)=a_0+x\{a_1+x[\cdots(a_{n-1}+x(a_n))\cdots]\}$$

代码实现如下:

```
double f2( int n, double a[], double x )
{
int i;
double p = a[n];
for ( i = n; i > 0; i-- )
 p = a[i-1] + x * p;       /* 用 x 乘以括号里算出来的 p,再加上前面一项的系数 a[i-1] */
return p;
}
```

下面利用一个具体的多项式测试例 1-3 给出的两个方法的运行时间:

$$f(x)=\sum_{i=0}^{9}i\cdot x^i$$

计算在定点 $x=1.1$ 处的值 $f(1.1)$。下面是测试函数的一部分:

```
#include <stdio.h>
#include <time.h>
#include <math.h>
clock_t start, stop;
```

```
double duration;
#define MAXN 10                                    /* 多项式最大项数,即多项式阶数 + 1 */
double f1( int n, double a[], double x );
double f2( int n, double a[], double x );
int main (){
    int i;
    double a[MAXN];                                /* 存储多项式的系数 */
    for ( i = 0; i < MAXN; i++) a[i] = (double)i;
    start = clock();
    f1(MAXN - 1, a, 1.1);                          /* 调用 f1(),计算第一个算法的运行时间 */
    stop = clock();
    duration = ((double)(stop - start))/CLK_TCK;
    printf("ticks1 = %f\n", (double)(stop - start));
    printf("duration1 = %6.2e\n", duration);
    start = clock();
    f2(MAXN - 1, a, 1.1);                          /* 调用 f2(),计算秦九韶算法的运行时间 */
    stop = clock();
    duration = ((double)(stop - start))/CLK_TCK;
    printf("ticks2 = %f\n", (double)(stop - start));
    printf("duration2 = %6.2e\n", duration);
    return 0;
}
```

运行结果如图 1-10 所示。两个函数的运行时间都是 0,因为这两个函数执行的速度太快了,不足一个 ticks 的时间运行就结束了。

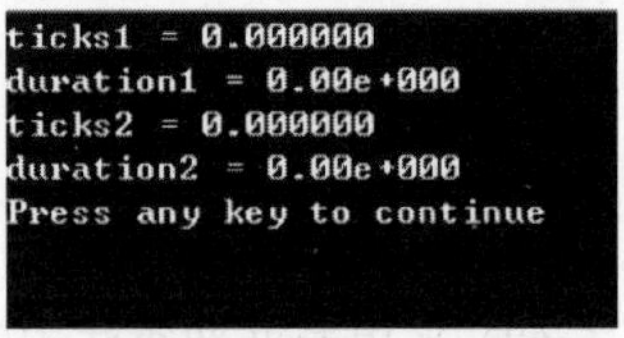

重复运行被测函数,使得测出的总时钟打点间隔充分长,计算被测函数平均每次运行的时间即可得出结论。算法优化如下:

图 1-10 不同算法的测试比较

```
#include <stdio.h>
#include <time.h>
#include <math.h>
...
#define MAXK 1e7                                   /* 被测函数最大重复调用次数 */
...
int main (){
    ...
    start = clock();
    for ( i = 0; i < MAXK; i++)                    /* 重复调用函数以获得充分多的时钟打点数 */
    f1(MAXN - 1, a, 1.1);
    stop = clock();
    duration = ((double)(stop - start))/CLK_TCK/MAXK;   /* 计算函数单次运行的时间 */
    printf("ticks1 = %f\n", (double)(stop - start));
    printf("duration1 = %6.2e\n", duration);
    ...
    return 0;
}
```

运行结果如图 1-11 所示。两个函数的运行时间相差一个数量级,可以看出秦九韶算法明显优于第一个算法。

所以由例 1-3 可知：解决问题方法的时间效率，跟算法的巧妙程度有关。

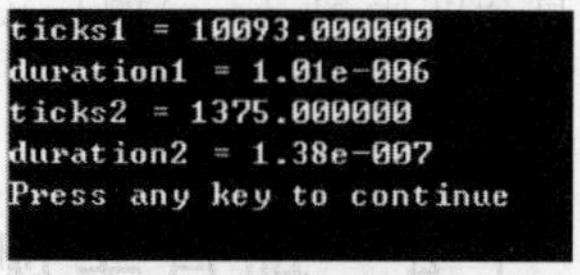

例 1-3 是通过算法的实际执行时间判断时间效率，即事后统计法，这种算法需要把算法先转换为程序，对于复杂问题代价太大，另外受计算机软硬件因素影响较大。实际上，算法时间分析度量的标准不是针对实际执行时间精确算出算法执行的具体时间，而是针对算法中语句的执行次数做出估计，即事前分析估算法。计算对运行时间有影响的语句的执行次数，由此得到一个语句执行次数和问题的规模的函数。通常用数学符号 O 表示，用 $O(\ )$ 表示时间复杂度的记法称为大 O 阶。推导大 O 阶的方法如下所述。

图 1-11　重复执行算法测试运行时间

(1) 用常数 1 代替语句执行次数中的所有常数。
(2) 在语句执行次数函数中，只保留最高阶项。
(3) 如果最高阶项存在且不是 1，则忽略这个项的系数。

例如，下列程序段中：

```
for(i = 1;i <= n;i++)
 for(j = i;j <= n;j++)
   x++;
```

有影响的语句 x++ 的执行频度为：

$$n+(n-1)+(n-2)+\cdots+3+2+1=n(1+n)/2$$

该语句执行次数关于 n 的增长率为 n^2，即时间的复杂度函数为 $O(n^2)$。

又例如，下面的程序段中：

```
i = 1;
while(i < n)
 i = i * 3;
```

有影响的语句为 i=i*3，随着 i 以 3 次幂的速度递增，执行多少次满足小于 n 呢？不妨设为 t 次，则存在 $3^t < n$，那么执行频度为 $\log_3 n$，即时间复杂度为 $O(\log_3 n)$。

由于算法的时间复杂度考虑的只是对于问题 n 的增长率，在难以精确计算基本操作执行次数（或语句频度）的情况下，只需求出它关于 n 的增长率或阶即可。

不同数量级的时间复杂度的函数形态如图 1-12 所示。一般情况下，随着 n 的增大，时

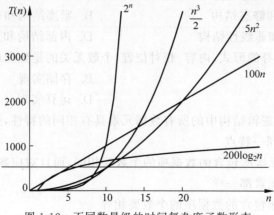

图 1-12　不同数量级的时间复杂度函数形态

间复杂度函数 $T(n)$ 增长较慢的算法为最优的算法。因此，应尽可能选用多项式阶 $O(n^k)$ 的算法以及对数阶的算法，避免使用指数阶的算法，如汉诺塔算法的时间复杂度为 $O(2^n)$。

1.4 项目实现

通过前面的介绍，数据结构所研究的内容包括数据的逻辑结构、数据的存储结构和数据的运算。这三方面是贯穿整个数据结构的主线，密不可分，相辅相成。

数据的逻辑结构就是数据之间的逻辑关系，比如前面提过书架上的图书，图书与图书之间存在一种线性关系，所有的图书可以看成是"直线"排列。

数据的存储结构是数据的逻辑结构到计算机存储器的映射，在计算机中存储这些数据元素时，既要存储数据的值，同时还要表示出数据元素之间的逻辑关系。图书馆书架上的图书就是一种"线性关系"，为了存储这些数据及其关系，可以采用一维数组来存储所有图书，一维数组本身就是一种线性结构，而数组的下标可以表示出元素之间的逻辑关系。

数据的运算是指对数据元素进行加工处理，例如，对书架上的图书，可以对图书进行查询、插入、删除（拿走）、排序等操作，具体进行什么运算根据实际情况而定。

可以看出，数据的逻辑结构和存储结构是密切相关的，当遇到实际问题考虑如何设计该问题算法的时候，首先要分析该问题中的数据是哪一种逻辑结构，比如本书中要涉及的线性表、树、图等。当确定逻辑结构之后，需要分析实现具体的算法时，就要考虑采用哪种存储结构来表示数据，不同存储结构对于不同运算的处理效率存在差异，因此，存储结构的选择还取决于数据需要执行什么样的运算。

本章开头提出的项目将在第 2 章进行详细分析。

1.5 习题

1. 简答题

（1）数据结构是一门研究什么内容的学科？

（2）在数据结构中，数据的逻辑结构、存储结构以及数据运算之间存在怎样的关系？

2. 选择题

（1）在数据结构中，从逻辑上可以把数据结构分成（　　）。

　　A. 动态结构和静态结构　　　　　　B. 紧凑结构和非紧凑结构

　　C. 线性结构和非线性结构　　　　　D. 内部结构和外部结构

（2）与数据元素本身的形式、内容、相对位置、个数无关的是数据的（　　）。

　　A. 存储结构　　　　　　　　　　　B. 存储实现

　　C. 逻辑结构　　　　　　　　　　　D. 运算实现

（3）通常要求同一逻辑结构中的所有数据元素具有相同的特性，这意味着（　　）。

　　A. 数据具有同一特点

　　B. 不仅数据元素所包含的数据项的个数要相同，而且对应数据项的类型要一致

　　C. 每个数据元素都一样

　　D. 数据元素所包含的数据项的个数要相等

(4) 算法分析的两个主要方面是(　　)。

　　A. 空间复杂性和时间复杂性　　　　B. 正确性和简明性

　　C. 可读性和文档性　　　　　　　　D. 数据复杂性和程序复杂性

3. 算法分析题

(1)
```
s = 0;
for(i = 0; i < n; i++)
  for(j = 0; j < n; j++) s += B[ i ][ j ];
  sum = s;
```

(2)
```
x = n;      //n > 1
y = 0;
while (x >= ( y+1 ) * ( y+1 ))
  y = y + 1;
```

(3)
```
y = 2;
while (y < n/2)
  y = 2 * y;
```

第 2 章 线 性 表

CHAPTER 2

线性结构是最简单、最常用的一种数据结构。本书的前 5 章所讲的线性表、栈和队列、串和数组都属于线性结构。线性结构的特点是：在数据元素的非空有限集合中，除第一个元素无直接前驱、最后一个元素无直接后继外，集合中其他每个数据元素均有唯一的直接前驱和唯一的直接后继。本章将介绍线性表的基本概念，给出线性表的顺序存储结构和链式存储结构两种存储结构，以及定义在相应存储结构上实现的基本运算。

2.1 项目分析引入

在实际问题解决中，线性表是最常用的一种数据结构，数据元素之间是线性结构。比如上一章提到的图书管理系统。图书馆将不同类别的图书放在不同的书架上，每一个书架上的图书在操作过程中会涉及插入、删除、查找、排序等功能。那么每一本书就是一个数据元素，首先要将该数据元素的信息抽象化，假设每种图书只包含三部分信息：ISBN、书名、价格。图书信息表的数据由文件读入，要求基于顺序表实现相应的功能，整个项目需要完成以下功能。

(1) 图书信息表的创建和输出。
(2) 按照图书的价格进行升序排列，并且输出排序后的图书信息。
(3) 查找给定图书中价格最贵的图书。
(4) 找到指定位置的最喜欢的图书，并输出图书信息。
(5) 将新购买的图书插入到指定的位置。

通过上面的功能需求，可以把 n 本图书表示为一个线性表，线性表中每个元素就是一本图书，书架上一本本摆放的顺序可以看成是一个线性序列。对数据元素（图书）进行类型定义，然后决定图书的存储结构，可以采用顺序存储也可以采用链式存储。为了更直观地表示每本图书之间紧密相邻的关系，本项目存储实现采用顺序存储结构。

2.2 项目相关知识点介绍

从上面项目的介绍中，可以看到一个线性表是 n 个具有相同特性的数据元素的有限序列。其中，n 表示线性表的长度，$n=0$ 时称为空表，将该序列标记为 $\{a_1,a_2,\cdots,a_{i-1},a_i,a_{i+1},\cdots,a_n\}$，这里的数据元素 $a_i(1 \leqslant i \leqslant n)$ 具体含义在不同情况下可以不同，它既可以是原子类型,也可以是结构类型,但一个线性表中的数据元素必须属于同一数据对象。线性表中 a_1 称为起始结点,a_n 称为终端结点,a_i 中的 i 表示数据元素在线性表中的序号或位置,在 a_i 之前仅有一个数据元素 a_{i-1},而在 a_i 之后也仅有一个元素 a_{i+1}。

2.3 线性表的结构及基本运算

2.3.1 顺序表的结构与操作

1. 顺序表的结构

采用顺序存储结构存放的线性表通常称为顺序表,在顺序表中,结点 a_i 的存储地址是该结点在表中的逻辑位置 i 的线性函数,顺序表的存储示意如图 2-1 所示。

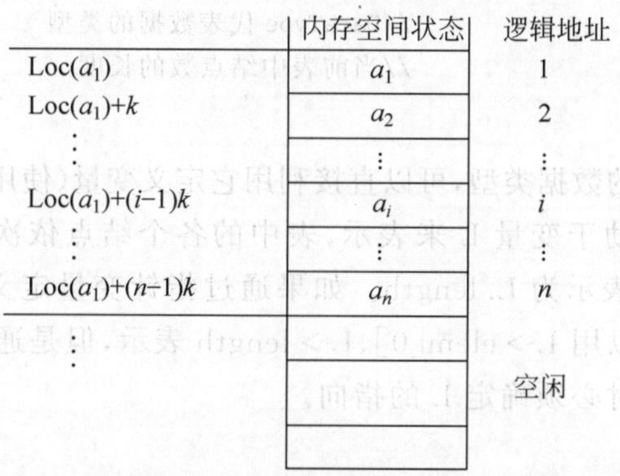

内存空间状态	逻辑地址
$\text{Loc}(a_1)$ a_1	1
$\text{Loc}(a_1)+k$ a_2	2
$\vdots$ $\vdots$	$\vdots$
$\text{Loc}(a_1)+(i-1)k$ a_i	i
$\vdots$ $\vdots$	$\vdots$
$\text{Loc}(a_1)+(n-1)k$ a_n	n
空闲	

图 2-1 顺序表的存储示意图

其中,$\text{Loc}(a_1)$ 代表线性表中第一个元素的存储地址(基地址),k 表示表中每个元素所占存储单元的多少,根据顺序表中数据元素地址连续的特点,就可以计算出线性表中任意一个数据元素的存储地址,从而实现对顺序表中数据元素的随机存取。

假设线性表中有 n 个元素,每个元素占 k 个单元,第一个元素的地址为 $\text{Loc}(a_1)$,也可以称为基地址。根据顺序表地址连续的特点,可以推导出顺序表中第 i 个元素的地址:

$$\text{Loc}(a_i) = \text{Loc}(a_1) + (i-1)k \tag{2-1}$$

当第一个元素为 a_0 时,注意式(2-1)的变化。

线性表的顺序存储结构可借助于高级程序设计语言中的数组来表示,一维数组的下标与元素在线性表中的序号相对应。

用 C 语言定义线性表的顺序存储结构如下:

```c
#define MAXSIZE 100
typedef int DataType;
typedef struct
{
    DataType elem[MAXSIZE];    //DataType 代表数据的类型
    int length;                //当前表中结点数的长度
}SeqList;
```

说明：

（1）定义顺序存储结构包括数组空间的定义和表长度的定义，而数据类型 DataType 可以根据实际问题需要的数据类型来定义，如 int、float、char 等类型，也可以是构造数据类型，如 struct 结构体类型。

（2）数组空间可以通过静态申请，直接申请一个数组，也可以通过动态分配得到，初始化完成后，数组指针是指顺序表的基地址，数组空间大小为 MAXSIZE。

```
#define MAXSIZE 100
#define ERROR 0
#define OK 1
typedef int DataType;
typedef struct
{
DataType * elem;              //DataType 代表数据的类型
int length;                   //当前表中结点数的长度
    }SeqList;
```

SeqList 表示顺序表的数据类型，可以直接利用它定义变量（使用语句 SeqList L）。顺序表的结点和长度都可以借助于变量 L 来表示，表中的各个结点依次可以表示为 L.elem[0]，L.elem[1]…，表长可以表示为 L.length。如果通过指针变量定义，如 SeqList * L，则顺序表中的结点和表长都可以用 L-> elem[0]、L-> length 表示，但是通过这种方式定义顺序表，要注意在使用前初始化时必须确定 L 的指向。

2. 顺序表的操作

为了表述和程序书写及运行方便，本书后续代码实现以 C/C++语言实现，C++语言只涉及基本的输入语句 cin、输出语句 cout、动态申请语句 new、删除语句 delete 以及参数的引用，其余代码继续沿用 C 语言的写法要求。顺序存储采用数组动态申请的方式完成后续的相应操作，可以有效地利用系统的资源，当不需要该线性表时，可以使用销毁操作及时释放占用的存储空间。

1）顺序表初始化

顺序表初始化的代码如下：

```
void InitList(SeqList &L)
{//构造一个空的顺序表
  L.elem = new DataType[MAXSIZE];
  if(!L.elem) exit (0);
  L.length = 0;
}
```

2）顺序表长度

求解顺序表长度的代码如下：

```
int lengthList(SeqList &L)
  {
    return L.length;
  }
```

3）取表中第 i 个结点的值

取表中第 i 个结点的值，代码如下：

```
DataType GetList(SeqList &L, int i)
{
//首先判断给定的 i 值是否合理。若不合理，则返回错误；若合理，可以直接取值
  if(i < 1||i > L.length)
  return ERROR;
   int e = L.elem[i-1];
  return OK;
}
```

顺序表可以进行随机取值，所以算法的时间复杂度为 $O(1)$。

4）按值查找

查找操作可以按照给定的元素值查找，查找表中第一个和 e 相等的元素，若找到则返回数组的下标，找不到则返回 −1。代码如下：

```
int SearchList(SeqList &L, DataType e)
{int i = 0;
while(i <= L.length&&L.elem[i-1]!= e)
   i++;
if(L.elem[i-1] == e)
 return i;
else
 return -1;
}
```

顺序表进行查找时，主要的时间耗费在数据的比较上，比较的次数取决于被查元素在顺序表中的位置。当查找的元素是第一个元素时只需要比较 1 次，而查找表中最后一个元素时，则需比较 n 次。假设每个元素的查找概率相等，即 $1/n$，则每个元素查找成功时平均查找长度 ASL 为：

$$ASL = \sum_{i=1}^{n} p_i C_i$$

$$ASL = \frac{1}{n}\sum_{i=1}^{n} i = \frac{n+1}{2}$$

由此得出，顺序表的按值查找的平均时间复杂度为 $O(n)$。

5）顺序表的插入

顺序表的插入操作是指在表的第 i 个位置插入一个新的数据元素，使得线性表的长度变成 $n+1$。如图 2-2 所示，由于顺序表结点的物理顺序必须和结点的逻辑顺序保持一致，在第 i 个位置插入元素，那么原来第 i 个位置起到最后一个元素必须依次向后移动一个位置，空出一个空位置，再插入元素 21，通过这种移动才能反映数据元素之间的逻辑关系发生的变化。

```
int insertList(SeqList &L, int i, DataType e)
{if((i < 1)||(i > L.length)) return ERROR;
 if(L.length == MAXSIZE) return ERROR ;
```

```
for(int j = L.length - 1;j >= i - 1;j -- )
 L.elem[j + 1] = L.elem[j];
L.elem[i - 1] = e;
++L.length;
return OK;
}
```

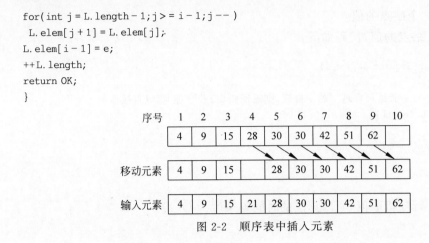

图 2-2 顺序表中插入元素

本程序中数组为静态数组,数据达到最大容量时,无法进行动态扩充,所以不能继续插入。

【算法分析】 在顺序表中插入元素时,时间主要耗费在移动元素上,移动元素的个数依赖于要插入的位置,不失一般性,可以假定在顺序表的任意位置上插入元素都是等概率的,即 $P_i = 1/(n+1), i = 1,2,\cdots,n+1$,则有:

$$E_{\text{ins}} = \sum_{i=1}^{n+1} P_i(n-i+1) = \frac{1}{n+1}\sum_{i=1}^{n}(n-i+1) = \frac{n}{2} \tag{2-2}$$

由此可见,顺序表插入算法的平均复杂度为 $O(n)$。

6) 顺序表的删除

顺序表的删除运算是将表的第 $i(1 \leqslant i \leqslant L.\text{length})$ 个元素删去,使长度为 n 的线性表 $\{e_1,e_2,\cdots,e_{i-1},e_i,e_{i+1},\cdots,e_n\}$ 变成长度为 $n-1$ 的线性表 $\{e_1,e_2,\cdots,e_{i-1},e_{i+1},\cdots,e_n\}$,其中 n 为表长度。

【算法思想】 用顺序表作为线性表的存储结构时,由于结点的物理顺序必须和结点的逻辑顺序保持一致,因此当需要删除第 i 个元素时,必须将原表中位置 $i+1,i+2,\cdots,n-1,n$ 上的结点,依次前移到位置 $i,i+1,\cdots,n-1$。

例如,要在线性表 $\{4,9,15,21,28,30,30,42,51,62\}$ 中删除第 5 个元素,则需将第 6~10 个元素依次向前移动一个位置,如图 2-3 所示。

```
int deleteList(SeqList &L, int i)
{if((i < 1)||(i > L.length)) return ERROR;
for(j = i;j <= L.length - 1;j++)
 L.elem[j - 1] = L.elem[j];
 -- L.length;
return OK;
}
```

图 2-3 顺序表中删除元素

【算法分析】 当在顺序表中某个位置上删除一个数据元素时,其时间主要耗费在移动元素上,而移动元素的个数取决于删除元素的位置。

假设 p_i 是删除第 i 个元素的概率,E_{del} 为在长度为 n 的线性表中删除一个元素时所需移动元素次数的期望值(平均次数),则有:

$$E_{del} = \sum_{i=1}^{n} p_i (n-1) \tag{2-3}$$

不失一般性,可以假定在线性表的任何位置上删除元素都是等概率的,即:

$$p_i = \frac{1}{n}$$

则式(2-3)简化为:

$$E_{del} = \frac{1}{n} \sum_{i=1}^{n} (n-1) = \frac{n-1}{2} \tag{2-4}$$

由此可见,顺序表删除算法的平均时间复杂度为 $O(n)$。

由上面的讨论可知,线性表的顺序表示的优点如下所述。

(1) 无须为表示结点间的逻辑关系而增加额外的存储空间(因为逻辑上相邻的元素其存储的物理位置也是相邻的)。

(2) 可方便地随机存取表中的任意元素,如 GetData(L,i) 操作。

线性表的顺序表示的缺点如下所述。

(1) 插入或删除运算不方便,除表尾的位置外,在表的其他位置上进行插入或删除操作都必须移动大量的结点,其效率较低。

(2) 由于顺序表要求占用连续的存储空间,存储分配只能预先进行静态分配。因此当表长变化较大时,难以确定合适的存储规模。若按可能达到的最大长度预先分配表空间,则可能造成一部分空间长期闲置而得不到充分利用;若事先对表长估计不足,则插入操作可能使表长超过预先分配的空间而造成溢出。

2.3.2 链表的结构与操作

1. 单链表的结构

采用链式存储结构存放的线性表通常称为链表,即用一组任意(可以连续也可以不连续)的存储单元来存放线性表的结点。每个结点只有一个指针域的链表称为单链表。在单链表中,数据元素及元素之间的逻辑关系可由结点来表示,每个结点由两部分组成:一部分是用来存储数据元素的值,即数据域;另一部分用来存储元素之间逻辑关系,即指针域,指针域存放的是该结点的直接后继结点的地址。结点的结构如图2-4所示。

| 数据域 | 指针域 |

图 2-4 单链表中结点的结构

在链表中存储第一个数据元素(a_1)的结点称为开始结点,存储最后一个数据元素(a_n)的结点称为尾结点。由于尾结点没有直接后继,所以尾结点指针域的值为 NULL,NULL 在表示链表的示意图中经常用"^"来代替。在开始结点之前附加的一个结点称为头结点,指向链表中第一个结点(头结点或无头结点时的开始结点)的指针称为头指针。

```
typedef char DataType;              //定义结点的数据类型
typedef struct node{                //结点类型定义
```

```
    DataType data;              //结点的数据域
    struct node * next;         //结点的指针域
}ListNode, * LinkList;          //结构体类型标识符
ListNode * p;                   //定义一个指向结点的指针
LinkList head;                  //定义指向链表的头指针
```

注意:

(1) LinkList 和 ListNode * 是不同名字的同一个指针类型,各有专门的用途以示区别。

(2) LinkList 类型的指针变量 head 表示它是单链表的头指针。

(3) ListNode * 类型的指针变量 p 表示是指向某一结点的指针。

当需要建立新的结点时,可以使用 C 语言提供的动态存储分配函数 malloc(),向系统申请一个指定大小和类型的存储空间来生成一个新结点,新结点必须要用指向结点的指针来指向。例如: p=(ListNode *)malloc(sizeof(ListNode))。

当由用户申请的某个存储空间(如 p 指向的空间)不需要时,可使用 free(p)释放 p 指向的结点空间,以便其他应用程序使用,不至于造成空间的浪费。有时为了书写方便用 C++语言中的 new()函数和 delete()函数完成内存的申请和释放。单链表示意图如图 2-5 所示。

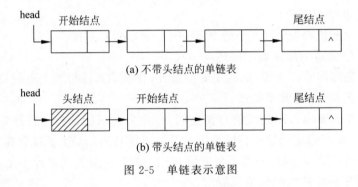

图 2-5 单链表示意图

2. 链表的基本操作

1) 链表的建立

链表的建立是一种动态生成的存储结构,链表中的每个结点占用的存储空间不是预先分配的,而是运行时用户根据需求向系统申请而生成的。

头插法建单链表是从一个空表开始,重复读入数据,生成新结点,将读入数据存放在新结点的数据域中,然后将新结点插入当前链表的表头上,直到读入结束标志为止。假设建立不带头结点的单链表,具体实现时需要顺序完成 4 个操作。

(1) 向系统申请新结点存储空间:

```
s = (ListNode * )malloc( sizeof( ListNode) );
```

(2) 填入新结点数据域的值:

```
s -> data = ch;
```

(3) 给新结点的指针域赋值为头指针:

```
s -> next = head;
```

(4)头指针指向新结点:

head = s;

算法具体实现步骤如下所述。

第一步将头指针设置为 NULL,没有单独申请一个结点,如图 2-6 所示。
第二步生成一个新结点 s(即由 s 指向),如图 2-7 所示。
第三步将结点的值写入数据域,如图 2-8 所示。

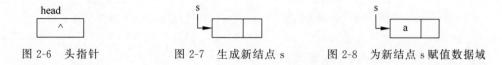

图 2-6　头指针　　　　图 2-7　生成新结点 s　　　　图 2-8　为新结点 s 赋值数据域

第四步将 head 的值写入结点 s 的指针域,如图 2-9 所示。
第五步将新结点的地址赋给 head,如图 2-10 所示。

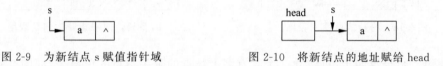

图 2-9　为新结点 s 赋值指针域　　　　图 2-10　将新结点的地址赋给 head

重复第二步至第五步,可建立含有多个结点的不带头结点的单链表,如图 2-11 所示。

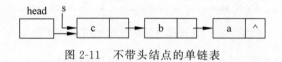

图 2-11　不带头结点的单链表

头插法建单链表算法实现代码如下:

```
LinkList CreatListF(void)
{                              //返回单链表的头指针
    DataType ch;
    LinkList head;             //头指针
    ListNode * s;              //工作指针
    head = NULL;               //链表开始为空
    printf("L 请输入链表各结点的数据(字符型):\n");
    while((ch = getchar())!= '\n')
    {
        s = (ListNode * )malloc(sizeof(ListNode));
        s -> data = ch;
        s -> next = head;
        head = s;
    }
    return head;
}
```

另一种建立链表的方法是尾插法。头结点是在链表的开始结点之前附加一个结点。先建立一个头结点,使头指针指向头结点,产生一个带头结点的空表。从这一空表开始,重复读入数据,生成新结点,将读入数据存放在新结点的数据域中,然后将新结点插入当前链表的表尾上,直到读入结束标志为止。

第一步建立一个头结点,将头指针和指向尾结点的指针指向头结点,如图 2-12 所示。

第二步生成一个新结点 s(即由 s 指向),并向结点的数据域写入数据,指针域为空。如图 2-13 所示。

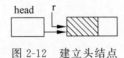 

图 2-12　建立头结点　　　　　　图 2-13　生成新结点 s

第三步将新结点插入表尾,如图 2-14 所示。

第四步使尾指针指向新表尾,如图 2-15 所示。

图 2-14　将新结点插入表尾　　　　图 2-15　使尾指针指向新表尾

重复第二步至第四步,可建立一个含有多个结点的带头结点的单链表,如图 2-16 所示。

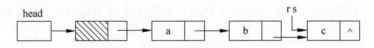

图 2-16　使用尾插法建立带头结点单链表

使用尾插法建立带头结点的单链表算法的实现代码如下:

```
LinkList CreatListRH(void)
{//用尾插法建立带头结点的单链表
DataType ch;
LinkList head;
ListNode *s, *r;                    //工作指针
head = (ListNode *)malloc(sizeof(ListNode));
head->next = NULL;
r = head;                           //尾指针初值也指向头结点
printf("请输入链表各结点的数据(字符型):\n");
while((ch = getchar())!= '\n'){
s = (ListNode *)malloc(sizeof(ListNode));
s->data = ch;
s->next = NULL;
r->next = s;                        //将新结点插到链表尾
r = s;                              //尾指针指向新表尾
}
r->next = NULL;
return head;
}
```

2) 求表长

(1) 求带头结点的单链表的表长。设置计数器 j 且初始值为 0 和一个移动指针 p 并把

head 赋给 p，使 p 指向头结点。如果 p 指向的下一个结点不为空，则 p=p->next；赋给 p，使 p 指向下一个结点，同时计数器 j 加 1，直到 p->next==NULL 为止，计数器 j 的值就是表长。具体算法实现如下：

```
int LengthListH (LinkList head)        //求带头结点的单链表的表长
{
  ListNode *p = head;
  int j = 0;
  while(p->next){
    p = p->next;
    j++;
  }
  return j;
}
```

（2）求不带头结点的单链表的表长。当表不为空时，算法与带头结点的单链表基本相同，只是开始 p 指向的是开始结点，所以 j 的初始值应设置为 1；当表为空时直接返回 0。具体算法实现如下：

```
int LengthList (LinkList head)         //求不带头结点的单链表的表长
{
  ListNode *p = head;                  //p 指向开始结点
  int j;
  if(p == NULL)
    return 0;
  j = 1;
  while(p->next){
    p = p->next;
    j++;
  }
  return j;
}
```

3）链表的查找

在链表中，即使知道被访问结点的序号 i，也不能像顺序表中那样直接按序号 i 访问结点，只能从链表的头指针出发，顺着链域 next 逐个结点往下搜索，直至搜索到第 i 个结点为止。因此，链表不是随机存取结构。

（1）按序号在带头结点的单链表中查找。设置一个计数器 j，并置初值为 0，从指针 p 指向链表的头结点开始顺着链扫描。当 p 扫描下一个结点时，计数器 j 相应地加 1。当 j = i 时，指针 p 所指的结点就是要找的第 i 个结点；而当指针 p 的值为 NULL 且 $j \neq i$ 时，则表示找不到第 i 个结点。具体算法实现如下：

```
ListNode *GetNode(LinkList head, int i)
{
//在带头结点的单链表 head 中查找第 i 个结点，若找到，则返回该结点的存储地址；否则返回 NULL
  int j = 0;
  ListNode *p = head;                  //从头结点开始扫描
  while(p->next!= NULL && j < i) {
    p = p->next;
    j++;
```

```
    }
    if(i == j)
        return p;                    //找到了第 i 个结点
    else return NULL;
}
```

(2) 按值在带头结点的单链表中查找。从开始结点出发,顺着链逐个将结点的值和给定值 key 做比较,若有结点的值与 key 相等,则返回首次找到的其值为 key 的结点的存储地址；否则返回 NULL。具体算法实现如下：

```
ListNode * LocateNode (LinkList head, DataType key)
{//在带头结点的单链表 head 中查找其值为 key 的结点
    ListNode * p = head -> next;
    while(p&&p -> data!= key)        //p 等价于 p!= NULL
    p = p -> next;
    return p;
}
```

4) 链表的插入

将值为 x 的新结点 s 插入带头结点的单链表 head 的第 i 个结点 a_i 的位置上,如图 2-17 所示。从开始结点出发,顺着链查找第 $i-1$ 个结点,使指针变量 p 指向第 $i-1$ 个结点,即实现以下操作：

```
p = GetNode(head, i-1);
```

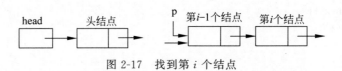

图 2-17　找到第 i 个结点

如图 2-18 所示,生成一个数据域为 x 的新结点 s,即实现以下操作：

```
s = (ListNode * )malloc( sizeof( ListNode));
s -> data = x;
```

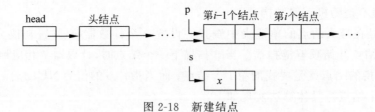

图 2-18　新建结点

如图 2-19 所示,使新结点的指针域指向第 i 个结点,实现以下操作：

```
s -> next = p -> next;
```

如图 2-20 所示,使结点 p 的指针域指向结点 s,即实现以下操作：

```
p -> next = s;
```

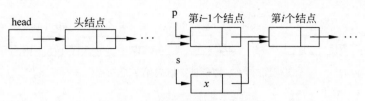

图 2-19 将 s 指向第 i 个结点

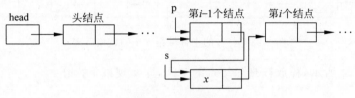

图 2-20 完成插入

```
int InsertList(LinkList head, DataType x, int i)
{//将值为 x 的新结点插入带头结点的单链表 head 的第 i 个结点的位置上
ListNode * p, * s;
p = GetNode(head,i - 1);            //寻找第 i-1 个结点
if(p == NULL)
{
printf("未找到第 % d 个结点",i - 1);
return 0;
}
s = (ListNode * )malloc(sizeof(ListNode));
s -> data = x;
s -> next = p -> next;
p -> next = s;
return 1;
}
```

5) 链表的删除

删除带头结点的单链表 head 上的第 i 个结点。

(1) 如图 2-21 所示,从开始结点出发,顺着链查找第 $i-1$ 个结点,使指针变量 p 指向第 $i-1$ 个结点,即实现以下操作:

p = GetNode(head, i - 1);

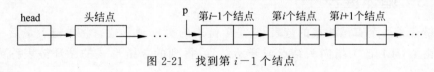

图 2-21 找到第 $i-1$ 个结点

(2) 如图 2-22 所示,使指针 r 指向第 i 个结点(被删除的结点),即实现以下操作:

r = p -> next;

(3) 如图 2-23 所示,使 p 的指针域指向被删除结点的直接后继,即实现以下操作:

p -> next = r -> next;

图 2-22　将指针 r 指向第 i 个结点

图 2-23　将 p 的指针域指向 r 的直接后继

（4）如图 2-24 所示，释放被删除结点的空间，即实现以下操作：

free(r);

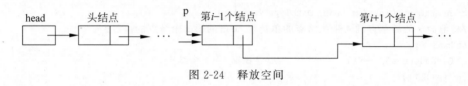

图 2-24　释放空间

具体算法实现如下：

```
int DeleteList(LinkList head,int i)          //删除带头结点的单链表 head 上的第 i 个结点
{
  ListNode * p, * r;
  p = GetNode(head,i - 1);                   // 找到第 i - 1 个结点
  if(p == NULL || p -> next == NULL)
  {
    printf("未找到第 % d 个结点",i - 1);
    return 0;
  }
  r = p -> next;                             // 使指针 r 指向被删除的结点
  p -> next = r -> next;                     // 将被删除结点从链上摘下
  free(r);                                   // 释放被删除结点的空间
  return 1;
}
```

2.3.3　循环链表

　　循环链表是一个首尾相接的链表，它是单链表的另一种形式。将单链表最后一个结点的指针域由 NULL 改为指向头结点或开始结点，得到的单链形式的循环链表称为单循环链表。

　　为了使某些操作实现起来方便，在循环单链表中也可设置一个头结点。这样，空循环链表仅由一个自成循环的头结点表示，如图 2-25 所示。

　　带头结点的循环单链表的各种操作的实现算法与带头结点的单链表的实现算法类似，只要将相应算法中判断指针是否为 NULL 改为是否为 head。由此，可得出单循

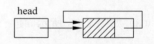

图 2-25　带头结点的空循环链表

环链表的优点：从任意结点出发，都可访问到该链表的所有结点。而单链表只能从开始结点遍历整个链表。

在单循环链表中附设尾指针有时比附设头指针会使操作变得更简单。如在用头指针表示的单循环链表中，找开始结点 a_1 的时间复杂度是 $O(1)$，而要找到终端结点 a_n，则需要从开始结点遍历整个链表，其时间复杂度是 $O(n)$。如果用尾指针 rear 来表示单循环链表，则查找开始结点和终端结点都很方便，它们的存储位置分别是 rear -> next -> next 和 rear。显然，查找时间复杂度都是 $O(1)$。因此，多采用尾指针表示单循环链表。

2.3.4 双向(循环)链表

在单链表中，从一个已知结点出发，只能访问到该结点及其后续结点，无法找到该结点之前的其他结点。而在单循环链表中，虽然从任一结点出发都可访问到表中所有结点，但访问该结点的直接前驱结点的时间复杂度为 $O(n)$；另外，在单链表中，若已知某结点的存储位置，则将一新结点 s 插入 p 之前（称为前插）不如插入 p 之后方便，因为前插操作必须知道 p 的直接前驱的位置；同理，删除 p 本身不如删除 p 的直接后继方便。因此，在每个结点里再增加一个指向其直接前驱结点的指针域 prior，这样形成的链表中有两条方向不同的链，因此称为双向链表。

(1) 双向链表如图 2-26(a) 所示，其描述如下：

```
typedef char DataType;              //定义结点的数据域类型
typedef struct DListNode{           //结点类型定义
DataType data;                      //结点的数据域
struct DListNode * prior, * next;   //结点的指针域
}DListNode, * DlinkList;            //结构体类型标识符
DListNode * p, * s;                 //定义工作指针
DLinkList head;                     //定义头指针
```

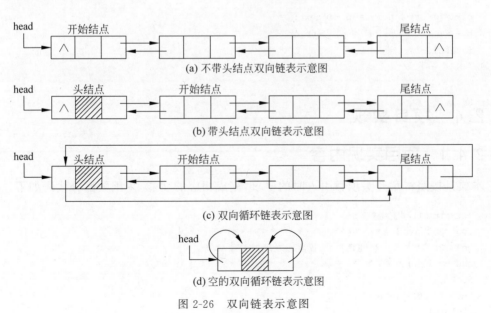

图 2-26　双向链表示意图

（2）图 2-26(b)所示为带头结点的双向链表。在双向链表中增加一个头结点,得到带头结点的双向链表。带头结点的双向链表能使某些运算变得方便。

（3）图 2-26(c)所示为双向循环链表。将双向链表的头结点和尾结点链接起来构成的循环链表,称为双向循环链表。

（4）双向循环链表的对称性。如果 p 是当前结点 p 的地址,那么 p->prior 是结点 p 的前驱结点的地址,p->next 是结点 p 的后继结点的地址。因此 p->prior->next==p==p->next->prior,即结点 p 的地址存放在它的前驱结点 *(p->prior)的 next 指针域中,也存放在它的后继结点 *(p->next)的 prior 指针域中。

（5）空的双向(循环)链表如图 2-26(d)所示。

（6）双向链表的前插操作算法。在带头结点的双向链表中,将值为 x 的新结点插入结点 p 之前,设 p≠NULL。算法实现如下：

```
void DInsertBefore(DListNode * p, DataType x)
{
  DListNode * s = (DListNode * ) malloc(sizeof(DListNode));
  s -> data = x;
  s -> prior = p -> prior;
  s -> next = p;
  p -> prior -> next = s;
  p -> prior = s;
}
```

（7）双向链表的删除当前结点的算法。在带头结点的双向链表中,删除当前结点 p,设 p 为非终端结点。算法实现如下：

```
void DDeleteNode(DListNode * p)
{
  p -> prior -> next = p -> next;
  p -> next -> prior = p -> prior;
  free(p);
}
```

2.4 项目实现

2.4.1 项目实现内容

本项目按照本章开头项目引入时的要求,完成相应的功能,主函数部分代码如下。

```
int main(){//主函数
cout << "\n\t| **************************** |\n";
cout << "\t| ** 欢迎访问图书管理系统 ** |\n";
cout << "\t| **************************** |\n\n";
Book L;
int c = 1, flag1 = 0;
while(c)
{
```

```
    cout << "\n请选择服务的种类:\n";
    cout << "\t1.图书信息表的创建和输出\n";
    cout << "\t2.按照图书价格进行升序排序,并且输出排序后的图书信息。\n";
    cout << "\t3.查找给定图书中价格最贵的图书。\n";
    cout << "\t4.找到指定位置的最喜欢的图书,并输出图书信息。\n";
    cout << "\t5.按照指定的位置,将新购买的图书插入指定的位置。\n";
    cout << "\t6.输出当前顺序表。\n";
    cout << "\t0.保留文件并退出系统\n";
    cout << "请选择:";
    cin >> c;
    ……
}
```

具体代码实现扫描下方二维码。

图书管理系统代码

2.4.2 项目实现结果

(1) 图书信息表的创建和输出,具体如图 2-27 所示。

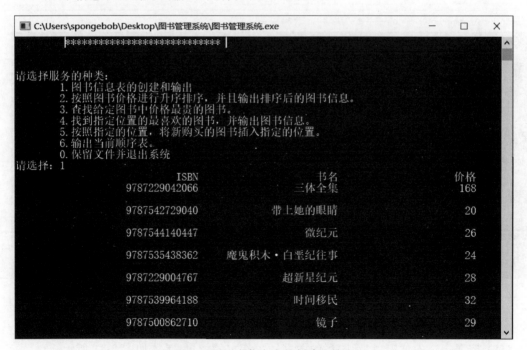

图 2-27 图书信息表的创建和输出

(2) 按照图书价格进行升序排序,并且输出排序后的图书信息,具体如图 2-28 所示。

(3) 查找给定图书中价格最贵的图书,具体如图 2-29 所示。

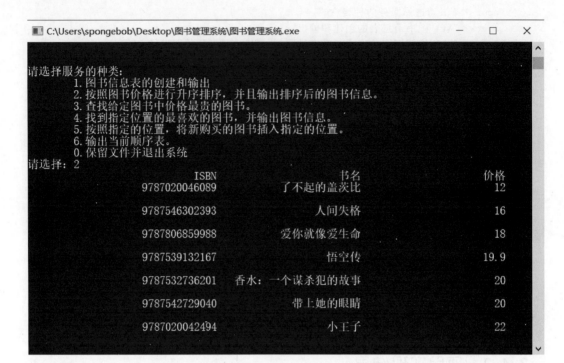

图 2-28　按图书价格排序并输出

图 2-29　查找最贵的图书

（4）找到指定位置的最喜欢的图书，并输出图书信息，具体如图 2-30 所示。

（5）按照指定的位置，将新购买的图书插入指定的位置，具体如图 2-31 所示。

（6）输出当前顺序表，具体如图 2-32 所示。

（7）保留文件并退出系统，具体如图 2-33 所示。

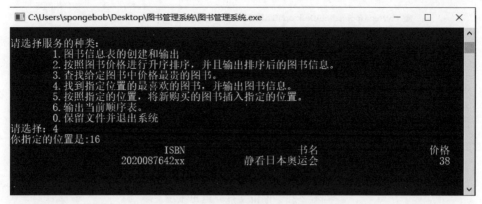

图 2-30　寻找最喜欢的图书

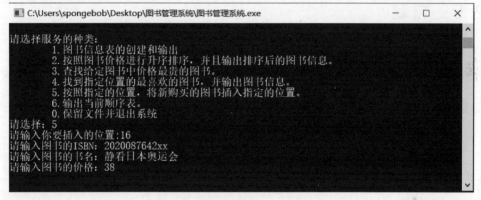

图 2-31　将新买图书插入指定位置

图 2-32　输出图书顺序表

图 2-33　保留文件并退出系统

2.5　习题

1. 选择题

（1）顺序表中第一个元素的存储地址是 100，每个元素的长度为 2，则第 5 个元素的地址是（　　）。

  A. 110　　　　　　B. 108　　　　　　C. 100　　　　　　D. 120

（2）在 n 个结点的顺序表中，算法的时间复杂度是 $O(1)$ 的操作是（　　）。

  A. 访问第 i 个结点（$1 \leqslant i \leqslant n$）和求第 i 个结点的直接前驱（$2 \leqslant i \leqslant n$）

  B. 在第 i 个结点后插入一个新结点（$1 \leqslant i \leqslant n$）

  C. 删除第 i 个结点（$1 \leqslant i \leqslant n$）

  D. 将 n 个结点从小到大排序

（3）向一个有 127 个元素的顺序表中插入一个新元素并保持原来顺序不变，平均要移动的元素个数为（　　）。

  A. 8　　　　　　　B. 63.5　　　　　　C. 63　　　　　　　D. 7

（4）链接存储的存储结构所占存储空间为（　　）。

  A. 分两部分，一部分存放结点值，另一部分存放表示结点间关系的指针

  B. 只有一部分，存放结点值

  C. 只有一部分，存储表示结点间关系的指针

  D. 分两部分，一部分存放结点值，另一部分存放结点所占单元数

（5）线性表若采用链式存储结构时，要求内存中可用存储单元的地址（　　）。

  A. 必须是连续的　　　　　　　　　　B. 部分地址必须是连续的

  C. 一定是不连续的　　　　　　　　　D. 连续或不连续都可以

（6）线性表 L 在（　　）情况下适用于使用链式结构实现。

  A. 需经常修改 L 中的结点值　　　　　B. 需不断对 L 进行删除插入

  C. L 中含有大量的结点　　　　　　　D. L 中结点结构复杂

（7）单链表的存储密度（　　）。

  A. 大于 1　　　　　B. 等于 1　　　　　C. 小于 1　　　　　D. 不能确定

(8) 将两个各有 n 个元素的有序表归并成一个有序表,其最少的比较次数是( )。
   A. n B. $2n-1$ C. $2n$ D. $n-1$

(9) 在一个长度为 n 的顺序表中,在第 i 个元素($1\leq i\leq n+1$)之前插入一个新元素时须向后移动( )个元素。
   A. $n-i$ B. $n-i+1$
   C. $n-i-1$ D. i

(10) 对线性表$\{a_1,a_2,\cdots,a_n\}$,下列说法正确的是( )。
   A. 每个元素都有一个直接前驱和一个直接后继
   B. 线性表中至少有一个元素
   C. 表中诸元素的排列必须是由小到大或由大到小
   D. 除第一个和最后一个元素外,其余每个元素都有且仅有一个直接前驱和直接后继

(11) 创建一个包括 n 个结点的有序单链表的时间复杂度是( )。
   A. $O(1)$ B. $O(n)$ C. $O(n^2)$ D. $O(n\log_2 n)$

(12) 以下说法错误的是( )。
   A. 求表长、定位这两种运算在采用顺序存储结构时实现的效率不比采用链式存储结构实现的效率低
   B. 顺序存储的线性表可以随机存取
   C. 由于顺序存储要求连续的存储区域,所以在存储管理上不够灵活
   D. 线性表的链式存储结构优于顺序存储结构

(13) 在单链表中,要将 s 所指结点插入 p 所指结点之后,其语句应为( )。
   A. s->next=p+1; p>next=s;
   B. (*p).next=s; (*s).next=(*p).next;
   C. s->next=p->next; p->next=s->next;
   D. s->next=p->next; p->next=s;

(14) 在双向链表存储结构中,删除 p 所指的结点时须修改指针( )。
   A. p->prior->next=p->next; p->next->prior=p->prior;
   B. p->next=p->next->next; p->next->prior=p;
   C. p->prior->next=p; p->prior=p->prior->prior;
   D. p->prior=p->next->next; p->next=p->prior->prior;

(15) 在双向循环链表中,在 p 指针所指的结点后插入 q 所指向的新结点,其修改指针的操作是( )。
   A. p->next=q; q->prior=p; p->next->prior=q; q>next=q;
   B. p->next=q; p->next->prior=q; q->prior=p; q->next=p->next;
   C. q->prior=p; q->next=p->next; p->next->prior=q; p->next=q;
   D. q->prior=p; q->next=p->next; p->next=q; p->next->prior=q;

(16) 已知两个长度分别为 m 和 n 的升序链表,若将它们合并为一个长度为 $m+n$ 的降序链表,则最坏情况下的时间复杂度是( )。
   A. $O(n)$ B. $O(m\times n)$
   C. $O(\min(m,n))$ D. $O(\max(m,n))$

（17）已知表头元素为 c 的单链表在内存中的存储状态如图 2-34 所示。现将 f 存放于 1014H 处并插入单链表中，若 f 在逻辑上位于 a 和 e 之间，则 a、e、f 的"链接地址"依次是（　　）。

	元素	链接地址
1000H	a	1010H
1004H	b	100CH
1008H	c	1000H
100CH	d	NULL
1010H	e	1004H
1014H		

图 2-34　单链表的存储状态

A. 1010H, 1014H, 1004H　　　　　　B. 1010H, 1004H, 1014H
C. 1014H, 1010H, 1004H　　　　　　D. 1014H, 1004H, 1010H

（18）已知一个带有表头结点的双向循环链表 L，结点结构为 prev data next，其中，prev 和 next 分别是指向其直接前驱和直接后继结点的指针。现要删除指针 p 所指的结点。正确的语句序列是（　　）。

　　A. p->next->prev=p->prev; p->prev->next=p->prev; free(p);
　　B. p->next->prev=p->next; p->prev->next=p->next; free(p);
　　C. p->next->prev=p->next; p->prev->next=p->prev; free(p);
　　D. p->next->prev=p->prev; p->prev->next=p->next; free(p);

（19）将两个长度为 n 的递增有序表归并成一个长度为 $2n$ 的递增有序表，最少需要进行关键字比较（　　）次。

　　A. 2　　　　　　B. $n-1$　　　　　　C. n　　　　　　D. $2n$

（20）将长度为 n 的单链表链接在长度为 m 的单链表之后的算法的时间复杂度为（　　）。

　　A. $O(m+n)$　　　B. $O(n)$　　　C. $O(m)$　　　D. $O(1)$

（21）若线性表最常用的操作是存取第 i 个元素及其前驱的值，则采用（　　）存储方式节省时间。

　　A. 单链表　　　　B. 双链表　　　　C. 单循环链表　　　　D. 顺序表

（22）在线性表的下列运算中，不改变数据元素之间结构关系的运算是（　　）。

　　A. 插入　　　　B. 删除　　　　C. 排序　　　　D. 定位

（23）对于一个头指针为 head 的带头结点的单链表，判定该表为空表的条件是（　　）。

　　A. head==NULL　　　　　　B. head->next==NULL
　　C. head->next==head　　　　D. head!=NULL

（24）对于单链表表示法，以下说法错误的是（　　）。

　　A. 数据域用于存储线性表的一个数据元素
　　B. 指针域或链域用于存放一个指向本结点的直接后继结点的指针
　　C. 所有数据通过指针的链接而组织成单链表

D. NULL 称为空指针，它不指向任何结点，只起标志作用

(25) 线性表 $\{a_1, a_2, \cdots, a_n\}$ 以链接方式存储时，访问第 i 个位置元素的时间复杂度为（　　）。

A. $O(n^2)$　　　　B. $O(1)$　　　　C. $O(n)$　　　　D. $O(\log n)$

(26) 访问单链表中当前结点的后继和前驱的时间复杂度分别是（　　）。

A. $O(n)$ 和 $O(1)$　　　　　　　B. $O(1)$ 和 $O(1)$
C. $O(1)$ 和 $O(n)$　　　　　　　D. $O(n)$ 和 $O(n)$

(27) 在具有 n 个结点的有序单链表中插入一个新结点并使链表仍然有序的时间复杂度是（　　）。

A. $O(1)$　　　　B. $O(n)$　　　　C. $O(n\log_2 n)$　　　　D. $O(n^2)$

(28) 设一个链表最常用的操作是在末尾插入结点和删除尾结点，则选用（　　）最节省时间。

A. 单链表　　　　　　　　　　　B. 单循环链表
C. 带尾指针的单循环链表　　　　D. 带头结点的双循环链表

(29) 在一个以 L 为头指针的单循环链表中，p 指针指向链尾的条件是（　　）。

A. p->next==L　　　　　　　　B. p->next==NULL
C. p->next->next==L　　　　　D. p->data==-1

(30) 在循环链表中，将头指针改设为尾指针（rear）后，其首元结点和尾结点的存储位置分别是（　　）。

A. rear 和 rear->next->next　　　　B. rear->next 和 rear
C. rear->next->next 和 rear　　　　D. rear 和 rear->next

2. 应用题

(1) 线性表有两种存储结构：一是顺序表，二是链表。如果有 n 个线性表同时并存，并且在处理过程中各表的长度会动态变化，线性表的总数也会自动地改变。在此情况下，应选用哪种存储结构？为什么？若线性表的元素总数基本稳定，且很少进行插入和删除，但要求以最快的速度存取线性表中的元素，那么应采用哪种存储结构？为什么？

(2) 在单链表和双向链表中，能否从当前结点出发访问到任一结点？

(3) 说明在线性表的链式存储结构中，头指针与头结点之间的根本区别，头结点与首元结点的关系。

(4) 线性表 $\{a_1, a_2, \cdots, a_n\}$，采用顺序存储结构。试问，在等概率的前提下，每插入一个元素平均需要移动的元素个数为多少？若元素插入在 a_i 与 a_{i+1} 之间 $(0 \leqslant i \leqslant n-1)$ 的概率为 $\dfrac{n-i}{n(n+1)/2}$，则平均每插入一个元素所要移动的元素个数又是多少？

(5) 线性表 $\{a_1, a_2, \cdots, a_n\}$ 用顺序映射表示时，a_1 与 $a_{i+1}(1 \leqslant i < n)$ 的物理位置相邻吗？链表表示时呢？

3. 算法设计题

(1) 将两个递增的有序链表合并为一个递增的有序链表。要求结果链表仍使用原来两个链表的存储空间，不另外占用其他的存储空间。表中不允许有重复的数据。

(2) 设计一个算法，通过一趟遍历确定长度为 n 的单链表中值最大的结点，返回该结点

的数据。

（3）设计一个算法，将链表中所有结点的链接方向"原地"逆转，即要求仅利用原表的存储空间，换句话说，要求算法的空间复杂度为 $O(1)$。

（4）设计一个算法，删除递增有序链表中值大于 mink 且小于 maxk（mink maxk 是给定的两个参数，其值可以和表中的元素相同，也可以不同）的所有元素。

（5）已知 p 指向双向循环链表中的一个结点，其结点结构为 data、prior、next 三个域，写出算法 Exchange(p)，交换 p 所指向的结点及其前驱结点的顺序。

（6）已知长度为 n 的线性表 A 采用顺序存储结构，请写一个时间复杂度为 $O(n)$、空间复杂度为 $O(1)$ 的算法，该算法可删除线性表中所有值为 item 的数据元素。

（7）已知一个带有表头结点的单链表，结点结构为(data，link)，假设该链表只给出了头指针 list。在不改变链表的前提下，请设计一个尽可能高效的算法，查找链表中倒数第 k 个位置上的结点（k 为正整数）。若查找成功，算法输出该结点的 data 域的值，并返回 1；否则，只返回 0。要求：描述算法的基本设计思想；描述算法的详细实现步骤；根据设计思想和实现步骤，采用程序设计语言描述算法（用 C、C++或 Java 语言实现），关键之处请给出简要注释。

第 3 章 栈 与 队 列

在线性结构中，有两种特殊的线性表，即栈和队列，它们是操作受限的线性表，插入和删除操作只能在固定端进行。具体来说，栈的操作是"后进先出"，而队列的操作则是"先进先出"。从抽象数据类型的角度看，它们处理各自元素的方法有很大差别。本章通过一个具体的项目分析，引出栈和队列的结构体定义、初始化、读取数据元素等基本操作，基于这些基本知识的应用，再解决项目的实现问题。

3.1 项目分析引入

在现实生活中，这两种操作特殊的线性表（栈和队列）会被频繁地使用，以解决具体的计算问题。例如：在使用计算机读取字符串形式的算术表达式，判断表达式是否正确并计算相应的结果时，先读取的操作数和操作符不一定要先被计算出结果，例如：3+4×5，尽管操作符"+"被先读取出来，也不能先计算 3+4 的结果。为了有效临时地保存正被读取操作数和操作符，设计算法时常常会引入栈来解决运算符优先级的问题。再如，在设计停车场管理程序时，当停车场停满车辆以后，如果还有车辆需要停车服务，则需要排队等候。当有其他车辆驶离后，再按先来先服务的原则为等待的车辆提供服务。为此，在设计管理程序时，需要使用队列来实现所需的功能。

对于这两个项目来说，关于栈和队列方面的应用，需要分别完成以下功能。
(1) 算术表达式的求值。①运算符优先级的定义，包括特殊运算符括号与其他运算符优先级的比较；②读取表达式，分别提取并保存其中的操作数和运算符；③遇到低优先级运算符的处理策略；④遇到高优先级运算符的处理策略。
(2) 停车场服务管理程序。①停车场中停车位的标识；②车辆停车后，车牌号与停车位编号的关联；③等待停车车辆的队列管理；④车辆驶离后，停车位回收与再分配。

3.2 项目相关知识点介绍

从上面具体项目的分析中，需要再次强调两种特殊线性表（栈和队列）的本质差别：前者的操作要实现"后进先出"的功能，而后者则是"先进先出"的功能。在程序中创建栈或者队列时，可以先创建一个线性表（顺序表或者链表），然后在这个线性表上，实现"后进先出"或者"先进先出"的操作，就可以完成栈或者队列的创建任务。

3.3 栈的定义

栈(stack)是一种特殊的线性表,它的操作仅限定在线性表尾部进行(如插入、删除、读取栈顶元素等)。线性表的尾部称为栈顶(top),线性表的头部称为栈底(base)。如果栈中不含任何元素,则称该栈为空栈。假设栈 stack $= \{a_1, a_2, \cdots, a_n\}$,则栈底元素是 a_1,栈顶元素为 a_n。栈中元素的进栈次序为$\{a_1, a_2, \cdots, a_n\}$,出栈时只有栈顶元素,即从后数第一个元素 a_n,可出栈。换句话说,栈的操作是按"后进先出"的约束实现的线性表,如图 3-1 所示。因此,栈又称为后进先出的线性表。

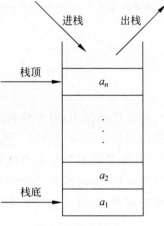

图 3-1 栈的示意图

3.3.1 顺序栈

顺序栈采用顺序存储结构来存储数据元素,即在内存中申请一组连续的地址空间依次存放数据元素,这些元素依次存储于栈底 base 到栈顶 top 指针指向的连续地址空间。使用栈的过程中。

(1) base 指针一直指向栈底元素。

(2) 当数据入栈或者出栈时,该数据存储到 top 指针指向的存储单元或者从 top 的存储单元中被读取。

(3) 当 top 和 base 相等时,表示空栈。

顺序栈的定义如下:

```
//栈的顺序存储结构
#define STACK_INIT_SIZE 10          //存储空间初始分配量
#define STACKINCREMENT 2            //存储空间分配增量
typedef struct SqStack{
SElemType *base;                    //栈底指针
SElemType *top;                     //栈顶指针
int stacksize;                      //栈的最大容量
}SqStack;
```

(1) 若 base 的值为 NULL,则表明栈结构不存在。top 为栈顶指针,其初始值指向栈底。每当插入新的栈顶元素时,top 增 1;删除栈顶元素时,top 减 1。因此,栈空时,top 和 base 相等,都指向栈底。栈非空时,top 始终指向栈顶元素的上一个空位置。

(2) stacksize 指示栈可使用的最大容量,后面算法的初始化操作为顺序栈动态分配 MAXSIZE 大小的数组空间,即将 stacksize 设置为 MAXSIZE。

图 3-2 给出顺序栈中数据元素和指针之间的对应关系。显然,栈底指针 base 在初始化完成以后,始终指向栈底位置。如果初始化栈的操作失败,base=NULL。栈顶指针 top,在栈初始化以后,与栈底指针 base 同时指向栈底元素,即表示空栈。当有新元素入栈时,新元素存放到 top 指向的空间中,然后 top 加 1。当元素出栈时,top 先减 1,然后读取栈顶元素即可。所以,栈非空时,top 始终指向栈顶元素的上一个空位置。

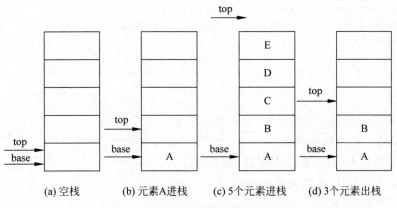

图 3-2 顺序栈的进栈和出栈示意图

另外,成员变量 stacksize 为该结构体的统计型变量,表示栈的最大容量,在顺序栈的初始化操作中,可以将其赋值为宏定义常量 MAXSIZE,然后再动态分配相应大小的地址空间给顺序栈。

1. 初始化

顺序栈的初始化操作就是为顺序栈在内存中动态分配一个预定义 MAXSIZE 大小的地址空间。

【算法 3-1】 顺序栈的初始化。

(1) 为顺序栈动态分配一个最大容量为 MAXSIZE 的数组空间,使 base 指向这段空间的起始位置,即栈底。

(2) 栈顶指针 top 初始化时等于 base,表示栈空。

(3) stacksize 设置为 MAXSIZE。

算法具体代码如下:

```
Status InitStack(SqStack &S){
 //构造一个空栈 S
 S.base = new SElemType[MAXSIZE];
 if(!S.base)
     exit(OVERFLOW);
 S.top = S.base;
 S.stacksize = MAXSIZE;
 return OK;
}
```

2. 入栈

入栈操作是指在栈顶插入一个新的元素,同时栈顶指针加 1。

【算法 3-2】 顺序栈的入栈。

(1) 判断栈是否满,若满则返回 ERROR。

(2) 将新元素压入栈顶,栈顶指针加 1。

算法具体代码如下:

```
Status Push(SqStack &S, SElemType e){
 //插入元素 e 为新的栈顶元素
```

```
    if(S.top - S.base == S.stacksize)
        return ERROR;                                       //栈满
    *(S.top++) = e;
    return OK;
}
```

3．出栈

出栈操作是将栈顶元素移出栈，top 减 1。

【算法 3-3】 顺序栈的出栈。

（1）判断栈是否为空，若空则返回 ERROR。

（2）栈顶指针减 1，栈顶元素出栈。

算法具体代码如下：

```
Status Pop(SqStack &S, SElemType &e){
    //删除 S 的栈顶元素，用 e 返回值
    if(S.base == S.top)
        return ERROR;                                       //栈空
    e = *(--S.top);
    return OK;
}
```

4．取栈顶元素

当栈非空时，此操作返回当前栈顶元素的值，栈顶指针保持不变。

【算法 3-4】 取栈顶元素。

算法具体代码如下：

```
SElemType GetTop(SqStack S){
    if(S.top != S.base)                                     //栈不为空
        return *(S.top - 1);                                //返回栈顶元素，top 指针不变
}
```

3.3.2 链式栈

链式栈是指采用链式存储结构实现的栈。通常链式栈采用单链表来实现，如图 3-3 所示。因此，链式栈结点的结构体定义和链式栈本身的结构体定义都与链表相似，只是结构体所用名称不同。链式栈的结点被命名为 StackNode，具体定义如下：

```
typedef struct StackNode{
    SElemType data;
    struct StackNode *next;
}StackNode, *LinkStack;
```

由于栈的入栈和出栈操作是在栈顶进行的，显然以链表的头部作为栈顶最为合理，只要设置一个指针变量 s 指向其头部即可，而不用再另设一个变量来存储链表的尾元素地址。

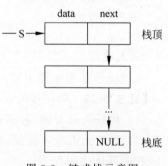

图 3-3　链式栈示意图

由于头结点在链表中不常用,可在定义单链表时去掉头结点的定义。

下面给出链式栈初始化、入栈、出栈、取栈顶元素等主要操作的实现。

1. 初始化

链式栈的初始化操作是构造一个空的链式栈,因为不需要设置头结点,所以只需要设置栈顶指针等于 NULL 即可。

【算法 3-5】 链式栈的初始化。

算法具体代码如下:

```
Status InitStack(LinkStack & S){
  //构造一个空栈 S,栈顶指针置空
  S−>= NULL;
  return OK;
}
```

2. 入栈

和顺序栈的入栈操作不同的是,链式栈可以不需要判断链栈是否满的情况下,直接进行入栈操作,具体来说,只需要为待入栈元素分配一个结点空间,然后将数据存入该结点,再将其链接到链式栈的头部,同时修改头指针即可,如图 3-4 所示。

【算法 3-6】 链式栈的入栈。

(1) 为入栈元素 e 分配空间,用指针 p 指向。

(2) 将新结点数据域置为 e。

(3) 将新结点插入栈顶。

(4) 修改栈顶指针为 p。

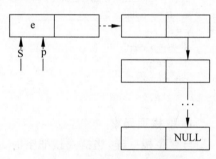

图 3-4 链式栈的入栈操作

算法具体代码如下:

```
Status Push(LinkStack &S, SElemType e){
  //在栈顶插入元素 e
  p = new StackNode;
  p−>data = e;
  p−>next = S;
  S = p;
  return OK;
}
```

3. 出栈

链式栈在出栈操作之前,和顺序栈一样,需要先判断栈是否为空,但是,链式栈在出栈后需要释放刚才出栈元素的地址空间,即原来栈的栈顶空间,如图 3-5 所示。

【算法 3-7】 链式栈的出栈。

(1) 判断栈是否为空,若空则返回 ERROR。

(2) 将栈顶元素赋给 e。

(3) 用指针 p 临时指向栈顶元素的空间,以备释放。

(4) 修改栈顶指针,指向新的栈顶元素。

(5) 释放原栈顶元素的空间。

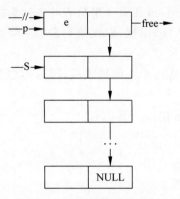

图 3-5 链式栈的出栈过程

算法具体代码如下：

```
Status Pop(LinkStack &S, SElemType &e){
 //删除 S 的栈顶元素,用 e 返回其值
 LinkStack p;
 p = new StackNode;
 if(S == NULL) return ERROR;
 e = S -> data;
 p = S;
 S = S -> next;
 delete p;
 return OK;
}
```

4. 取栈顶元素

与顺序栈一样,当链式栈非空时,此操作返回当前栈顶元素的值,同时保持栈顶指针 S 不变。

【算法 3-8】 取链式栈的栈顶元素。

算法具体代码如下：

```
SElemType GetTop(LinkStack S){
 //返回 S 的栈顶元素,不修改栈顶指针
 if(S != NULL)
     return S -> data;
}
```

3.3.3 栈与递归

在程序设计过程中,递归算法的结构常常比非递归算法的结构更简洁和清晰并容易设计,尤其是待解决问题比较复杂时,采用递归算法将更容易设计出有效率的算法。递归算法的设计需要使用栈来实现。这是因为,递归算法通常把一个大型的复杂问题的描述和求解,逐步简化成一系列简单的问题描述和求解。而栈的使用可有效地保存和使用计算过程中的中间结果。为了帮助学习者理解递归算法并提高其设计递归算法的能力,本节将介绍递归算法设计思路,同时详细介绍：在递归算法执行过程中,被中断执行的程序是如何存储于栈

中；这些程序又在何时被弹出栈,继续执行。

1. 递归算法适用情况

递归算法(函数)是指,该算法(函数)在定义的过程中又调用了自己(即定义中需要使用自身的函数功能)。通常,递归算法适用于在以下三种情况。

1) 算法的定义是递归的

有很多数学函数是递归定义的,如大家熟悉的式(3-1)表示的阶乘函数和式(3-2)表示的二阶 Fibonacci 数列等。

$$\mathrm{Fact}(n) = \begin{cases} 1, & n=0 \\ n\mathrm{Fact}(n-1), & n>0 \end{cases} \quad (3\text{-}1)$$

$$\mathrm{Fib}(n) = \begin{cases} 1, & n=1,2 \\ \mathrm{Fib}(n-1)+\mathrm{Fib}(n-2), & \text{其他} \end{cases} \quad (3\text{-}2)$$

对于式(3-1)中的阶乘函数,可以使用递归函数来求解,具体代码如下：

```
long Fact(long n){
  if(n == 0) return 1;
  else return n * Fact(n - 1);
}
```

图 3-6 给出了主程序调用递归函数 Fact(4)的执行过程。在递归过程中,else 语句分别以实际参数 $n=\{3,2,1,0\}$ 调用自身,而最后一次递归调用,因参数 n 为 0 执行了递归函数的出口程序(if 语句),递归终止,程序逐步返回,返回时依次计算 1×1、2×1、3×2、4×6,最后将计算结果 24 返回给主程序。

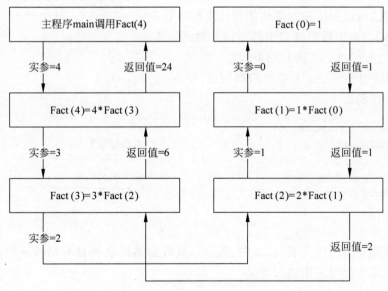

图 3-6 递归求解 4!的过程

类似地,可写出 Fibonacci 数列的递归程序。

```
long Fib(long n){
  if(n == 1||n == 2) return 1;                    //递归终止条件
```

```
        else return Fib(n - 1) + Fib(n - 2);        //递归过程
}
```

对于这种类似的递归问题,可以将原来的复杂问题分解成几个逐级简化的且解法相同或者类似的子问题来进行求解,这一过程被称为递归求解,这种分解-求解的策略叫"分治法"。采取分治法进行递归求解的问题需要满足以下3个条件。

(1) 能将一个问题转换成一个新的子问题,而且子问题与原问题的解法相同或相似,它们之间的差别在于所传递的参数不同,参数的变化将逐步趋近于可直接求解。

(2) 可以通过上述问题转换实现原有的复杂问题简化,直到子问题可被求解。

(3) 递归函数体中必须有一个明确的递归出口,否则程序将陷入类似于死循环的情况。

2) 数据结构是递归的

基于某些数据结构本身所具有的递归特性,那么基于这类数据结构的一些操作方法(或者函数)可采用递归形式的描述。常见的递归形式的数据结构包含之前所学的"链表",其结点 LNode 的定义由数据域 data 和指针域 next 组成,而指针 next 是一种指向 LNode 类型的指针,即 LNode 的定义中又用到了自身结构体来定义其成员 next(LNode * next)。第 5 章和第 6 章要讲解的树形结构和图状结构都是非常重要的递归型数据结构。

对于递归型的数据结构来说,如果采用递归算法实现其相应的操作功能,将带来很大的便利。例如,链表结点的遍历输出函数可以采用递归形式的算法。

算法 3-8 是从链表头部开始,依次遍历所有链表结点并打印输出每个结点的 data 域的递归算法。在递归函数被执行时,形式参数 p 得到单链表的首元结点地址;在递归过程中,p 逐步指向每个结点的直接后继结点,同时输出 p 指向结点的 data 域的值,直到链表尾部(p 为 NULL)时,递归过程结束。显然,这个问题的求解过程描述满足上述"分治法"的 3 个基本条件,因此,可以采用递归算法来设计求解过程。

【算法 3-9】 遍历输出链表中各个结点的递归算法。

(1) 如果 p 为 NULL,递归结束返回。

(2) 否则输出 p-> data,p 指向后继结点,即 p = p-> next。

算法具体代码如下:

```
void TraverseList(LinkList p){
    if(p == NULL) return ;                    //递归结束
    else{
        cout << p -> data << endl;            //输出当前结点 data
        TraverseList(p -> next);              //递归过程
    }
}
```

后面章节要介绍的广义表、二叉树、图等经典数据结构也都具有结构递归特性,基于这些数据结构的算法都可采用递归算法。

3) 问题的解法是递归的

有一类非常复杂的问题,问题的复杂程度与问题的规模呈指数级增长,而且问题规模较小时,解法比较简单。这样的一类问题,使用递归算法求解要比迭代求解更简单,如汉诺(Hanoi)塔问题、迷宫问题、八皇后(8-queen)问题等。

【例 3-1】 n 阶汉诺塔问题。

假设有 3 个塔座,分别被命名为 A、B、C。开始时,在塔座 A 上依次叠放直径大小各不相同的 n 个圆盘。其中,大的在下小的在上,编号从小到大依次为 $1,2,3,\cdots,n$,图 3-7 所示为 $n=4$。现要求将塔座 A 的 n 个圆盘移至塔座 C 上,并仍按同样顺序叠放,圆盘移动时必须遵循下列规则。

(1) 每次只能移动一个盘子。
(2) 圆盘可以放在 A、B、C 中任一个塔座上。
(3) 任何时刻都不能将一个较大的圆盘压在较小的圆盘上。

显然,当 n 值很小时,盘子的移动问题可以很容易地被解决,但是随着盘子数量的增多,盘子移动问题将变得非常复杂。由于 n 个盘子移动问题的解法可被借鉴于 $n+1$ 个盘子的移动解法,因此可以使用"分治法"来解决这一问题。先来考虑最简单的情况,塔座 A 上最初的盘子数量为 $n=1$ 时,只要将编号为 1 的盘子从塔底 A 直接移到塔座 C 上即可;如果盘子数量增多($n\geqslant2$),则可以执行以下 3 个步骤。

(1) 将塔座 A 上的 $n-1$ 个盘子移到塔座 B 上,用塔座 C 过渡;
(2) 将塔座 A 上最后一个盘子直接移动到塔座 C 上;
(3) 将塔座 B 上的 $n-1$ 个盘子移动到塔座 C 上,用塔座 A 过渡。

具体移动过程如图 3-7 所示,图中 $n=4$。从上述的解法来看,将 $n-1$ 个盘子从一个塔座移动到另一个塔座的问题与原问题有很多相似的特征,例如:柱子的数量相同,移动规则相同。那么,不同之处在于前者的问题规模要小,而且 3 个塔座在移动过程中"角色"要互换一下。因此,可以使用递归的方法求解。

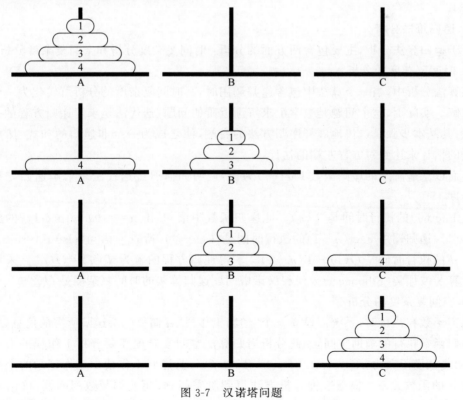

图 3-7 汉诺塔问题

为了实现汉诺塔的移动圆盘方案,即 Hanoi()函数,需要先定义移动一块盘子的基本操作函数:move(A,n,C),三个形式参数的含义分别是:A 为源柱,n 为盘子编号,C 为目标柱。另外,为了对移动的步数进行计数,在 Hanoi()函数之前设置一个全局变量 m,其初始值为 0,move()函数代码如下所示:

```
int m = 0;
void move(char A, int n, char C){
  cout <<++m <<","<< n <<","<< A <<","<< C << endl;
}
```

【算法 3-10】 汉诺塔问题的递归算法。

(1) 如果 $n=1$,则直接将编号为 1 的圆盘直接从 A 移动到 C,函数结束(出口程序)。

(2) 否则调用递归函数,将 A 上编号 1 到 $n-1$ 的圆盘移动到 B 上,以 C 作为辅助塔;直接将编号为 n 的圆盘从 A 移动到 C;调用递归函数,将 B 上编号 1 到 $n-1$ 的圆盘移动到 C 上,以 A 作为辅助塔。

算法具体实现代码如下:

```
void Hanoi(int n, char A, char B, char C){
  if(n==1) move(A,1,C);
  else{
      Hanoi(n-1,A,C,B);
      move(A,n,C);
      Hanoi(n-1,B,A,C);
  }
}
```

2. 递归算法分析

关于递归算法分析,主要包含两方面的分析:时间复杂度分析和空间复杂度分析。

1) 时间复杂度的分析

在算法分析中,当一个算法中包含递归调用时,其时间复杂度的分析可转化为一个递归方程求解。实际上,这个问题是数学上求解渐近阶的问题,迭代法是求解递归方程的一种常用方法,其基本步骤是迭代地展开递归方法的右端,使之成为一个非递归的和式,然后通过对和式的估计来达到对方程左端的估计。

下面以求解阶乘的递归函数 Fact(n)为例,说明如何通过迭代法来求解递归方程的时间复杂度。

设 Fact(n)的执行时间是 $T(n)$。此递归函数中语句"if(n==0) return 1;"的执行时间是 $O(1)$,递归调用 Fact($n-1$)的执行时间是 $T(n-1)$,所有 y 语句"else return n * Fact (n-1);"的执行时间是 $O(1)+T(n-1)$。求得递归方程的解为 $T(n)=O(n)$。采用这种方法计算斐波那契(Fibonacci)数列和汉诺塔问题递归算法的时间复杂度是 $O(2^n)$。

2) 空间复杂度的分析

递归函数在执行时,系统需设立一个"递归工作栈"存储每一层递归所需的信息,此工作栈是递归函数执行的辅助空间,因此分析递归算法空间复杂度需要分析工作栈的大小。所以,空间复杂度函数为:$S(n)=O(f(n))$,其中 $f(n)$ 为递归工作栈中工作记录的个数与问题规模 n 函数关系。根据这种分析方法得到阶乘问题、斐波那契数列问题、汉诺塔的递归算法空间复杂度函数为 $O(n)$。

通过对递归函数的详细分析,可以发现,在执行递归函数时需要系统提供一个隐式栈的数据结构,以存储递归调用前的程序以及状态。对于结构较为清晰的递归函数来说,可以通过程序的基本语句模拟递归函数的执行过程。这一过程中,需要将递归工作栈的状态变化用程序的基本语句直接写出,汇总之后即可得到相应的非递归算法。

总结,这种利用栈将递归函数改写成非递归函数的步骤如下。

(1) 设置一个工作栈存放递归工作记录。

(2) 进入非递归调用入口,将调用程序传来的实际参数和返回地址入栈。

(3) 进入递归调用入口,当不满足递归结束条件时,逐层递归,将实参、返回地址及局部变量入栈,这一过程可用循环语句来实现。

(4) 递归结束条件满足,将到达递归出口的给定常数作为当前的函数值。

(5) 返回处理。在栈不空的情况下,反复退出栈顶记录,根据记录中的返回地址进行题意规定的操作,即逐层计算当前函数值,直到栈空为止。

通过上述步骤,可以将任何递归函数改写成非递归函数。但改写后的非递归函数结构比较混乱,可读性不好,有的函数还需要经过一系列优化。由于递归函数结构清晰,程序易读,而且其正确性容易得到证明。由于递归问题编程时,系统隐式递归栈的存在,用户不需要自己管理递归工作栈,因此,使用递归函数将给用户编制程序和调试程序带来很大的方便。

3.4 队列的定义

3.4.1 队列的定义和特点

队列(queue)也是一种特殊的线性表,它的操作限定于:只允许在表的一端进行插入元素的操作,而另一端只能进行删除元素的操作。这一原理与日常生活中的排队现象是一致的,越早进入队列的元素离开得就越早,反之亦然。在队列中,可插入元素的一端称为队尾(rear),可删除元素的一端称为队头(front)。例如,队列 $\{a_1, a_2, \cdots, a_n\}$ 中,a_1 就是队头元素,a_n 是队尾元素。队列中元素的进队列次序为 $\{a_1, a_2, \cdots, a_n\}$,退出队列也只能按照这个次序依次进行,图 3-8 是队列的示意图。

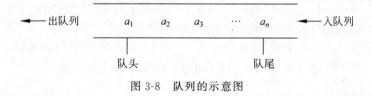

图 3-8 队列的示意图

3.4.2 队列的基本操作

队列的基本操作主要包括队列的初始化、元素入队、元素出队以及取队头元素等。函数名称,形式参数,初始条件,操作结果如下所述。

(1) 函数 InitQueue(&Q) 的操作结果:构造一个空队列 Q。

（2）函数 DestroyQueue(&Q) 的初始条件：队列 Q 已存在；操作结果：队列 Q 被销毁。

（3）函数 EnQueue(&Q, e) 的初始条件：队列 Q 已存在；操作过程：将 e 值赋给队尾元素，队尾指针指向下一个空位置；操作结果：元素 e 插入 Q 的队尾。

（4）函数 DeQueue(&Q, &e) 的初始条件：Q 为非空队列；操作过程：将对头元素的值赋给 e，队头指针指向下一个位置；操作结果：找出 Q 的队头元素，用 e 接受其值。

（5）函数 GetHead(Q) 的初始条件：Q 为非空队列；操作结果：返回 Q 的队头元素。

3.4.3 循环队列

队列的顺序存储结构，采用一组地址连续的存储单元依次存放从队列头到队列尾的元素，这一点与顺序栈很相似，但是顺序队列须设置两个整型的游标变量 front 和 rear 分别指示队列头元素和队列尾元素的位置。队列的顺序存储结构如下：

```
#define MAXQSIZE 100
typedef struct{
 QElemType *base;
 int front;
 int rear;
}SqQueue;
```

队列的初始化是在内存中申请一片连续地址空间，以创建一个空队列，空间成功申请以后，令游标 front＝rear＝0 即可。

如果需要插入新的元素入队列时，将新元素存储于尾指针指向的单元格，然后尾指针 rear 加 1；如果要删除元素出队列时，只需要令头指针 front 加 1 即可，这样游标 front 刚才指向的位置，可被再次写入数据。由此可见，在一个非空的队列中，头指针始终指向队列头元素，而队尾指针始终指向队尾元素的下一个位置，如图 3-9 所示。

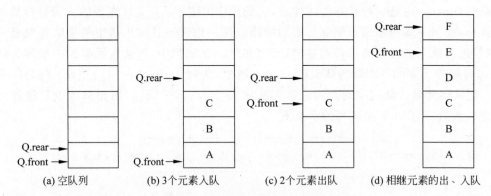

图 3-9　顺序队列初始化和数据操作后的游标状态

在顺序队列进行一系列增删数据操作以后，会出现一个非常严重的问题。以图 3-9 为例，当前队列容量为 6 个元素，当队列处于图 3-9(d) 所示的状态时，队列虽然未满，但是队列不能再插入新元素入队尾，因为队尾指针 Q.rear 已经指向顺序队列的上界。这一现象被称为"假溢出"现象，描述的是虽然队列未满，但队尾指针已到边界，如果再插入数据，则队尾指针越界的现象。产生这种现象的根本原因在于，在顺序队列上增删数据操作时，队尾指针 Q.rear 和队头指针 Q.front 是单向的（只增不减）。

为了有效解决这种"假溢出"问题,一种可行的办法是在逻辑上改变顺序队列的结构,即将顺序队列转变为一个环状数据结构,即循环队列,如图3-10所示。

在循环队列中增删数据元素时,其队尾和队头指针分别要做"加1取模"的运算。求模时用到的除数为循环队列的容量(maxsize)。显然,通过这种运算方式,可以不用改变顺序队列的存储结构,队列的头指针和尾指针依然可以在顺序存储空间内以头尾衔接的方式循环移动,从而避免了"假溢出"的问题。

对于循环队列来说,如何判断队列是满状态还是空状态的问题,通常有以下两种处理方式。

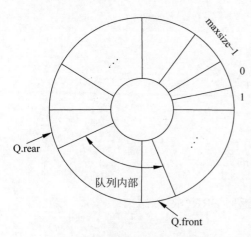

图 3-10 循环队列结构示意图

(1) 队列中预留一个存储空间,不能用于存储数据。具体来说,假设循环队列容量为 m 时,当 $m-1$ 个元素入队以后,就判定循环队列为满队状态,不能再有新元素入队。那么,判断循环队列为空状态的条件是:队头和队尾指针相同;判断循环队列为满状态的条件是:队尾指针在"加1求模"运算后等于队头指针。因此,用循环队列的队尾和队头指针运算表达式表示循环队列为空状态的条件为 Q.front==Q.rear,表示循环队列为满状态的条件为 (Q.rear+1)%MAXQSIZE==Q.front。

(2) 另设一个标志位 flag,以区别循环队列处于"空状态"还是"满状态"。当初始化循环队列时,可以设置 flag=-1,以表示空的循环队列;当有元素进入循环队列时,flag 被设置为 0;当元素入队以后,如果队尾指针加1取模后等于队头指针,即满足队满条件((Q.rear+1)%MAXQSIZE==Q.front)时,先允许元素入队,同时将 flag 设置为 1,以表示队列已满,这时循环队列不允许其他元素入队;当元素出队操作时,如果队头指针加1取模后等于队尾指针,即满足队空条件((Q.front+1)%MAXQSIZE==Q.rear)时,先允许元素出队,同时将 flag 设置为 -1,表示循环队列已经为空。

下面给出第一种策略下循环队列的主要操作(初始化,求长度,入队以及出队等)。

1. 初始化

循环队列的初始化操作就是动态分配一个预定义大小为 MAXQSIZE 的数组空间。

【算法 3-11】 循环队列的初始化。

(1) 为循环队列申请一个最大容量为 MAXQSIZE 的数组空间,指针 base 指向数组空间的首地址。

(2) 头指针和尾指针设置为 0,初始化的循环队列为空状态。

算法具体代码如下:

```
StatusInitQueue(SqQueue &Q){
 Q.base = new QElemType[MAXQSIZE];
 if(!Q.base) exit(OVERFLOW);
 Q.front = Q.rear = 0;
 return OK;
}
```

2. 求队列长度

对于循环队列来说,尾指针和头指针的差值可能为负数,所以需要将差值加上 MAXQSIZE,然后再用 MAXQSIZE 求模。

【算法 3-12】 求循环队列的长度。

算法的具体代码如下:

```
int QueueLength(SqQueue Q){
  return (Q.rear - Q.front + MAXQSIZE) % MAXQSIZE;
}
```

3. 入队

入队操作是指在循环队列的队尾插入一个新的元素。

【算法 3-13】 循环队列的入队。

(1) 判断循环队列是否为满状态,若"是",则返回 ERROR,以结束。
(2) 将新元素插入队尾的位置。
(3) 队尾指针做加 1 求模运算,即(Q.rear+1)%MAXQSIZE。

算法具体代码如下:

```
Status EnQueue(SqQueue &Q, QElemType e){
  if((Q.rear + 1) % MAXQSIZE == Q.front)
      return ERROR;
  Q.base[Q.rear] = e;
  Q.rear = (Q.rear + 1) % MAXQSIZE;
  return OK;
}
```

4. 出队

出队操作是将循环队列的队头指向的元素删除。

【算法 3-14】 循环队列的出队。

(1) 判断队列是否为空状态,若"是",则返回 ERROR,以结束。
(2) 保存队头元素为临时变量。
(3) 队头指针做加 1 求模运算,即(Q.front+1)%MAXQSIZE。

算法具体代码如下:

```
Status DeQueue(SqQueue &Q, QElemType &e)
{
  if(Q.front == Q.rear)
      return ERROR;
  e = Q.base[Q.front];
  Q.front = (Q.front + 1) % MAXQSIZE;
  return OK;
}
```

5. 取出队头元素

当队列为非空状态时,此操作返回当前队头指针指向元素的值,且队头指针保持不变。

【算法 3-15】 取循环队列的队头元素。

算法具体代码如下：

```
SElemType GetHead(SqQueue Q){
  if(Q.front!= Q.rear)
     return Q.base[Q.front];
}
```

由上述分析可见，如果用户的应用程序中设有循环队列，则必须为它分配一个最大容量 MAXSIZE；如果这一容量无法满足用户的需求，则应该采用链式队列的数据结构，以避免反复申请更大容量内存空间的操作。

3.4.4 链式队列

链式队列是指采用链式存储结构的队列。通常使用单链表来作为链式队列物理存储结构，如图 3-11 所示。与顺序队列一样，链式队列也需要两个指针（rear 和 front），分别指向队尾和队头。为了操作上的便利，可以为整个链式队列添加一个头结点，并且设置队头指针始终指向头结点，而不是队头元素。

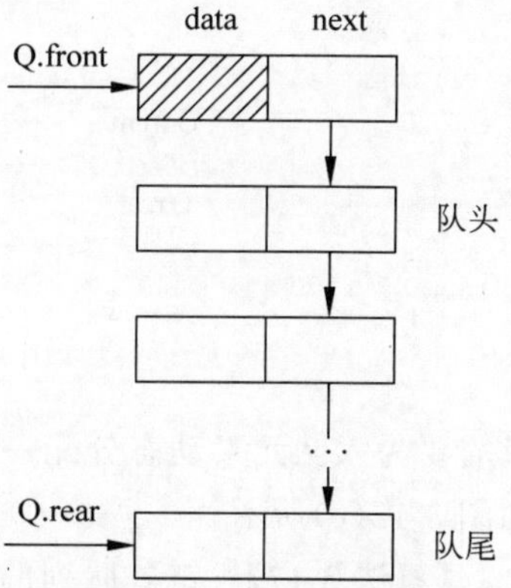

```
typedef struct QNode{
  QElemType data;
  struct QNode * next;
}QNode, * QueuePtr;
typedef struct{
  QueuePtr front;
  QueuePtr rear;
}LinkQueue;
```

下面给出链式队列的基本操作，包含链式队列的初始化、入队、出队和取队头元素操作的实现。

图 3-11 链式队列示意图

1. 初始化

链式队列的初始化操作主要包含两个步骤：构造一个只有头结点的空队列；将队尾指针和队头指针指向头结点，如图 3-12(a)所示。

【算法 3-16】 链式队列的初始化。

（1）生成新结点作为头结点，头结点的指针域 next 置空。
（2）队尾指针和队头指针指向该结点。

算法具体代码如下：

```
Status InitQueue(LinkQueue &Q){
  Q.front = Q.rear = new QNode;
  Q.front -> next = NULL;
  return OK;
}
```

2. 入队

与循环队列的入队操作不同，链式队列在入队操作之前不需要判断队列是否为满状态，

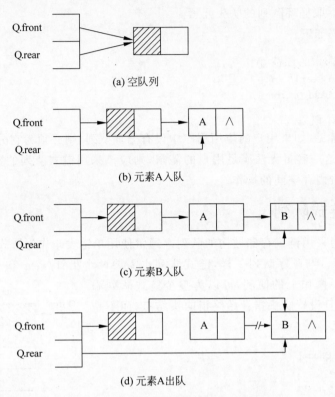

图 3-12　队列运算过程中的指针变化情况

只需要为入队元素动态分配一个结点空间，然后将数据存储于结点的 data 域，如图 3-12(b) 和图 3-12(c) 所示。

【算法 3-17】 链式队列的入队。

（1）为入队元素分配结点空间，用指针 p 指向。
（2）将 e 存储于新结点的数据域。
（3）将新结点插入队尾。
（4）修改队尾指针为 p。

算法具体代码如下：

```
Status EnQueue(LinkQueue &Q, QElemType e){
QueuePtr p;
 p = new QNode;
 p -> data = e;
 p -> next = NULL;
 Q. rear -> next = p;
 Q. rear = p;
 return OK;
}
```

3．出队

和所有队列一样，链式队列在出队前需要先判断队列是否为空状态，但是，链式队列出队操作的特别之处在于，在队头元素出队以后需要释放出队元素所占空间，如图 3-12(d) 所示。

【算法 3-18】 链式队列的出队。
（1）判断队列是否为空状态，若空则返回 ERROR，出队函数结束。
（2）临时保存队头元素的地址，以备接下来的释放空间操作。
（3）修改头结点的指针域，指向下一个结点。
（4）判断出队元素是否为最后一个元素，若是，则将队尾指针重新赋值，指向头结点。
（5）释放出队元素的地址空间。

算法具体代码如下：

```
Status DeQueue(LinkQueue &Q, QElemType &e){
    QueuePtr p;
    if(Q.front == Q.rear)
        return ERROR;
    p = Q.front -> next;
    e = p -> data;
    Q.front -> next = p -> next;
    if(Q.rear == p)
        Q.rear = Q.front;
    delete p;
    return OK;
}
```

在执行链式队列的出队函数时，还要考虑一个特殊情况，即当队列中最后一个元素被删除后，队列尾指针将没有合适的结点可指向，因此需对队尾指针重新赋值，以指向头结点（链式队列的初始化状态）。

4. 取队头元素

与循环队列一样，当队列处于非空状态时，取队头元素的操作将返回当前队头指针所指向元素的值，队头指针不发生变化。

【算法 3-19】 取队头元素。
算法具体代码如下：

```
QElemType GetHead(LinkQueue Q){
 if(Q.front!= Q.rear)
     return Q.front -> next -> data;
}
```

3.5　项目实现

本节的项目实现共分两个部分：算术表达式求值和停车场管理小程序。

1. 算术表达式求值

一个表达式主要由操作数和运算符组成，这里将括号这种界限符视为一种特殊运算符来处理。运算法则可定义为：先计算括号内，再计算括号外；先乘除，后加减。

基于上面总结的基本运算法则，将运算符之间的优先级关系定义出来，并存储于一张二维表中，详见表 3-1。

表 3-1　运算符之间的优先级关系

运算符 1	运算符 2						
	+	-	*	/	(	)	#
+	>	>	<	<	<	>	>
-	>	>	<	<	<	>	>
*	>	>	>	>	<	>	>
/	>	>	>	>	<	>	>
(	<	<	<	<	<	=	
)	>	>	>	>		>	>
#	<	<	<	<	<		=

表达式求值的算法步骤。

(1) 初始化用于存储操作数和运算符的数据栈：OPTER 和 OPND，并将表达式起始符号"#"压入 OPTR 栈。

(2) 扫描表达式，读取的操作数或者运算符存储变量 ch，如果表达式没扫描完或者 OPTR 的栈顶元素不是"#"，则循环执行下面的操作：①若 ch 是操作数，则压入 OPND 栈，再继续扫描字符串。②若 ch 是运算符，则比较 OPTR 栈顶元素和 ch 之间的优先级。如果小于，则 ch 压入 OPTR 栈，继续扫描表达式；如果大于，则弹出 OPTR 栈顶的运算符，从 OPND 栈弹出两个操作数，进行相应的计算，结果再压入 OPND 栈中；如果等于，则表明 OPTR 的栈顶元素为"("，且 ch 为")"，这时直接弹出栈顶元素与 ch 匹配，然后继续扫描。

(3) 如果表达式没有错误，直接返回 OPND 栈顶元素作为表达式的计算结果。

表达式求值的函数代码实现如下：

```
char Expression(){
 InitStack(OPND);
 InitStack(OPTR);
 Push(OPTR,'#');
 cin>>ch;
 while(ch!='#'||GetTop(OPTR)!='#'){
     if(!In(ch)){
         Push(OPND,ch);
         cin>>ch;
     }
     else{
         switch(Precede(GetTop(OPTR), ch)){
             case: '<':
                 Push(OPTR, ch);
                 cin>>ch;
                 break;
             case: '>':
                 Pop(OPTR, theta);
                 Pop(OPND, b);
                 Pop(OPND, a);
                 Push(OPND, Operate(a, theta, b));
                 break;
```

```
                case: '=':
                    Pop(OPTR, x);
                    cin >> ch;
                    break;
            }
        }
    return GetTop(OPND);
}
```

2. 停车场管理算法

注意,停车场管理小程序只关注于与队列操作相关的部分,只要解决当已满的停车场有车辆驶离,如何为其他等待的车辆提供停车服务的问题。

停车场管理算法步骤如下所述。

(1) 为停车场的每个停车位编号,并统计停车位的数量。
(2) 在停车场运营中,实时统计空余停车位。
(3) 当停车场没有空位时,为需要提供停车服务的车辆建立并管理等待队列。
(4) 当停车场有空位时,为等待服务的车辆合理分配停车位置。

停车函数的代码实现如下:

```
#define MAXSIZE 255
void Parking(){
 string str;
 int i, count = 0;
 string park[MAXSIZE];
 InitQueue(waiting);
 cin >> str;
 while(str!= '#'){
     if(!IsParked(str)){                      //进入停车场
         if(count!= 255){
             i = search(park);                //在park中找空位,返回第一个空位的下标
             park[i] = str;
             count++;
         }
         else EuQueue(waiting, str);
     }
     else{                                    //出停车场
         i = search(park, str);
         park[i] = "";
         count -- ;
         if(!IsEmpty(waiting))
             DeQueue(waiting, str);
     }
 }
 Print(park);
}
```

在算法中,通过重载方式 search() 函数可以实现两种功能。

(1) search(park)的功能是遍历整个停车场,直到出现第一个空位停止,并将位置编号

返回，如果停车场已满，则返回-1。

（2）search(park,str)的功能是在停车场中查找车牌为 str 的车辆，如果找到，则表明该车准备驶离，否则，表明该车准备停车。

3.6 习题

1. 选择题

（1）元素 a,b,c,d,e 依次进栈，则出栈次序不可能的是（　　）。

    A. e,d,c,b,a   B. b,a,e,d,c

    C. d,c,a,b,e   D. b,c,e,d,a

（2）如果一个栈的入栈序列为 $1,2,3,\cdots,n$，输出序列为 $a_1,a_2,a_3,\cdots,a_n$，若 $a_1=n$，则 p_i 为（　　）。

    A. i B. $n-i$

    C. $n-i+1$ D. 不确定

（3）循环队列 Q 的大小为 n，f 和 r 分别为队头和队尾指针，计算队列中元素个数的公式为（　　）。

    A. $r-f$ B. $(n+f-r)\%n$

    C. $n+r-f$ D. $(n+r-f)\%n$

（4）一个递归算法必须包含（　　）。

    A. 递归部分   B. 终止条件和递归部分

    C. 迭代部分   D. 终止条件和迭代部分

（5）判定一个循环队列 QU（最多元素为 m0）为满队列的条件是（　　）。

    A. QU-> rear-QU-> front==m0

    B. QU-> rear-QU-> front-1==m0

    C. QU-> front==QU-> rear

    D. QU-> front==QU-> rear+1

2. 简答题

（1）说明线性表、栈与队的异同点。

（2）设有编号为 1、2、3、4 的四辆列车，顺序进入一个栈式结构的车站，具体写出这四辆列车开出车站的所有可能的顺序。

3. 程序阅读题

（1）写出下列程序段的输出结果（队列中的元素类型 QElemType 为 char）。

```
void main( ){
 Queue Q; Init Queue (Q);
Char x = 'e'; y = 'c';
EnQueue (Q,'h'); EnQueue (Q,'r'); EnQueue (Q, y);
DeQueue (Q,x); EnQueue (Q,x);
DeQueue (Q,x); EnQueue (Q,'a');
while(!QueueEmpty(Q)){ DeQueue (Q,y);printf(y); };
Printf(x);
}
```

(2) 简述以下算法的功能(栈和队列的元素类型均为 int)。

```
void algo3(Queue &Q){
Stack S; int d;
InitStack(S);
while(!QueueEmpty(Q)){
DeQueue (Q,d); Push(S,d);
};
while(!StackEmpty(S)){
Pop(S,d); EnQueue (Q,d);
}}
```

第 4 章 串

CHAPTER 4

计算机上的非数值处理的对象大部分是字符串数据,字符串一般简称为串。串是一种特殊的线性表,其特殊性体现在数据元素是一个字符,也就是说,串是一种内容受限的线性表。由于现今使用的计算机硬件结构是面向数值计算的需要而设计的,在处理字符串数据时比处理整数和浮点数要复杂得多。而且,在不同类型的应用中,所处理的字符串具有不同的特点,要有效地实现字符串的处理,必须根据具体情况使用合适的存储结构。本章主要讨论串的定义、存储结构和基本操作,重点讨论串的模式匹配算法。

4.1 项目分析引入

串在现实生活中应用极为广泛,这是因为很多信息都可被表示成字符串。例如,在信息检索和文本查重中,文字信息被表示成字符串;在病毒检测中,各类 DNA 片段被表示成字符串等。现在以病毒检测作为本章项目的研究目的,在收集到各类病毒 DNA 序列(用字符串表示)的基础上,检测人类的 DNA 序列是否包含病毒 DNA 序列,如果包含,则说明人类的 DNA 序列被相应的病毒 DNA 感染;反之,则表示人类 DNA 正常。

在病毒检测过程中,可以将人类 DNA 视为主串(通常比较长,包含大量遗传信息对),将病毒 DNA 视为子串,检测的目的是判断子串是否在主串中出现,即人类 DNA 是否被病毒 DNA 感染。如何实现在主串中检测子串是否存在的操作,正是模式匹配算法所要解决的问题。

4.2 项目相关知识点介绍

一般情况下,串由一组有限的字符序列组成。串中的字符之间存在着先后关系,所以它是一种线性结构。在一个字符串中,如果截取连续的、任意长度的多个字符,那么这些字符组成的新串,可被称为子串,而原来的串可被称为主串。例如:str1="guangdong",str2="guang",str2 是 str1 的一部分,所以 str2 为子串,str1 为主串。

在字符串的使用过程中,模式匹配算法是最重要的一类算法。模式匹配主要包含两种:BF 算法和 KMP 算法。

BF 算法的原理相对简单直接。在匹配主串和子串的过程中,主串和子串都从第一个位置开始,如果从主串的第一个位置开始的字符串无法匹配子串,则主串再从第二个位置开始,子串从第一个位置重新匹配,当检测到主串最后一个字符,还未能发现主串和子串匹配,则匹配失败。当匹配成功时,BF算法直接返回子串在主串中第一次出现的位置。

KMP算法相对复杂些,该算法在匹配之前,先对子串结构特点进行分析,计算子串中每个字符的next值,该值可有效避免因匹配失败主串检索字符的回溯问题,从而大大提高匹配效率。

4.3 串的存储结构

串(string)是由零个或多个字符组成的有限序列,一般记为:string="$s_1 s_2 \cdots s_n$",$(n \geq 0)$,其中string是串名,用双引号括起来的字符序列是串的值;$s_i(1 \leq i \leq n)$可以是字母、数字或者其他字符;串中包含的字符数目n,称为串的长度。

与线性表类似,串也有两种基本存储结构:顺序存储和链式存储。

4.3.1 串的顺序存储结构

类似于线性表的顺序存储结构,可以在内存中申请一组地址连续的存储单元来存储串值的字符序列。按照预先定义好的大小,为待定义的串变量分配一个固定长度的一维数组,如下所示:

```
#define MAXLEN 255
typedef struct{
 char ch[MAXLEN+1];
 int length;
}SString;
```

其中,ch是存储字符串的一维数组,MAXLEN表示串的最大长度,每个数组元素都存储一个字符,length表示字符串的当前长度。为了便于说明问题,本章后面算法描述当中所用到的顺序存储的字符串都从下标为1的数组分量开始存储,下标为0的分量闲置不用。

显然,这种字符串的定义方式是静态的,因为在编译时就确定了串空间的大小。而多数情况下,串的长度是无法预估的,而且在操作时,串值长度的变化也可能非常大,因此,为串变量设定固定大小的空间,在很多情况下不方便。因此最好是根据需要,在程序执行过程中动态地分配和释放字符数组空间。

4.3.2 串的动态存储结构

为了避免上述问题,以及有效解决字符串的更新问题(在字符串中增加、删除、修改一个或者多个字符),可采用单链表的方式来存储串。

采用链表来存储串时,如果每个结点只存储一个字符,那么在所有字符串都存储完毕时,可以发现这个链表包含大量的指针,而这些指针所占用的内存空间可能要比存储有效数据的空间还大。为此,可以先设置结点的大小,然后将字符串依次填入到结点中,再将生成的结点按先后次序串联起来。例如,图4-1(a)和图4-1(b)采用不同结点大小,存储相同字符串。图4-1(a)所示为结点大小为4的链表,图4-1(b)所示为结点大小为1的链表。当结点大小大于1时,由于串长度不一定是结点大小的整数倍,则链表中的最后一个结点不一定

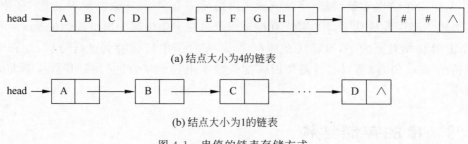

(a) 结点大小为4的链表

(b) 结点大小为1的链表

图 4-1　串值的链表存储方式

全被串值占满,此时通常补上"♯"或者其他非串值字符。

为了便于进行串的操作,当以链表存储串值时,除头指针外,还可附设一个尾指针指示链表中的最后一个结点,并给出当前串的长度。称如此定义的串存储结构为块链结构,说明如下：

```
#define CHUNKSIZE 80
typedef struct Chunk{
 char ch[CHUNKSIZE];
 struct Chunk * next;
}Chunk;
typedef struct{
 Chunk * head, * tail;
 int length;
}LString;
```

在链式存储方式中,结点大小的选择一般直接影响串处理的效率。在各种串的处理系统中,所处理的串往往很长或很多,如一本书的几百万个字符或情报资料的成千上万个条目,这就要求考虑串值的存储密度。

显然,串的存储密度小,运算处理方便,但存储占用量大。如果在串处理过程中需要进行内存和外存的交换,则会因为内存和外存交换操作过多而影响处理的总效率。应该看到,串的字符集大小也是一个重要因素。一般来说,字符集小,则字符的机内编码就短,这也是影响串值存储方式选择的因素。

串值的链式存储对某些串操作,如连接操作等,有一定方便之处,但总的来说,不如顺序存储结构灵活,它占用存储量大且操作复杂。此外,串值在链式存储结构时串操作的实现和线性表在链式存储结构中的操作类似,故在此不做详细讨论。下面介绍的模式匹配算法是采用串的定长顺序存储结构实现的。

4.4　串的模式匹配算法

子串的定位运算通常称为串的模式匹配或串匹配。此运算的应用非常广泛,比如在搜索引擎、拼写检查、语言翻译、数据压缩等应用中,都需要进行串匹配。

串的模式匹配设有两个字符串 S 和 T,设 S 为主串,也称正文串；设 T 为子串,也称模式串。在主串中查找与模式串 T 相匹配的子串。如果匹配成功,确定匹配的子串的第一个字符在串 S 中出现的位置。

著名的模式匹配算法有 BF 算法和 KMP 算法,下面详细介绍这两种算法。

4.4.1 BF 算法

【算法 4-1】 BF 算法。

模式匹配不一定从主串的第一个位置开始,可以指定主串中查找的起始位置 pos。如果采用字符串顺序存储结构可以写出不依赖于其他串操作的匹配算法。

(1) 分别利用计数指针 i 和 j 指示主串 S 和模式串 T 中当前正待比较的字符位置,i 初值为 pos,j 初值为 1。

(2) 如果两个串均未比较到尾,即 i 和 j 分别小于或等于 S 和 T 的长度时,则循环执行以下操作:S.ch$[i]$ 和 T.ch$[j]$ 比较,①若相等,则 i 和 j 分别指向串中下一个位置,继续比较后续字符;②若不等,指针后退重新开始匹配,从主串的下一个字符($i=i-j+2$)起再重新和模式的第一个字符($j=1$)比较。

(3) 如果 j＞T.length,说明模式串 T 中的每个字符依次和主串 S 中的一个连续的字符序列相等,则匹配成功返回和 T 中第一个字符相等的字符在 S 中的序号;否则匹配失败,返回 0。

算法具体代码如下:

```
int Index_BF(SString S, SString T, int pos){
 int i = pos;
 int j = 1;
 while(i <= S.length&&j <= T.length){
     if(S.ch[i] == T.ch[j]){++i; ++j;}
     else{i = i - j + 2;j = 1;}
 }
 if(j > T.length) return i - T.length;
 else return 0;
}
```

图 4-2 展示了模式串 T="abcac"和主串 S 的匹配过程(pos=1)。

BF 算法的匹配过程易于理解,且在某些应用场合效率也很高。在匹配成功的情况下考虑两种极端的情况。

(1) 最好情况下,每趟不成功的匹配都发生在模式串的第一个字符与主串中相应字符的比较,例如:S="aaaaaba",T="ba"。设主串的长度为 n,子串的长度为 m,假设从主串的第 i 个位置开始与模式串匹配成功,则在前 $i-1$ 趟匹配中字符总共比较了 $i-1$ 次;若第 i 趟成功的字符比较次数为 m,则总比较次数为 $i-1+m$。对于成功匹配的主串,其起始位置由 1 到 $n-m+1$,假设这 $n-m+1$ 个起始位置上的匹配成功率相等,则最好的情况下匹配成功的平均比较次数为:

$$\sum_{i=1}^{n-m+1} pi(i-1+m) = \frac{1}{n-m+1} \sum_{i=1}^{n-m+1} i-1+m = \frac{1}{2}(n+m)$$

即最好情况下的平均时间复杂度是 $O(n+m)$。

(2) 最坏情况下,每趟不成功的匹配都发生在模式串的最后一个字符与主串中相应字符的比较。例如:S="aaaaaab",T="aab"。假设从主串的第 i 个位置开始与模式串匹

```
                              ↓i=3
第一趟匹配过程         a b a b c a b c a c b a b
                      a b c
                         ↑j=3

                         ↓i=2
第二趟匹配过程         a b a b c a b c a c b a b
                        a
                      ↑j=1

                                  ↓i=7
第三趟匹配过程         a b a b c a b c a c b a b
                            a b c a c
                                ↑j=5

                            ↓i=4
第四趟匹配过程         a b a b c a b c a c b a b
                          a
                      ↑j=1

                              ↓i=5
第五趟匹配过程         a b a b c a b c a c b a b
                            a
                      ↑j=1

                                              ↓i=11
第六趟匹配过程         a b a b c a b c a c b a b
                                    a b c a c
                                          ↑j=6
```

图 4-2　BF 算法的匹配过程

成功,则在前 $i-1$ 趟匹配中字符总共比较了$(i-1)m$ 次;若第 i 趟成功的字符比较次数为 m,则总比较次数为 nm。因此最坏情况下的匹配成功的平均比较次数为:

$$\sum_{i=1}^{n-m+1} pi(i \cdot m) = \frac{1}{n-m+1} \sum_{i=1}^{n-m+1} i \cdot m = \frac{1}{2} m \cdot (n-m+2)$$

即最坏情况下的平均时间复杂度是 $O(nm)$。

BF 算法思路直观简明。但当匹配失败时,主串的指针 i 总是回溯到 $i-j+2$ 的位置,模式串的指针总是恢复到首字符的位置上($j=1$)。因此,算法时间复杂度较高。下面将介绍另一种改进的模式匹配算法。

4.4.2　KMP 算法

这种算法是由 Knuth、Morris 和 Pratt 同时设计实现的,因此称为 KMP 算法。此算法可以在 $O(n+m)$ 的时间数量级上完成串的模式匹配操作。其改进在于:每当一趟匹配过程中出现字符比较不等时,不需要回溯指针 i,而是利用已经得到的"部分匹配"结果将模式串向右"滑动"尽可能远的一段距离后,继续进行比较。下面先从具体例子看起。

回顾图 4-2 中的匹配过程示例,在第三趟的匹配中,$i=4$、$j=5$ 字符比较不等时,又从 $i=4$、$j=1$ 重新开始比较。然后,经观察可发现,$i=4$、$j=1$,$i=5$、$j=1$,以及 $i=6$、$j=1$ 这三次比较都是不必进行的。因为从第三趟部分匹配的结果可以得出,主串中第 4 个、第 5 个和第 6 个字符必然是"b""c"和"a"。因为模式串中的第一个字符是"a",因此它无须再和这三个字符比较,而仅需将模式串向右滑动 3 个字符的位置继续进行 $i=7$、$j=2$ 时的字符比较即可。同理,在第一趟匹配中出现字符不等时,仅需将模式向右移动两个字符的位置继续进行 $i=3$、$j=1$ 时的字符比较。由此,在整个匹配过程中,i 指针没有回溯,如图 4-3 所示。

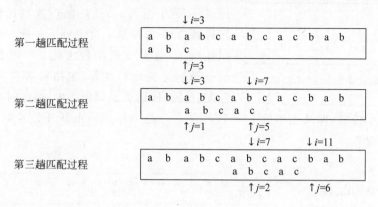

图 4-3 KMP 算法的匹配过程

现在讨论一般情况,假设主串为"$s_1 s_2 \cdots s_n$",模式串为"$t_1 t_2 \cdots t_n$",从上例的分析可知,为了实现改进算法,需要解决下述问题:当匹配过程中产生"失配"(即 $s_i != t_j$)时,模式串向右滑动可行的距离为多远,换句话说,当主串中第 i 个字符与模式串中第 j 个字符"失配"(即比较不等)时,主串中第 i 个字符(i 指针不回溯)应与模式串中哪个字符再进行比较?

假设此时应与模式串中第 $k(k<j)$ 个字符继续比较,则模式串中前 $k-1$ 个字符的子串必须满足:

$$t_1 t_2 \cdots t_{k-1} = s_{i-k+1} s_{i-k+2} \cdots s_{i-1} \tag{4-1}$$

而已经得到的部分匹配结果是:

$$t_{j-k+1} t_{j-k+2} \cdots t_{j-1} = s_{i-k+1} s_{i-k+2} \cdots s_{i-1} \tag{4-2}$$

由式(4-1)和式(4-2)推得:

$$t_1 t_2 \cdots t_{k-1} = t_{j-k+1} t_{j-k+2} \cdots t_{j-1} \tag{4-3}$$

反之,若模式串中存在满足式(4-3)的两个子串,则当匹配过程中,主串中第 i 个字符与模式串中第 j 个字符比较不等时,仅需将模式串向右滑动至第 k 个字符和主串第 i 个字符对齐,此时模式串中前 $k-1$ 个字符的字符串"$t_1 t_2 \cdots t_{k-1}$"必定与主串中第 i 个字符之前长度为 $k-1$ 的子串"$s_{i-k+1} s_{i-k+2} \cdots s_{i-1}$"相等,由此,匹配仅需从模式串中第 k 个字符与主串第 i 个字符开始,依次向后进行比较。

若令 $next[j]=k$,当模式串中第 j 个字符与主串中相应字符"失配"时,则 $next[j]$ 表示在模式串中需要重新和主串中该字符进行比较的字符位置。由此可引出模式串的 next() 函数的定义:

$$next[j] = \begin{cases} 0, & j=1(t_1 \text{ 与 } s_i \text{ 不等时,下一步进行 } t_1 \text{ 与 } s_{i+1} \text{ 的比较}) \\ \text{Max}\{k \mid 1<k<j \text{ 并且 } t_1 t_2 \cdots t_{k-1} = t_{j-k+1} t_{j-k+2} \cdots t_{j-1}\} \\ 1, & k=1(\text{不存在相同子串,下一步进行 } t_1 \text{ 与 } s_i \text{ 的比较}) \end{cases} \tag{4-4}$$

由此定义可推出模式串的 next 函数值,如图 4-4 所示。

在求得模式串的 next() 函数后,匹配可如下进行:假设以指针 i 和 j 分别指示主串和

j	1	2	3	4	5	6	7	8
模式串	a	b	a	a	b	c	a	c
next[j]	0	1	1	2	2	3	1	2

图 4-4 模式串的 next 函数值

模式串中待比较的字符,令 i 的初值为 pos,j 的初值为 1。若在匹配过程中 $s_i = t_j$,则 i 和 j 分别加 1,否则,i 不变,j 退到 $next[j]$ 的位置再比较,若相等,则指针各自加 1,否则 j 再退到下一个 next 值的位置。以此类推,直至下列两种可能:一种是 j 退到某个 next 值时字符比较相等,则指针各自加 1,继续进行匹配;另一种是 j 退到值为 0,则此时需将模式串继续向右滑动一个位置,即从主串的下一个字符 s_{i+1} 起和模式串重新开始匹配。图 4-5 所示正是上述匹配过程。

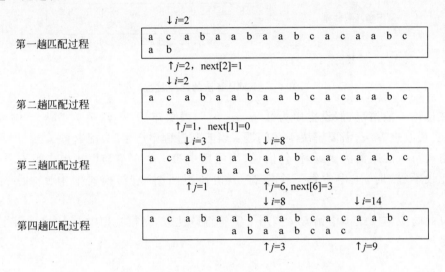

图 4-5 利用模式串 next 函数的匹配过程

KMP 算法如算法 4-2 所示,它在形式上和算法 4-1 极为相似。不同之处在于:当匹配过程中产生"失配"时,指针 i 不变,指针 j 退回到 $next[j]$ 所指示的位置重新进行比较,并且当指针 j 退至 0 时,指针 i 和 j 同时加 1。即若主串的第 i 个字符和模式串的第 1 个字符不等,应从主串的第 $i+1$ 个字符起重新进行匹配。

【算法 4-2】 KMP 算法。

```
int Index_KMP(SString S, SString T, int pos,int next[]){
int   i = pos;
int j = 1;
 while(i <= S.length&&j <= T.length){
     if(j == 0||S.ch[i] == T.ch[j]) {++i; ++j;}
     else j = next[j];
 }
 if(j > T.length) return i - T.length;
 else return 0;
}
```

KMP 算法是在已知模式串的 next() 函数值的基础上执行的,那么,如何求得模式串的 next 函数值呢?

从上述讨论可见,此函数值仅取决于模式串本身,而和相匹配的主串无关,可从分析其定义出发用递推的方法求得 next() 函数值。

由定义得知:
$$\text{next}[1] = 0 \tag{4-5}$$

设 $\text{next}[j] = k$,这表明在模式串中存在下列关系:
$$t_1 \, t_2 \cdots t_{k-1} = t_{j-k+1} \, t_{j-k+2} \cdots t_{j-1} \tag{4-6}$$

其中 k 满足 $1 < k < j$ 的某个值,并且不可能存在 $k' > k$ 满足式(4-7)。此时,$\text{next}[j+1] = ?$ 可能有以下两种情况。

(1) 若 $t_k = t_j$,则表明在模式串中
$$t_1 \, t_2 \cdots t_k = t_{j-k+1} \, t_{j-k+2} \cdots t_j \tag{4-7}$$

并且不可能存在 $k' > k$ 满足等式(4-7),这就是说 $\text{next}[j+1] = k+1$,即
$$\text{next}[j+1] = \text{next}[j] + 1 \tag{4-8}$$

(2) 若 $t_k \ne t_j$,则表明在模式串中 $t_1 \, t_2 \cdots t_k \ne t_{j-k+1} \, t_{j-k+2} \cdots t_j$,此时可把求 next() 函数值的问题看成是一个模式匹配问题,整个模式串既是主串又是模式串,而当前在模式匹配过程中,已有 $t_1 = t_{j-k+1}, t_2 = t_{j-k+2}, \cdots, t_{k-1} = t_{j-1}$,则当 $t_k \ne t_j$ 时应将模式串向右滑动至模式串中的第 $\text{next}[k]$ 个字符和主串的第 j 个字符比较。若 $\text{next}[k] = k'$,且 $t_{k'} = t_j$,则说明在主串中的第 $j+1$ 个字符之前存在一个长度为 k'(即 $\text{next}[k]$)的最长子串,和模式串中的首字符起长度为 k' 的子串相等,即:
$$t_1 \, t_2 \cdots t_{k'} = t_{j-k'+1} \, t_{j-k'+2} \cdots t_j \tag{4-9}$$

也就是说 $\text{next}[j+1] = k'+1$,即
$$\text{next}[j+1] = \text{next}[k] + 1 \tag{4-10}$$

同理,若 $t_{k'} \ne t_j$,则将模式串继续向右滑动直至将模式中第 $\text{next}[k']$ 个字符和 t_j 对齐,以此类推,直至 t_j 和模式串中某个字符匹配成功或者不存在任何 k 满足式(4-9),则:
$$\text{next}[j+1] = 1 \tag{4-11}$$

【**算法 4-3**】 计算 next() 函数值。

算法的具体实现如下:

```
void get_next(SString T, int next[]){
int  i = 1;
int j;
 next[1] = j = 0;
 while(i < T.length){
    if(j == 0 || T.ch[i] == T.ch[j]) {++i; ++j; next[i] = j;}
    else j = next[j];
 }
}
```

算法 4-3 的时间复杂度为 $O(m)$。通常,模式串的长度 m 比主串的长度 n 要小得很多,因此,对整个算法来说,所增加的这点时间是值得的。

(1) 虽然 BF 算法的时间复杂度是 $O(nm)$,但在一般情况下,其实际的执行时间近似于 $O(n+m)$,因此至今仍被使用。KMP 算法仅当模式串与主串之间存在很多"部分匹配"的情况时,才显得比 BF 算法快得多。但是 KMP 算法的最大特点是指示主串指针不回溯,整

个匹配过程中,对主串仅需从头到尾扫描一遍,这对处理从外设输入的庞大文件很有效,可以边读边匹配,而无须回头重读。

(2) 前面定义的 next() 函数在某些情况下尚有缺陷。例如模式串"aaaab"和主串"aaabaaaaab"匹配时,当 $i=4$、$j=4$ 时,s.ch[4]!=t.ch[4],由 next[j] 的指示还需要进行三次比较:$i=4$、$j=3$,$i=4$、$j=2$,$i=4$、$j=1$。实际上,因为模式串中第 1~3 个字符和第 4 个字符都相等,因此不需要再和主串中第 4 个字符相比较,而可以将模式串连续向右滑动 4 个字符的位置直接进行 $i=5$、$j=1$ 时的字符比较。这就是说,若按上述定义得到 next[j]=k,而模式串中 $t_k=t_j$,则当主串中字符 s_i 和 t_j 比较不等时,不需要再和 t_k 进行比较,而直接和 next[k] 进行比较,换句话说,此时的 next[j] 应和 next[k] 相同。由此可得计算 next() 函数修正值的算法,如算法 4-4 所示。

【算法 4-4】 计算 next() 函数修正值。

```
void get_nextval(SString T, int nextval[]){
    int    i = 1;
    int j;
    nextval[1] = j = 0;
    while(i < T.length){
        if(j == 0 || T.ch[i] == T.ch[j]){
            ++i; ++j;
            if(T.ch[i]!= T.ch[j]) nextval[i] = j;
            else nextval[i] = nextval[j];
        }
        else j = nextval[j];
    }
}
```

4.5 项目实现

检测者 DNA 和病毒 DNA 都是由碱基对序列组成,为了便于学习,可以将碱基对序列表示成字符串序列。现在要检测某位患者是否被某种病毒感染,则需要通过模式匹配方法,以检测患者的 DNA 序列中是否包含病毒 DNA 序列。由于病毒的 DNA 可能是环状结构,在本项目的实现中不仅要实现传统 BF 算法的功能,还需要对传统的 BF 算法进行改进,以便可以实现环状子串的匹配功能。

假设病毒 DNA 序列的长度为 m,如果该病毒是线性结构的,则直接使用传统的 BF 算法,对患者 DNA 和病毒 DNA 进行匹配检测。但是,如果该病毒为环状结构,则需要对病毒 DNA 做以下处理,以将该环状 DNA 转换成 m 个线性 DNA。

(1) 新建一个二维字符数组。

(2) 从环状结构中任意一个结点出发,顺时针依次读取它后面所有字符,直到再次遇到该结点为止,将读取到的字符序列存储到新建的二维字符数组中。

(3) 循环执行 m 次以下操作:将下一个结点视为初始结点;顺时针依次读取它后面所有字符,直到再次遇到该结点为止,将读取到的字符序列存储到新建的二维字符数组中。

(4) 返回二维数组的首地址。

经过上述操作,可以得到环状结构病毒的所有可能的线性序列。接下来,将患者 DNA 序列作为主串,分别以二维数组中的序列为子串,多次调用 BF 算法,实现病毒检测功能。算法步骤如下。

(1) 从文件中读取待检测病毒的数量 num。

(2) 循环变量 $i=1$ to num,即循环 num 次:①从文件中读取一个病毒 DNA 序列;②判断该病毒是否为环状结构,如果不是,则跳转到③;如果是,则根据环状结构,找出该病毒所有可能的线性结构并存储于二维数组中;③调用 BF 算法,对患者 DNA 和病毒 DNA 进行匹配。

(3) 如果匹配成功,则表明患者被感染,返回 1,否则表明患者未被感染,返回 0。

代码实现如下:

```
void Detection(){
 ifstream inFile("data.txt");
 ifstream outFile("result.txt");
 int num;
 inFile >> num;
 while(num -- ){
     inFile >> Virus.ch + 1;
     inFile >> Person.ch + 1;
     Vir = Virus.ch;
     flag = 0;
     m = Virus.length;
     for(i = m + 1, j = 1; j <= m; j++)
         Virus.ch[i++] = Virus.ch[j];
     Virus.ch[2 * m + 1] = '\0';
     for(i = 0; i < m; i++){
         for(j = 1; j <= m; j++){
             temp.ch[j] = Virus.ch[i + j];
             temp.ch[m + 1] = '\0';
             flag = BF(Person, temp, 1);
             if(flag) break;
         }
         if(flag) outFile << Vir + 1 << " " << Person.ch + 1 << "Yes" << endl;
         else outFile << Vir + 1 << " " << Person.ch + 1 << "No" << endl;
     }
 }
}
```

4.6 习题

1. 选择题

(1) 串"ababaaababaa"的 next 数组为( )。

    A. 012345678999   B. 012121111212

    C. 011234223456   D. 0123012322345

(2) 串的长度是（　　）。
  A. 串中所含不同字母的个数　　B. 串中所包含字符的个数
  C. 串中所包含不同字符的个数　　D. 串中包含非空格字符的个数
(3) 关于串的叙述中，不正确的是（　　）。
  A. 串是字符的有限序列
  B. 空串是由空格组成的串
  C. 模式匹配是串的一个重要运算
  D. 串既可以采用顺序存储也可采用链式存储
(4) 串是一种特殊的线性表，其特殊性体现在（　　）。
  A. 可以顺序存储　　B. 数据元素是一个字符
  C. 可以链式存储　　D. 数据元素可以是多个字符
(5) 设有两个串 p 和 q，求 q 在 p 中首次出现的位置的运算称作（　　）。
  A. 连接　　B. 模式匹配　　C. 求子串　　D. 求串长

2. 计算题

设 s='I AM A STUDENT'，t='GOOD'，q='WORKER'，求 Replace(s,'STUDENT',q) 和 Concat(SubString(s,6,2),Concat(t,SubString(s,7,8)))。

第 5 章 数组和广义表

CHAPTER 5

前几章讨论的线性结构中的数据元素都是非结构原子类型,元素的值是不再分解的。本章的数组和广义表是线性表的扩展:表中的数据元素本身也是一种数据结构。

数组是我们很熟悉的一种数据类型,本章以抽象数据类型的形式讨论数组的定义和实现,使读者加深对数组类型的理解。

5.1 项目的分析和引入

玩具商想为图 5-1 所示的七巧板找到一种着色方法:要求相邻积木的颜色不能相同,问至少需要多少种颜色? 请输出一种涂色方案。

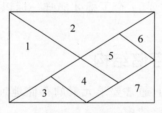

图 5-1 七巧板

5.2 项目相关知识点介绍

要解决这个问题,首先要确定用什么存储结构。为了表示不同区域间的相邻关系,把七巧板上的每块积木看作一个顶点,这样就可以用一个二维数组 A 存储积木间的相邻关系:若积木 i 和积木 j 相邻,则 $A[i][j]$ 的值为 1,否则 $A[i][j]$ 的值为 0,七巧板矩阵如图 5-2 所示。

```
    1 2 3 4 5 6 7
1   0 1 1 1 0 0 0
2   1 0 0 0 1 1 0
3   1 0 0 1 0 0 0
4   1 0 1 0 1 0 1
5   0 1 0 1 0 1 1
6   0 1 0 0 1 0 0
7   0 0 0 1 1 0 0
```

图 5-2 七巧板矩阵图

5.3 数组

5.3.1 数组概念

定义：一维数组是由一组类型相同的数据元素组成的线性序列，若每个元素的下标依次为 $i_1, i_2, \cdots, i_n$，则可用 $A_{i1}, A_{i2}, \cdots, A_{in}$ 表示数组元素。

这里的下标，为什么不直接用 $0,1,\cdots,n-1$ 表示呢？在 C 语言里的数组元素下标是从 0 开始的，但是数据结构里的数组是一种抽象，下标可以从任一整数开始，比如 $-3,\cdots,5$，$-100,\cdots,50$ 都是合法的范围。

从此定义扩展，二维数组可以看作特殊的一维数组，其中数组的每一个元素都是一个一维数组；n 维数组可以看作是特殊的 $n-1$ 维数组，其中数组的每一个元素都是一个 $n-1$ 维数组。

如图 5-3 所示是一个三维数组 $A[2][3][4]$ 示意图，可以把三维数组 $A[2][3][4]$ 看作一个一维数组，这个数组有两个元素，每个都是一个三行四列的二维数组。

图 5-3 三维数组示意图

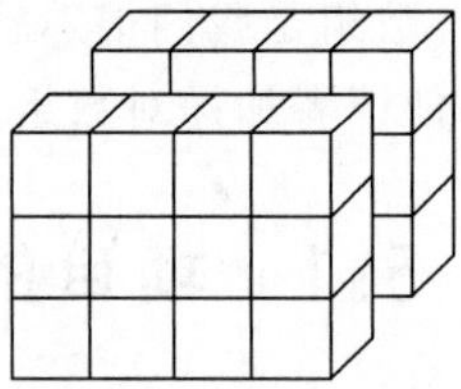

于是可以得到数组的递归定义：$A=(A_1, A_2, \cdots, A_m)$。

(1) A 是一维数组，则 A_i 是简单元素。

(2) A 是 m 维数组，则 A_i 是 $(m-1)$ 维数组。

(3) 若 A 是 m 维数组，则需要 m 个下标才能唯一标识一个简单元素，且每个数据元素都占据大小相同的存储空间。

5.3.2 数组的顺序存储结构

数组是一种特殊的数据结构，通常要求元素的存储地址能根据它的下标（即逻辑关系）计算出来，所以一般采用顺序存储结构。

由于内存单元的地址空间是一维的，而数组可以是多维的，因此本节的学习重点，是根据数组元素的下标，用映像函数计算出它的存储地址。

常用的映像方法有两种：行优先和列优先。

1. 行优先存储

行优先存储是指存放好一行元素，再放下一行，以下面的二维数组为例：

$$a_{00}a_{01}a_{02}$$

$$a_{10}a_{11}a_{12}$$

行优先的存放次序如图 5-4 所示。

设有 p 行 q 列二维数组 A_{pq}，数组元素首地址记为数组基地址 $\text{Loc}(A_{00})$，每个元素占 Y 个存储单元，则元素 A_{ij} 的存储地址为：

a_{00} a_{01} a_{02}	a_{10} a_{11} a_{12}
第一行元素	第二行元素

图 5-4 行优先存放次序

$$\text{Loc}(A_{ij}) = \text{Loc}(A_{00}) + Y[(i-0)q + (j-0)] \tag{5-1}$$

如果下界不是 0，可以把式(5-1)中的 0 换成实

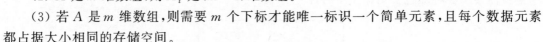

际下界,得到更通用的计算公式。考虑二维数组的行下标和列下标不是从 0 开始的,变化范围分别是闭区间 $[l_1,h_1]$ 和 $[l_2,h_2]$,按行存储,首元素 $A[l_1][l_2]$ 的存储地址是 X,每个元素占 Y 个存储单元,则元素 A_{ij} 的存储地址为:

$$\text{Loc}(A_{ij}) = X + Y[(h_2 - l_2 + 1)(i - l_1) + (j - l_2)] \tag{5-2}$$

在存放 A_{ij} 之前,已经放了 $(i-l_1)$ 行,每行都是有 (h_2-l_2+1) 个元素,在 A_{ij} 所在的这一行,A_{ij} 前面有 $(j-l_2)$ 个元素。包括数组存放的第一个元素,在 A_{ij} 之前一共有 $-[(h_2-l_2+1)(i-l_1)+(j-l_2)]$ 个元素,用数组首元素的地址 X 加上 A_{ij} 前面元素占用的存储单元个数,就可以得到 A_{ij} 的地址。

【例 5-1】 有二维数组 $A[-1..2][3..4]$,实际是一个 4 行 2 列的数组,行数为 $[2-(-1)+1]$,列数为 $(4-3+1)$ 的数组,元素按行存储的次序为 $A[-1][3]$,$A[-1][4]$,$A[0][3]$,$A[0][4]$,$A[1][3]$,$A[1][4]$,$A[2][3]$,$A[2][4]$。

设数组首地址是 100,每个元素占两个存储单元,则 $A[1][4]$ 的地址为:

$$\text{Loc}(A[1][4]) = [(1-(-1)) \times (4-3+1) + (4-3)] \times 2 + 100 = 110$$

【例 5-2】 用以下函数,把 1~6 依次放入 $A[0][0]$,$A[0][1]$,$A[0][2]$,$A[1][0]$,$A[1][1]$,$A[1][2]$,通过观察 i、j、k 的变化,理解行序优先时,数组元素的存放次序。

```
void assignArray(int A[ ][3], int p, int q)
{int i,j,k = 1;
 for(i = 0;i < p;i++)
   for(j = 0;j < q;j++)
   { A[i][j] = k; k++;
   }
}
```

推广到多维数组,若有 m 维数组 $A[l_1..h_1, l_2..h_2, \cdots, l_m..h_m]$,按行存储时存放次序是:最右边的下标先变化,当最右边的下标从 l_m(下界)逐渐加到 h_m(上界)时,倒数第二个下标从 l_{m-1} 变为 $l_{m-1}+1$,倒数第三个下标又从 l_{m-2} 变为 $l_{m-2}+1$……类似于多重循环中的内层循环变量和外层循环变量的变化关系。

设 m 维数组 $A[l_1..h_1, l_2..h_2, \cdots, l_m..h_m]$ 的首地址为 X(即 $A[l_1 l_2 \cdots l_m]$ 的地址),每个元素占 Y 个存储单元,任一元素 $A[i_1 i_2 \cdots i_m]$ 行优先存储的地址为:

$$\text{Loc}(A[i_1 i_2 \cdots i_m]) = X + \{[(h_2-l_2)(h_3-l_3)\cdots(h_m-l_m)i_1] + [(h_3-l_3)(h_4-l_4)\cdots(h_m-l_m)i_2] + \cdots + i_m\}Y$$

2. 列优先存储

列优先存储是指存放好一列元素,再放下一列,还是以下面的二维数组为例:

$$a_{00} \, a_{01} \, a_{02}$$
$$a_{10} \, a_{11} \, a_{12}$$

列优先的存放次序如图 5-5 所示。

a_{00} a_{10}	a_{01} a_{11}	a_{02} a_{12}
第一列元素	第二列元素	第三列元素

图 5-5 列优先存放次序

设有 p 行 q 列二维数组 A_{pq}，数组元素首地址记为数组基地址 $Loc(A_{00})$，每个元素占 Y 个存储单元，则列优先存储时，元素 A_{ij} 的存储地址为：

$$Loc(A_{ij}) = Loc(A_{00}) + [(j-0)p + (i-0)]Y \tag{5-3}$$

如果下界不是 0，可以把式(5-3)中的 0 换成实际下界，得到更为通用的计算公式。考虑到二维数组的行下标和列下标不是从 0 开始的，变化范围分别是闭区间 $[l_1, h_1]$ 和 $[l_2, h_2]$，按列存储，首元素 $A[l_1][l_2]$ 的存储地址是 X，每个元素占 Y 个存储单元，元素 A_{ij} 的存储地址为：

$$Loc(A_{ij}) = X + [(h_1 - l_1 + 1)(j - l_2) + (i - l_1)]Y \tag{5-4}$$

在存放 A_{ij} 之前，已经放了 $(j - l_2)$ 列，每列都是有 $(h_1 - l_1 + 1)$ 个元素，在 A_{ij} 所在的这一列，A_{ij} 前面有 $(i - l_1)$ 个元素，所以包括数组存放的第一个元素，到 A_{ij} 前面，一共有 $[(h_1 - l_1 + 1)(j - l_2) + (i - l_1)]$ 个元素，比较行优先时的公式，可以看出关键点在于正确计算出 A_{ij} 前面已经有多少个元素。

【例 5-3】 有二维数组 $A[-1\cdots2][3\cdots4]$，是一个 4 行 2 列的数组，元素按列存储的次序为 $A[-1][3], A[0][3], A[1][3], A[2][3], A[-1][4], A[0][4], A[1][4], A[2][4]$，如图 5-6 所示。

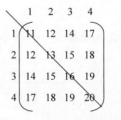

图 5-6　例 5-3 列优先存放次序示意图

设数组首地址是 100，每个元素占两个存储单元，则 $A[1][4]$ 的地址为：
$$Loc(A[1][4]) = \{(4-3)[2-(-1)+1] + [1-(-1)]\}2 + 100 = 112$$

推广到多维数组，若有 m 维数组 $A[l_1..h_1, l_2..h_2, \cdots, l_m..h_m]$，按列存储时，存放次序是：最左边的下标先变化，当最左边的下标从 l_1（下界）逐渐加到 h_1（上界）时，第二个下标从 l_2 变为 l_2+1，第一个下标又从 l_1 变为 l_1+1……和行优先的下标变化顺序刚好相反。

至于按列优先存储的地址计算公式，和按行存储类似，留作练习。

5.4　特殊矩阵的压缩存储

矩阵是常用的数学模型，形式上可以表示成二维数组，普通矩阵可以直接当作二维数组计算某个元素的存储位置，然而很多数学计算类问题中，会用到一些特殊矩阵，比如对称矩阵、三角矩阵、稀疏矩阵等，这些矩阵中有很多相同元素(比如 0 或者一个常数)，如果直接用二维数组处理，比较浪费存储空间，因此根据非 0 元素的分布特点，分别按对称矩阵，三角矩阵，稀疏矩阵三种情况介绍，其中对称矩阵和三角矩阵都是方阵(行数和列数相等)。

5.4.1　主对角线对称矩阵

有 n 阶方阵，且元素满足 $a_{ij} = a_{ji}$，则称为对称矩阵，图 5-7 是一个四阶的对称矩阵。

由于矩阵元素关于主对角线对称，因此只要存储上三角或者下三角部分即可。对于图 5-7 所示的矩阵，可以只存储下三角中的元素 a_{ij}，其特点是 $i \geqslant j$，存储数据如表 5-1 所示。对于上三角中的元素 a_{ij}

图 5-7　四阶的对称矩阵

(其特点是 $i\leqslant j$),只需把行列下标互换,就可以直接访问和它对应且相等的下三角部分元素 a_{ji}。通过这种方法,可以把原来存储整个矩阵的 $n\times n$ 个存储单元压缩成 $n(n+1)/2$ 个。

表 5-1 四阶方阵主对角线存储

11	12	13	14	15	16	17	18	19	20

把实例推广到 n 阶对称矩阵的压缩存储,以行序优先,把矩阵 a 的下三角部分存储到一维数组 b 中,存储顺序如表 5-2 所示。

表 5-2 通用主对角线存储

0	1	2	3	4	5	⋯		⋯	$\frac{n(n+1)}{2}-1$
a_{11}	a_{21}	a_{22}	a_{31}	a_{32}	a_{33}	⋯	a_{n1}	a_{n2}	⋯	a_{nn}

原矩阵下三角中的某一个元素 a_{ij} 和一维数组 b_k 下标之间的转换公式,可用等差数列的求和公式得出:

$$k=\begin{cases} \frac{i(i-1)}{2}+j-1 & (i\geqslant j) \\ \frac{j(j-1)}{2}+i-1 & (i<j) \end{cases} \tag{5-5}$$

5.4.2 副对角线对称矩阵

副对角线对称矩阵如图 5-8 所示。其元素有如下特点:把矩阵的第 1 行,逆向放置在倒数第 1 列;把矩阵的第 2 行,逆向放置在倒数第 2 列……因此元素满足 $a_{ij}=a_{n+1-j,n+1-i}$。

由于矩阵元素关于副对角线对称,因此只存储上三角或者下三角部分即可。对于图 5-8 所示的矩阵,可以只存储上三角中的元素 a_{ij}(其特点是 $i+j\leqslant n+1$),而对于下三角中的元素 a_{ij}(其特点是 $i+j\geqslant n+1$),只需把行下标换成 $n+1-j$,列下标换成 $n+1-i$,就可以直接访问和它对应且相等的上三角部分元素。

以行序优先,把矩阵 a 的上三角部分存储到一维数组 b 中,存储顺序如表 5-3 所示。

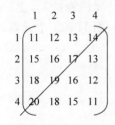

图 5-8 副对角线对称矩阵

表 5-3 通用副对角线存储

0	1	2	⋯	$n-1$	n	$n+1$	⋯	$\frac{n(n+1)}{2}-1$
a_{11}	a_{12}	a_{13}	⋯	a_{1n}	a_{21}	a_{22}	⋯	a_{n1}

要计算某一个元素 a_{ij} 在一维数组 b 中的下标,可以用递减等差数列的求和公式:a_{ij} 前有 $(i-1)$ 行,共 $n+(n-1)+\cdots+(i-1)$ 个元素,在第 i 行,a_{ij} 前面有 $(j-1)$ 个元素,由此得出 a_{ij} 和 b_k 的转换公式为:

$$k = \frac{(i-1)(2n+2-i)}{2} + j - 1 \quad (i+j \leqslant n+1) \tag{5-6}$$

如果 $i+j>n+1$,只需把行下标换成 $n+1-j$,列下标换成 $n+1-i$,再代入式(5-6)。

5.4.3 三角矩阵

本节只给出由主对角线分割的三角矩阵存储公式,如果是由副对角线分割的三角矩阵,可参考 5.5.2 节副对角线对称矩阵的思路轻松推导出公式。由主对角线分割的三角矩阵的上三角部分或下三角部分是一个常数 c,如图 5-9 和图 5-10 所示。

$$\begin{pmatrix} 1 & c & c & c \\ 2 & 3 & c & c \\ 4 & 5 & 6 & c \\ 7 & 8 & 9 & 10 \end{pmatrix} \qquad \begin{pmatrix} 1 & 2 & 3 & 4 \\ c & 5 & 6 & 7 \\ c & c & 8 & 9 \\ c & c & c & 10 \end{pmatrix}$$

图 5-9　下三角矩阵　　　　图 5-10　上三角矩阵

由图可知,要把三角矩阵的元素进行压缩存储,只要存放上、下三角的元素和常数 c,与对称矩阵的处理方式类似。

1. 下三角矩阵

按行存放好下三角中的元素之后,用一个位置存储上三角的常量 c。

$$\begin{cases} \dfrac{i(i-1)}{2} + j - 1 & (i \geqslant j, \text{元素在下三角}) \\ \dfrac{n(n+1)}{2} & (i < j, \text{元素在上三角,值均为常数} c) \end{cases} \tag{5-7}$$

2. 上三角矩阵

按行存放好上三角中的元素之后,用一个位置存储下三角的常量 c。要注意的是,上三角内的元素,每行个数是递减的:第一行 n 个,第二行 $n-1$ 个……最后一行只有 1 个元素。因此 i、j 和 k 之间的转换规则为:

$$\begin{cases} \dfrac{(i-1) \cdot (2n-i+2)}{2} + j - i & (i \leqslant j, \text{元素在上三角}) \\ \dfrac{n(n+1)}{2} & (i > j, \text{元素在下三角,值均为常数} c) \end{cases} \tag{5-8}$$

5.4.4 稀疏矩阵

稀疏矩阵的非 0 个数远远小于 n^2,在当前应用广泛的人脸识别领域中,基于学习的方法就包括稀疏表示,它比传统的信号表示法在图像有遮挡或残缺时的效果更好,因此有必要讨论它的压缩存储结构,这里介绍一种最常用的方式——三元组表示。

三元组结构只存储非 0 元素,每一行存储一个非 0 元的行下标、列下标和元素值:

(行下标,列下标,元素值)

图 5-11(a)所示的稀疏矩阵行数、列数都是 8,下标都从 1 开始,一共 5 个非 0 元,三元组如图 5-11(b)所示。

在机器学习的模型训练过程中,经常需要进行矩阵转置,比起整个二维矩阵数据进行转

```
  ┌          ┐
  │ 00000000 │
  │ 00000000 │         ┌───┬───┬───┐
  │ 03000800 │         │ 3 │ 2 │ 3 │
  │ 00000000 │         ├───┼───┼───┤
  │ 00060000 │         │ 3 │ 6 │ 8 │
  │ 00000000 │         ├───┼───┼───┤
  │ 00000000 │         │ 5 │ 4 │ 6 │
  │ 00000005 │         ├───┼───┼───┤
  │ 20000000 │         │ 7 │ 8 │ 5 │
  └          ┘         ├───┼───┼───┤
                       │ 8 │ 1 │ 2 │
                       └───┴───┴───┘
      (a) 稀疏矩阵           (b) 三元组
```

图 5-11 稀疏矩阵及其三元组

置,直接在三元组的结构上操作,效率要高很多,因此有必要了解基于三元组的经典矩阵转置算法。

```
#define MAXSIZE 1024        //定义非零元的最大个数
typedef struct{
    int i,j;
    ElemType e;
}Triple;
typedef struct{
    Triple data[MAXSIZE + 1];  //为了符合习惯,不使用 data[0]
                               //非零元三元组在 data 中以行序优先存放(便于进行某些矩阵运算)
    int mu,nu,tu;              //依次是矩阵的行数,列数和非零元个数
}Matrix;
```

经典矩阵转置算法分为三步,其中第三步比较复杂。

(1) 将矩阵的行数和列数互换。
(2) 把每个元素的行下标和列下标互换。
(3) 根据目标三元组的行序(即原三元组的列序)重排 data 数组中元素的顺序。

```
Status TransPose(Matrix source,Matrix * target)
{   target -> mu = source.nu;
    target -> nu = source.mu;
    target -> tu = source.tu;
    if(source.tu){
        int s = 1;
        for(int col = 1;col <= source.nu;col++){
            for(int t = 1;t <= source.tu;t++){
                if(source.data[t].j == col){
                    target -> data[s].e = source.data[t].e;
                    target -> data[s].i = source.data[t].j;
                    target -> data[s].j = source.data[t].i;
                    s++;
                }
            }
        }
    }
    return OK;
}
```

经典算法是按照目标矩阵的行序(即源矩阵的列序)进行转置,从第一行开始,遍历 source 三元组的元素,将元素列值符合要求的提取出来。算法的时间复杂度为 nu×tu,如果 tu 和 mu×nu 为一个数量级,时间复杂度变为 nu×mu×nu,因此仅适用于 tu≫mu×nu 的情况。

5.5 广义表

5.5.1 概述

广义表侧重于阐述一种递归的数据结构的概念,这种概念对于诸如分治法、分区、矩阵运算等等都很有用。

广义表通常记为:

$$LS = (a_1, a_2, \cdots, a_n)$$

其中,LS 是广义表的名称;n 是广义表的长度;a_i 可以是单个元素,也可以是广义表;若广义表不是空表,a_1 称为表头,去掉 a_1 的余下部分(包括最外面的括号)称为表尾。以下是一些广义表的实例。

(1) 空表:$E=()$。
(2) 非空广义表,有一个原子元素:$Q=(x)$。
(3) 非空广义表,有一个广义表元素 Q 和一个原子元素 y:$R=(Q,y)$。
(4) 广义表 T 是其自身的子表:$T=(z,T)$。
(5) E、Q、R 都是 S 的子表:$S=(E,Q,R)$。

广义表是线性表的推广,广义表的元素可以是单元素,可以是其他广义表,还可以是它本身(这样就形成了递归结构);若广义表的元素都是单元素,就是第 2 章介绍的线性表。

5.5.2 广义表重要操作

广义表最重要的两个操作是取表尾和取表头。

(1) 取表头 GetHead(LS),取非空广义表的第一个元素,表头可以是原子元素,也可以是一个子表。

(2) 取表尾 GetTail(LS),表尾是取了表头之后广义表余下的所有部分,包括最外面的括号,因此表尾一定是一个广义表。

具体示例代码如下:

```
GetHead(R) = Q;      GetTail(R) = (y);
GetHead(S) = E;      GetTail(S) = (Q,R);
GetHead(Q) = x ;     GetTail(Q) = ( );            //对 Q 取表尾得到一个空表
```

注意,广义表()是空表,长度为 0,而(())不是空表,长度为 1,对(())取表头得到的才是空表()。

5.5.3 广义表的存储

广义表的结构比较复杂,既有原子结点,又有子表,因此用顺序结构难以实现,而链式分配比较灵活,适合解决广义表的共享和递归问题。

广义表的每个数据元素用一个结点表示,结点有两种类型:原子结点和表结点,具体如图 5-12 所示。为了区分是哪一种,每个结点都有一个标志域 tag,tag=0 表示原子结点,tag=1 表示表结点。此外,原子结点应该有一个数据域存放值,表结点需要有两个指针 hp 和 tp。hp 指向表头元素,tp 指向表尾,即取表头之后余下的所有。

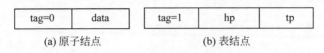

图 5-12　广义表数据结点

【例 5-4】　用广义表的头尾链表存储结构,画出下列广义表的存储结构图。

$$LS=((a,b),c,((d)))$$

头尾链表存储结构如图 5-13 所示。

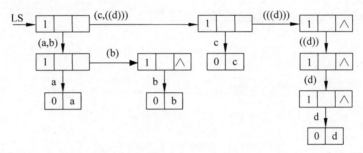

图 5-13　头尾链表存储的广义表示意图

5.6　项目实现

把七巧板上的积木看作一个顶点,若积木 i 和积木 j 相邻,则 $A_{ij}=1$,否则 $A_{ij}=0$,用一个 7×7 的矩阵存储图 5-1 所示积木的邻接关系,如图 5-14 所示。

积木涂色问题就是一个简化的四色地图问题,可以转换为以下的算法:对每一个顶点逐一尝试 4 种颜色,检查当前顶点的颜色是不是和前面已确定的相邻顶点的颜色发生冲突,如果没有发生冲突,则继续用同样的方法处理下一个顶点;如果四种颜色都尝试过了,还是和前面顶点的颜色有冲突,就返回上一个顶点去尝试别的颜色,直到所有的顶点都涂色,输出结果。具体代码如下:

```
0111000
1000110
1001000
1010101
0101011
0100100
0001100
```

图 5-14　7×7 的积木
　　　　矩阵存储

```
# include <iostream>
# include <iomanip>
# include <stdlib.h>
using namespace std;
int data[8][8] = {{0,0,0,0,0,0,0,0},{0,0,1,1,1,0,0,0},{0,1,0,0,0,1,1,0},{0,1,0,0,1,0,0,0},{0,1,0,1,0,1,0,1},{0,0,1,0,1,0,1,1},{0,0,1,0,0,1,0,0},{0,0,0,0,1,1,0,0}};  //为了符合日常习惯,第 0 行第 0 列不使用
int n = 7,color[8],total;
```

```
int colorsame(int s)
{ int i,flag;
  flag = 0;
  for(i = 1;i < = s - 1;i++)
    if((data[i][s] == 1) &&(color[i] == color[s])) flag = 1;
  return(flag);
}

void output()
{ int i;
  cout << endl <<"serial number :"<< total;
  cout << endl <<"每块的颜色是:";
  for(i = 1;i < = n;i++)
    { cout << color[i]<<" ";
      color[i] = 0;
    }
  total = total + 1;
  if(total % 10 == 0) system("pause");
}

void tangram(int s)
{ int i;
  if(s > 7)
    output();
  else
    for(i = 1;i < = 4;i++)
      { color[s] = i;
        if(colorsame(s) == 0)
          tangram(s + 1);
      }
}

int main()
{ int j;
  for(j = 0;j < = 7;j++) color[j] = 0;
  total = 0;
  tangram(1);
  cout << endl <<"total = "<< total;
}
```

思考：最后输出的是一种涂色方案还是所有的涂色方案？

5.7　习题

1. 选择题

(1) 一个非空广义表的表头(　　)。

　　A. 不可能是子表　　　　　　　　　　B. 只能是子表

　　C. 只能是原子　　　　　　　　　　　D. 可以是子表或原子

(2) 将 10 阶对称矩阵压缩存储到一维数组 A 中，则数组 A 的长度最少为(　　)。

　　A. 100　　　　　　B. 40　　　　　　C. 55　　　　　　D. 80

(3) 已知一维数组 a_1 元素的存放地址为 1000,每个元素所占空间大小为 5,则 a_{15} 的存放地址为( )。

    A. 1055   B. 1060   C. 1065   D. 1070

(4) 一维数组的元素起始地址 Loc[0]=1000,元素长度为 4,则 Loc[2]为( )。

    A. 1000   B. 1010   C. 1008   D. 1020

(5) 若矩阵 A 的任一元素 $A_{ij}(1\leqslant i,j\leqslant 10)$ 满足:$A_{ij}\neq 0$;$(i\geqslant j,1\leqslant i,j\leqslant 10)$;$A_{ij}=0(i<j,1\leqslant i,j\leqslant 10)$。现将 A 的所有非 0 元素以行序为主序存放在首地址为 2000 的存储区域中,每个元素占有 4 个单元,则元素 $A[9,5]$ 的首地址为( )。

    A. 2340   B. 2336   C. 2164   D. 2160

2. 应用题

(1) 设有一个二维数组 $A[m][n]$,假设 $A[0][1]$ 存放位置在 $1601_{(10)}$,$A[3][3]$ 存放位置在 $1648_{(10)}$,每个元素占一个空间,$A[2][2]_{(10)}$ 存放在什么位置?脚注(10)表示十进制表示。

(2) 设 a 与 b 是两个用三元组表存储(连续结构)的同阶稀疏矩阵,请写出 a 和 b 相加的算法。

(3) 设对称矩阵按行序存储下三角(存储在一维结构中),请写一个程序,根据任一元素的存储位置(相对位置)求出它所对应的行号与列号。

(4) 按照副对角线对称矩阵的元素存储公式,设计一个算法,输入矩阵元素下标,输出其在一维存储数组中的位置。

第 6 章 树

CHAPTER 6

树形结构是一种重要的非线性数据结构，树中以分支关系定义层次结构，数据元素之间是一对多的层次关系，客观世界中的组织机构、家族家谱、计算机操作系统的文件目录、网站的页面层次结构等都可以用树形结构表示。

6.1 项目分析引入

目前，网络购物、在线交易已成为人们日常生活中不可缺少的一部分，在交易中，人们常常会进行订单的查询、新增、修改操作。同时人们也希望交易是安全的，需要对交易账号等敏感信息进行加密处理。

根据已学习的线性结构知识，图 6-1 所示的订单表中的每个订单信息抽象为一个元素结点，订单之间的逻辑关系表示为一对一的线性结构，将订单采用如图 6-2 所示的顺序或链式方式存储。通过对顺序表或单链表的初始化、插入、遍历、查找、修改实现对订单的显示、查询、新增、修改操作。

订单ID	用户ID	交易账号	产品代码	交易金额	交易时间
202104091	张萌萌	6327123000879612006	ABSXE09	150000	2021-04-09
202105110	王潇曼	9860001220158796120	CBSXE05	55000	2021-05-11
202104211	李晓彤	8762010057680007961	BWSXE04	70000	2021-04-21
202102091	程志仁	6543201500087009612	BBSXE02	30000	2021-02-09
202101181	张晓芬	2986000020158796120	CCSXE02	100000	2021-01-18
202101091	王珊珊	6512015879612000098	CCSXE02	50000	2021-01-09
202104100	夏天城	8720158000791100612	BWSXE04	80000	2021-04-10
202103131	梁晓峰	6500002015800079613	BBSXE02	50000	2021-03-13
202106091	刘丽新	6232015879621000002	ABSXE09	40000	2021-06-09
202106092	骆红山	3420158796100023001	ABSXE09	85000	2021-06-09
202106093	李培军	8762015879007612123	ABSXE09	120000	2021-06-09
202102111	杨亚峰	8820158796120008709	BBSXE02	200000	2021-02-11
202102112	马石山	9375475201587961209	BBSXE02	70000	2021-02-11

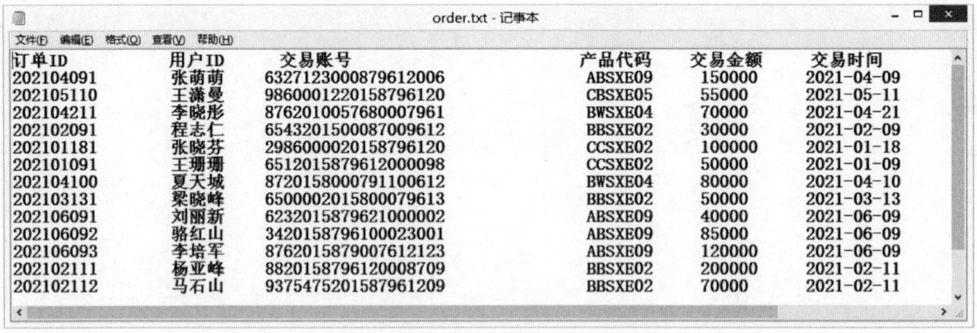

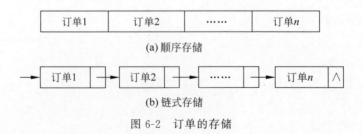

图 6-1 订单数据

图 6-2 订单的存储

学习完本章的树形结构,订单存储也可以采用如图 6-3 所示的二叉链表的方式储存。将订单采用基于二叉树的二叉链表的方式存储,存储空间可以按需动态分配,符合动态变化的在线海量订单的操作需求,优于图 6-2(a)所示的顺序表存储中订单存储需要预先分配空间的方式。同时,在学习了第 9 章查找的知识后,可以发现二叉排序树的查找算法时间复杂度为 $O(\log_2 n)$,优于图 6-2(b)所示的链式存储下的查找时间复杂度 $O(n)$。因此,订单采用二叉树的链式存储可以平衡线性结构下顺序存储和链式存储的优劣。如果订单存储二叉树构建为二叉排序树,可以大大提高订单的查询、新增、修改等操作的效率。

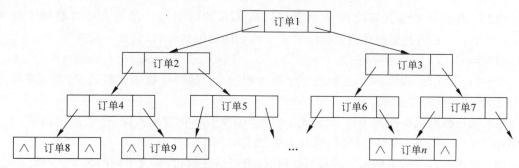

图 6-3 订单的二叉链表存储

本章中实现的订单管理系统,可进行订单的显示、查询、新增和修改操作,对交易账号进行加密和解密,可以满足交易安全性的需求。项目运行初始界面如图 6-4 所示。

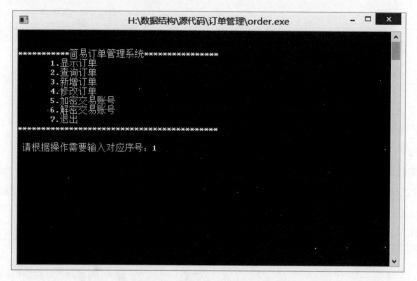

图 6-4 订单管理系统的初始界面

6.2 项目相关知识点介绍

在如图 6-4 所示的交易订单管理系统中,每一个交易订单数据看作一个树中的数据元素,订单数据元素之间的逻辑关系抽象为一对多的层次关系,将订单表示为二叉树,图 6-1 所示的订单表采用图 6-3 所示的二叉链表的方式储存,通过对订单二叉树进行遍历实现订单的显示、查找、更新修改操作。项目中基于订单交易账号中字符的出现频率构建哈夫曼树,对账号字符进行哈夫曼编码,实现敏感信息加密,加密后的编码通过对哈夫曼树进行从根结点到叶结点的分支遍历实现译码。本项目实现中涉及以下的知识点：树的定义,二叉树的定义,二叉树的创建、遍历、查找、修改操作,哈夫曼树的构建,哈夫曼编码、译码。

6.3 树的基本概念

树是一种表示数据元素之间一对多的层次关系的数据结构形式。可以将树看作由 $n(n \geqslant 0)$ 个具有相同数据特性的数据元素结点组成的有限集合,在任意一棵树 T 中。

(1) 当 $n=0$ 时,T 为空树。

(2) 当 $n \geqslant 1$ 时,树 T 中有且仅有一个称为根(root)的特殊数据元素结点,该元素结点在树 T 中没有直接的前驱结点。

(3) 除根结点以外的其余结点可分为 $k(k \geqslant 0)$ 个互不相交的有限子集 $T_1, T_2, \cdots, T_k$,其中每一个子集合 T_i 也是一棵树,称其为根的子树。

图 6-5 中显示三种不同形态的树：空树、仅有根结点的树、包含子树的树。

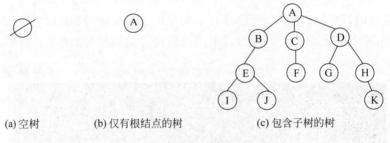

(a) 空树　　　　(b) 仅有根结点的树　　　(c) 包含子树的树

图 6-5　树

为了直观描述树中数据元素的特点和关系,定义如下术语。

(1) 结点：树中的数据元素,由数据项和数据元素之间的关系组成。在图 6-5(c)所示的树中包含 11 个结点：A、B、C、D、E、F、G、H、I、J、K。

(2) 结点的度：结点所拥有的子树的个数,在图 6-5(c)中,根结点 A 的度为 3,结点 B、结点 C 的度都为 1,结点 D 的度为 2。

(3) 叶子结点：叶子结点也称为终端结点,是度为 0 的结点。在图 6-5(c)中,结点 F、G、I、J、K 都是叶子结点。

(4) 非终端结点：非终端结点也称为分支结点,是度不为 0 的结点。在图 6-5(c)中,结点 A、B、C、D、E、H 是非终端结点。

(5) 双亲结点：一个结点的上一层的直接前驱结点称为该结点的双亲结点。在图 6-5(c)中,结点 B、C、D 的双亲结点是结点 A,结点 F 的双亲结点是 C 结点。

(6) 孩子结点：一个结点的下一层直接后继结点称为该结点的孩子结点。在图 6-5(c)中,结点 I、J 是结点 E 的孩子结点,结点 K 是结点 H 的孩子结点。

(7) 祖先结点：从根到某一结点所经过分支上的所有结点称为该结点的祖先结点。在图 6-5(c)中,结点 J 的祖先结点是 A、B、E。

(8) 子孙结点：以某结点为根的子树中的任意结点称为该结点的子孙结点。在图 6-5(c) 中，除 A 之外的所有结点都是 A 的子孙结点。

(9) 兄弟结点：具有相同双亲的结点称为兄弟结点。在图 6-5(c) 中，结点 B、C、D 互为兄弟结点。

(10) 堂兄弟结点：双亲在同一层的结点称为堂兄弟结点。在图 6-5(c) 中，结点 E、F、G、H 互为堂兄弟结点，I、J、K 互为堂兄弟结点。

(11) 结点的层数：从根到某一结点所经的分支数称为该结点的层数。规定根结点处于第一层，根的孩子结点为第二层，依次下去，其余结点的层数等于它的双亲结点的层数加 1。在图 6-5(c) 中，结点 H 的层数是 3，结点 K 的层数是 4。

(12) 树的高度：也称为树的深度，是树中的结点的最大层数。在图 6-5(c) 中，树的高度为 4。

(13) 路径：从根结点到某一结点经过的结点及分支称为从根到该结点的路径。在图 6-5(c) 中，从根结点 A 到结点 K 的路径为 A—D—H—K。

(14) 结点的路径长度：从根结点到某一结点的路径上的分支数称为该结点的路径长度。在图 6-5(c) 中，结点 K 的路径长度为 3。

(15) 有序树：树中任意一个结点的子树从左到右有序排列，称这棵树为有序树。

(16) 无序树：树中任意一个结点的子树之间的次序不固定，可以从左至右任意排列，称这棵树为有无序树。没有特别声明，树都是指无序树。

(17) 森林：由 $m(m \geqslant 0)$ 棵互不相交的树构成的集合称为森林。一棵树也可以称为森林。对任意一棵包含多个子树的树，删去根结点就变成含有所有子树的森林；反之，为森林中的所有树加上一个共同的结点作为根结点，可以将森林变为一棵树。

树的表示：一般采用如图 6-5(c) 所示的一棵倒立的树形结构图直观表示树，也可以根据应用的需要，采用图 6-6 所示的其他不同的形式表示树。

(1) 嵌套集合表示法：通过集合的包含关系来描述树的层次结构，图 6-5(c) 中的树可以表示为如图 6-6(a) 所示的嵌套集合关系。

(2) 凹入表示法：类似图书的编目表示，如图 6-6(b) 所示。

(3) 广义表表示法：采用广义表描述树的层次关系，如图 6-6(c) 所示。

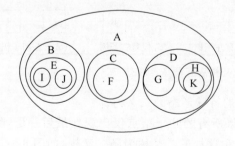

(a) 嵌套集合表示法

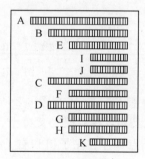

(b) 凹入表示法

(A(B(E(I,J))),C(F),D(G,H(K)))

(c) 广义表表示法

图 6-6　树的表示

树的基本操作如下。

(1) InitTree(&T)：初始化树，建立一棵空树 T。

(2) CreateTree(e,lbt,rbt)：创建一棵以 e 为根结点的树。

(3) ClearTree(&T)：销毁树，清空树 T。

(4) Parent(T,e)：求树 T 中结点 e 的双亲结点。

(5) Child(T,e,i)：求树 T 中结点 e 的第 i 个孩子结点。

(6) LeftChild(T,e)：求树 T 中结点 e 的最左孩子结点。

(7) RchildSibling(T,e)：求树 T 中结点 e 的第一个右兄弟结点。

(8) InsertTree(&T,e,i,s)：在树 T 中插入以 s 为根结点的树作为结点 e 的第 i 棵子树。

(9) DeleteTree(&T,e,i)：在树 T 中删除结点 e 的第 i 棵子树。

(10) TraverseTree(T)：按某种方式遍历访问树 T。

6.4 二叉树的概念和性质

6.4.1 二叉树的概念

二叉树是一种有序树，树中的每一个结点最多只有左右两个分支，即二叉树中任意结点的度小于或等于 2。二叉树可以表示为由 $n(n \geqslant 0)$ 个具有相同数据特性的数据元素结点组成的有限集合，在任意一棵二叉树 BT 中，有如下特性。

(1) 当 $n=0$ 时，BT 为空二叉树。

(2) 当 $n \geqslant 1$ 时，BT 中有且仅有一个称为根的特殊数据元素结点，该根结点没有前驱结点。

(3) 除根结点以外的其余结点可分为 T_1、T_2 两个互不相交的有限集合，T_1、T_2 有序，T_1 称为根的左子树，T_2 称为根的右子树，T_1、T_2 自身也是二叉树。

二叉树可以有如图 6-7 所示的五种基本形态：空二叉树、仅有根结点的二叉树、仅有左子树的二叉树、仅有右子树的二叉树和包含左右子树的二叉树。

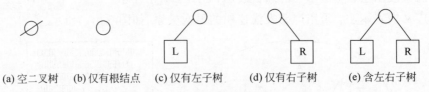

(a) 空二叉树　(b) 仅有根结点　(c) 仅有左子树　(d) 仅有右子树　(e) 含左右子树

图 6-7　二叉树的五种基本形态

除了五种基本形态，还有图 6-8 所示的特殊形态的二叉树。

(1) 满二叉树：在一棵二叉树中，如果所有的叶子结点仅出现在最后一层，除叶子结点以外的其他结点都存在左子树和右子树，称这样的二叉树为满二叉树，如图 6-8(a)所示。

(2) 完全二叉树：在一棵二叉树中，如果所有的叶子结点仅出现在最后两层，除了叶子结点以外的其他结点或者存在左、右子树，或者仅有左子树，称这样的二叉树为完全二叉树，如图 6-8(b)所示。

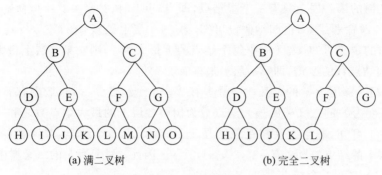

(a) 满二叉树　　　　　　　(b) 完全二叉树

图 6-8　满二叉树和完全二叉树

6.4.2　二叉树的基本操作

二叉树有下列基本操作。

(1) InitBiTree(&BT)：二叉树的初始化,将指向二叉树的根结点指针置为空,建立空二叉树 BT。

(2) CreatBiTree(&BT)：二叉树的创建,依据二叉树的递归定义,首先生成二叉树 BT 的根结点,将数据元素值赋给根结点的数据域,然后递归创建左子树和右子树。

(3) DestroyBiTree(&BT)：二叉树的销毁,将非空二叉树 BT 存储空间释放。

(4) InsertBiTree(&BT,p,c)：二叉树的插入,p 指向二叉树 BT 中的某一结点,在二叉树 BT 中插入子树 c,使 c 成为 p 指向结点的左子树或右子树。

(5) SearchBTRoot(BT)：查找返回二叉树 BT 的根。

(6) SearchBTNode(BT,e)：查找返回二叉树 BT 中元素值为 e 的结点的指针。

(7) SearchBTNodeParent(BT,e)：查找返回二叉树 BT 中结点 e 的双亲结点。

(8) SearchBTLeftChild(BT,e)：查找返回二叉树 BT 的结点 e 的左孩子。

(9) SearchBTRightChild(BT, e)：查找返回二叉树 BT 中结点 e 的右孩子。

(10) DeleteBTLeftChild(&BT,p)：删除二叉树 BT 中指针 p 所指向的结点的左子树,删除成功,返回 1,否则返回 0。

(11) DeleteBTRightChild(&BT,p)：删除二叉树 BT 中指针 p 所指向的结点的右子树,删除成功,返回 1,否则返回 0。

(12) HightBT(BT)：计算二叉树 BT 的高度。

(13) LeafBT(BT)：计算二叉树 BT 的叶子结点数。

(14) NodeBT(BT)：计算二叉树 BT 的结点数。

(15) TraverseBT(BT)：二叉树的遍历,按某种次序依次访问二叉树 BT 中每个结点一次且仅一次。

6.4.3　二叉树的性质

二叉树具有下列重要的性质。

【**性质 6-1**】　非空二叉树的第 i 层上最多有 2^{i-1} 个结点($i \geqslant 1$)。

证明：用数学归纳法证明。

非空二叉树的第一层上只有一个根结点,即当 $i=1$ 时,$2^{1-1}=2^0=1$,命题成立。

假设 $i>1$ 时命题成立,由归纳假设可知,第 $i-1$ 层上最多有 $2^{(i-1)-1}=2^{i-2}$ 个结点。

由二叉树的定义可知,二叉树中每个结点的度最大为 2,则在第 i 层上最大结点数为第 $i-1$ 层上最大结点数的 2 倍,即第 i 层上最多有 $2\times 2^{i-2}=2^{i-1}$ 个结点。

【性质 6-2】 深度为 k 的二叉树中最多有 2^k-1 个结点($k\geqslant 1$),最少有 k 个结点。

证明:深度为 k 的二叉树的最大结点数为树中各层上的最大结点数之和。

由性质 6-1 可知,非空二叉树的第 i 层上最多有 2^{i-1} 个结点,二叉树的第 1 层、第 2 层……第 k 层上的结点数至多有:$2^0,2^1,\cdots,2^{k-1}$。因此,深度为 k 的二叉树中最多有 $2^0+2^1+\cdots+2^{k-1}=2^k-1$ 个结点。

由二叉树的定义可知,每个结点最多有两个分支,最少结点情况,非空二叉树的第 1 层、第 2 层……第 k 层中每层最少有 1 个结点,因此,深度为 k 的二叉树中最少有 $\sum_{i=1}^{k}1=k$ 个结点。

【性质 6-3】 任意一棵非空二叉树,如果其度为 0 的叶子结点数为 n_0,度为 2 的结点数为 n_2,则有:$n_0=n_2+1$。

证明:设二叉树中度为 1 的结点数为 n_1,二叉树中结点总数为 N,二叉树中的分支总数为 B。

根据二叉树定义,二叉树中所有结点的度均小于或等于 2,除了根结点,每个结点对应一条分支,所有分支都是由度为 1 及度为 2 的结点发出,因此有:
$$N=n_0+n_1+n_2,\quad N=B+1,\quad B=n_1+2n_2$$
则有 $n_0+n_1+n_2=n_1+2n_2+1$,化简可得 $n_0=n_2+1$。

【性质 6-4】 具有 n 个结点的完全二叉树的深度为 $\lfloor \log_2 n \rfloor+1$($\lfloor x \rfloor$ 表示不大于 x 的最大整数)。

证明:设所求完全二叉树的深度为 k,由性质 2 可知该完全二叉树最多有 2^k-1 个结点,由完全二叉树的定义可得,深度为 k 的完全二叉树的前 $k-1$ 层是深度为 $k-1$ 的满二叉树,因此前 $k-1$ 层一共有 $2^{k-1}-1$ 个结点。由于完全二叉树深度为 k,故第 k 层上还有若干个结点,因此,$2^{k-1}-1<n$,由此可推出 $2^{k-1}-1<n\leqslant 2^k-1$。

故 $2^{k-1}\leqslant n<2^k$,则 $k-1\leqslant \log_2 n<k$,因为 k 是整数,所以 $k=\lfloor \log_2 n \rfloor+1$。

【性质 6-5】 具有 n 个结点的完全二叉树,从树根开始,如果按照层次顺序,从上至下,每层从左到右的顺序对二叉树中的结点依次编号 $1,2,3,\cdots,n-1,n$,则对于任一序号为 i 的结点,有下列结论:

(1) 若 $i=1$,则序号为 i 的结点是根结点,该结点无双亲结点。

(2) 若 $i>1$,则序号为 i 的结点的双亲结点的序号为 $\lfloor i/2 \rfloor$。

(3) 若 $2i\leqslant n$,则序号为 i 的结点的左孩子结点的序号为 $2i$;否则 i 结点无左孩子。

(4) 若 $2i+1\leqslant n$,则序号为 i 的结点的右孩子结点的序号为 $2i+1$,否则 i 结点无右孩子。

(5) 若结点序号 i 为不等于 1 的奇数,则其左兄弟结点序号为 $i-1$。

(6) 若结点序号 i 为不等于 n 的偶数,则其右兄弟结点序号为 $i+1$。

(7) 结点序号为结 i 点所在层数为 $\lfloor \log_2 i \rfloor+1$。

根据性质6-5对完全二叉树结点编号,结点与编号的关系可表示为图6-9(a),对图6-9(b)中的完全二叉树编号,可得到反映整棵二叉树结构的一个线性序列1,2,3,…,12。对于结点E,编号为5,根据性质5可知其双亲结点编号为2,左孩子编号为10,右孩子编号为11,左兄弟编号为4,所在的层数为3。

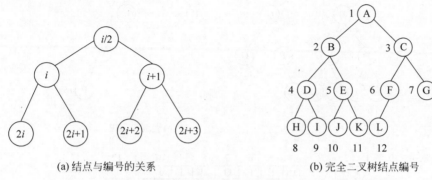

图 6-9 完全二叉树的结点与编号

6.5 二叉树的存储结构

二叉树的存储可以采用顺序存储和链式存储两种方式实现。本节将讨论二叉树顺序存储方式的优缺点,详细阐述二叉树链式存储的特点。

6.5.1 二叉树的顺序存储结构

二叉树的顺序存储采用一组连续的存储单元从根结点开始、按层次从上到下、每层从左至右的顺序存放二叉树中的结点。对于完全二叉树上编号为 i 的结点元素存储在一维数组的下标值为 i 的分量中,将完全二叉树中的所有结点按编号顺序依次存储在一维数组 bt[0..n]中。为了保持结点编号及其存储数组下标的一致,简化后续的操作,将 bt[0]空闲不用或用于存储二叉树的结点总数,bt[1]…bt[n]存储结点。对于普通的二叉树,将二叉树的每个结点与完全二叉树上的结点一一对应,编号为 i 的结点元素储存在一维数组的对应分量 bt[i]中,不存在的结点用♯表示。图6-10(a)中的完全二叉树的顺序存储结构如图6-10(c)所示,图6-10(b)中普通二叉树的顺序存储结构如图6-10(d)所示。

二叉树的顺序存储可以定义为:

```
#define MAXSIZE 100;          //二叉树的最大结点数
typedef char ElemType;         //结点数据类型
ElemType SqBiTree[MAXSIZE];   //0号单元不用或存储二叉树的实际结点数
```

具有 k 个结点的完全二叉树,用一组连续的存储单元按照完全二叉树的每个结点编号的顺序存放结点内容,需要长度为 $k+1$ 的一维数组进行储存。对于普通的二叉树,在最坏的情况下,只有 k 个结点的深度为 k 的单分支二叉树,需要长度为 2^k 的一维数组进行储存,存储空间浪费极大。因此,顺序存储结构对于完全二叉树而言,既简单又节省存储空间。但是对于一般二叉树,则会造成部分存储空间的浪费。在图6-10(b)所示的包含5个结点的二叉树却要占用图 6-10(d)所示的 16 个存储单元。因此,顺序存储只适合于存储完全二叉树。为克服这个缺点,6.5.2 节引入二叉树的链式存储结构。

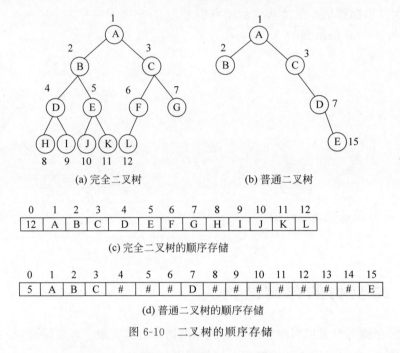

图 6-10　二叉树的顺序存储

6.5.2　二叉树的链式存储结构

二叉树的链式存储结构是指用链表来表示一棵二叉树,根据结点结构中指针的设计不同,有二叉链表、三叉链表两种存储形式。

1. 二叉链表存储

图 6-11(a)表示二叉树的一个结点,一个二叉树结点的二叉链表的存储结构如图 6-11(b)所示。链表中每个结点由左孩子指针、数据域、右孩子指针三个域组成,分别表示出该结点的左孩子结点的存储地址、结点本身的数据元素、结点的右孩子结点的存储地址。

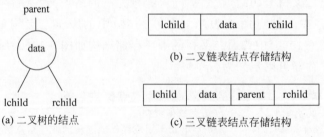

图 6-11　二叉树的链式存储

2. 三叉链表存储

一个二叉树结点的三叉链表结点的存储结构如图 6-11(c)所示。链表中每个结点由四个域组成:左孩子指针、数据域、双亲结点指针、右孩子指针,分别表示出该结点的左孩子结点的存储地址、结点本身的数据元素、该结点的双亲结点的存储地址、结点的右孩子结点的存储地址。

二叉树的二叉链表存储表示：

```
typedef char ElemType;                          //结点数据类型
typedef struct BTNode                           //二叉链表定义
{
    ElemType data;                              //结点数据域
    struct BTNode * lchild, * rchild;           //结点的左右孩子指针
} BTNode, * BiTree;
```

二叉树的三叉链表存储表示：

```
typedef char ElemType;                          //结点数据类型
typedef struct BTNode                           //三叉链表定义
{
    ElemType data;                              //结点数据域
    struct BTNode * parent * lchild, * rchild;  //结点的双亲及左右孩子指针
} BTNode, * BiTree;
```

图 6-12 中给出了一棵二叉树 BT 的二叉链表表示和三叉链表表示。在图 6-12(c)所示的三叉链表中易于找到某个结点的双亲结点，而在二叉链表图 6-12(b)中需要遍历整棵树才能查找结点的双亲。在图 6-12(b)所示的二叉链表中，每个结点包含两个指针域指向结点的左右孩子。因此，由 n 个结点构成的二叉链表中共有 $2n$ 个指针域，其中 $n+1$ 个指针域为空链域，这些空闲指针域将应用于 6.7 节线索化二叉树中。

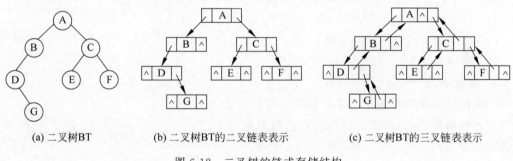

(a) 二叉树BT　　　(b) 二叉树BT的二叉链表表示　　　(c) 二叉树BT的三叉链表表示

图 6-12　二叉树的链式存储结构

6.6　二叉树的遍历及其他操作

二叉树的遍历操作是对二叉树进行其他各种操作的基础，本节中将重点介绍二叉树的遍历操作，并在遍历算法的基础上给出二叉树的创建、统计二叉树子结点数目、计算二叉树深度等操作的算法实现。

6.6.1　二叉树遍历概念

二叉树的遍历是指按照某种搜索顺序访问树中结点，使每个结点被访问一次且仅被访问一次。所谓结点访问是指对结点做某种处理，如：输出结点信息、修改结点的值。二叉树

的遍历是进行树的插入、删除及其他操作运算的基础,通过一次完整的遍历,会得到树中所有结点的一个遍历序列,从而可实现将二叉树中结点线性化。一棵非空的二叉树由根结点 D、左子树 L、右子树 R 三部分构成,可以依次遍历这三个部分实现对整棵二叉树的遍历,共有 DLR、LDR、LRD、DRL、RDL、RLD 六种遍历组合方案。若规定为顺序遍历,则只有前三种 DLR、LDR、LRD 遍历方式。

1. 先序遍历

先序遍历是先访问根结点 D,然后再遍历根结点的左子树 L,最后遍历根结点的右子树 R。遍历的递归过程为:若二叉树为空,遍历结束。否则,执行以下操作。

(1) 访问根结点。

(2) 先序遍历根结点的左子树。

(3) 先序遍历根结点的右子树。

2. 中序遍历

中序遍历是先遍历根结点的左子树 L,然后访问根结点 D,最后遍历右子树 R。遍历的递归过程为:若二叉树为空,遍历结束。否则,执行以下操作。

(1) 中序遍历根结点的左子树。

(2) 访问根结点。

(3) 中序遍历根结点的右子树。

3. 后序遍历

后序遍历是先遍历根结点的左子树 L,然后遍历根结点的右子树 R,最后访问根结点 D。遍历的递归过程为:若二叉树为空,遍历结束。否则,执行以下操作。

(1) 后序遍历根结点的左子树。

(2) 后序遍历根结点的右子树。

(3) 访问根结点。

4. 层次遍历

二叉树的层次遍历是从二叉树的第一层根结点开始,从上到下逐层遍历,在每层中按从左到右的顺序对每个结点逐个访问。

图 6-13 所示的二叉树表示的表达式 $[a+b*(c-d)-e/f]$,可按不同的访问顺序遍历,先序遍历序列为: $-+a*b-cd/ef$,中序序列为: $a+b*c-d-e/f$,后序序列为: $abcd-*+ef/-$,层次遍历序列为: $-+/a*efb-cd$。

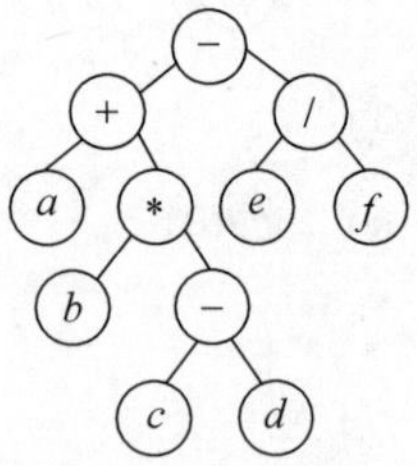

图 6-13 表达式 $[a+b*(c-d)-e/f]$ 的二叉树

5. 根据遍历序列确定二叉树

二叉树的先序遍历是先访问根结点 D,其次遍历左子树 L,最后遍历右子树 R,即在先序遍历的序列中,序列的第一个结点必是根结点 D,而在中序遍历中由于是先遍历左子树 L,然后访问根结点 D,最后遍历右子树 R,因此在中序序列中,根结点左边的结点序列是左子树序列,根结点右面的结点序列是右子树序列。由此,根据先序遍历序列和中序遍历序列可以确定出树的根结点及其左右子树序列结点,对左右子树的序列同样利用上述方法,左子树序列在先序序列中的第一个结点是左子树的根结点,右子树序列在先序序列中的第一个结点是右子树的根结点,如此递归下去,可以唯一地确定出一棵二叉树。

已知一棵二叉树的先序遍历序列是 ABECDFGHIJ，中序遍历序列是 EBCDAGFIHJ，通过下面的步骤可确定出该二叉树。

(1) 由先序遍历特征，根结点必在先序序列首部(A)。

(2) 由中序遍历特征，中序序列中根结点必在序列中间，根结点的左部(EBCD)必全部是左子树子孙，根结点右部(GFIHJ)必全部是右子树子孙。

(3) 继续对根结点 A 的左子树先序序列(BECD)和右子树先序序列(FGHIJ)及其对应的左右子树中序序列(EBCD)、(GFIHJ)重复步骤(1)和(2)，可确定 B 为 A 的左孩子，F 为 A 的右孩子；B 的左子树子孙结点有(E)，B 的右子树子孙结点有(CD)，F 的左子树子孙结点有(G)，F 的右子树子孙结点有(IHJ)。

以此类推下去。最后可画出二叉树如图 6-14 所示。

同理，根据二叉树后序和中序遍历的特征，由二叉树的中序序列 EBCDAGFIHJ 和后序序列 EDCBGIJHFA 也可以通过下面的步骤确定出一棵二叉树。

(1) 由后序遍历特征，根结点必在后序序列尾部(A)。

(2) 由中序遍历特征，中序序列中根结点必在序列中间，根结点 A 的左部(EBCD)必全部是左子树子孙，根结点的右部(GFIHJ)必全部是右子树子孙。

(3) 继续对根结点 A 的左子树后序序列(EDCB)和右子树后序序列(GIJHF)及其对应的左右子树中序序列(EBCD)、(GFIHJ)重复步骤(1)和(2)，可确定 B 为 A 的左孩子，F 为 A 的右孩子；B 的左子树子孙结点有(E)，B 的右子树子孙结点有(CD)，F 的左子树子孙结点有(G)，F 的右子树子孙结点有(IHJ)。

以此类推下去，最后可以确定出二叉树，如图 6-14 所示。

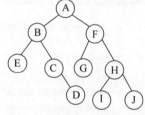

图 6-14　由先序(或后序)和中序遍历序列确定二叉树

从上述的步骤中可以看出，由先序序列和后序序列可确定树或子树的根结点，区别是根结点在序列中的位置，先序序列中根结点是序列的第一个位置，后序序列中根结点在最后一个位置，在先序或后序序列找到根结点后，基于中序序列可以确定根结点的左右子树的子序列，对左右子序列不断递归查找子树的根结点及其左右子序列，最终可以确定出二叉树。基本思想是先序、后序确定根结点，中序确定左右子树。

由于先序和后序序列中无法确定出根结点的左右子树序列，因此根据先序序列和后序序列不能确定出二叉树。

6.6.2　二叉树遍历算法

1. 递归遍历

根据对非空二叉树的先序遍历递归过程的分析，可以写出遍历二叉树的递归算法 6-1。

【算法 6-1】　先序遍历(DLR)的递归算法。

```
void PreOrderBT(BiTree BT)                    //先序遍历二叉树
{
    if(BT)                                    //若二叉树非空
    {
```

```
        cout << BT->data;                    //访问根结点
        PreOrderBT(BT->lchild);              //先序遍历左子树
        PreOrderBT(BT->rchild);              //先序遍历右子树
    }
}
```

二叉树的先序、中序、后序三种遍历的搜索路径是相同的,只是访问根结点的时机不同。将算法 6-1 中访问根结点的语句放到不同的位置,可实现中序、后序遍历。中序、后序遍历算法见算法 6-2、算法 6-3。

【算法 6-2】 中序遍历(LDR)的递归算法。

```
void InOrderBT(BiTree BT)
{                                            //中序遍历二叉树
    if (BT)
    {
        InOrderBT(BT->lchild);               //中序遍历左子树
        cout << BT->data;                    //访问根结点
        InOrderBT(BT->rchild);               //中序遍历右子树
    }
}
```

【算法 6-3】 后序遍历(LRD)的递归算法。

```
void PostOrderBT(BiTree BT)
{                                            //后序遍历二叉树
    if (BT)
    {
        PostOrderBT(BT->lchild);             //后序遍历左子树
        PostOrderBT(BT->rchild);             //后序遍历右子树
        cout << BT->data;                    //访问根结点
    }
}
```

2. 非递归遍历

在二叉树递归遍历实现中,利用栈实现递归调用,遍历搜索到一个结点入栈一个结点,直到所有结点被访问完。

在二叉树沿左子树深入遍历时,搜索到一个结点入栈一个结点,若为先序遍历,则在入栈之前访问该结点;当结点的左子树为空,沿左子树深入遍历不下去时,则返回,即从栈顶弹出结点,若为中序遍历,则此时访问该结点,然后从该结点的右子树继续深入遍历;若为后序遍历,则将此结点再次入栈,然后从该结点的右子树继续深入遍历,与前面类似,遍历搜索到一个结点入栈一个结点,直到不能遍历深入下去再返回,直到第二次从栈里弹出该结点,才访问该结点。根据递归算法执行过程中递归工作栈的状态变化情况,利用栈可以将上述的先序、中序、后序递归算法改为非递归的算法,算法 6-4 给出中序遍历的非递归算法。算法中设置一个存放二叉树结点指针的栈 S,每访问完一个结点 e 后,就将结点 e 的指针 p 入栈,以便后面能通过这个指针栈找到结点 e 的左右子树。

【算法 6-4】 中序遍历的非递归算法。

```
Status InOrderBT(BiTree BT)
```

```
{
    SqStack S;                              //中序遍历二叉树 BT 的非递归算法
    InitSqStack(S);                         //定义顺序栈 S
    BiTree p = BT;                          //初始化栈 S
    while ( p||!stackIsEmpty(S) ) {         //当前遍历搜索到的结点的指针 p
                                            //BT 为空并且栈空时循环结束
        if(p){                              //p 指针进栈,遍历 p 指针指向结点的左子树
            Push(S, p);
            p = p->lchild;
        }
        else {
            Pop(S, p);                      //指针出栈
            cout << p->data;
            p = p->rchild;                  //遍历 p 指针指向的结点的右子树
        }
    }
    return OK;
}
```

3. 层次遍历算法

二叉树的层次遍历从二叉树的第一层(根结点)开始,从上至下逐层遍历,在同一层中,按从左到右的顺序对结点逐个访问。可设置一个队列结构辅助遍历,遍历从二叉树的根结点开始,首先将根结点指针入队列,然后从队头取出一个元素,每取一个元素,执行以下操作。

(1)访问该元素所指结点。

(2)若该元素所指结点的左、右孩子结点非空,则将该元素所指结点的左孩子指针和右孩子指针顺序入队。

此过程不断重复进行,直到队列为空时,二叉树的层次遍历结束。

【算法 6-5】 层次遍历算法。

```
void LevelOrderBT(BiTree BT)
{                                           // 利用队列实现层次遍历二叉树 BT
    LinkQueue q;                            //定义队列 q
    QElemType e;                            //定义队列元素 e
    if(BT)
    {
        InitQueue(q);                       //初始化队列 q
        EnQueue(q,BT);                      //根结点入队列
        while(!QueueEmpty(q))
        {
            DeQueue(q,e);                   //元素 e 出队列
            cout << e->data;
            if(e->lchild != NULL) EnQueue(q,e->lchild);
            if(e->rchild != NULL) EnQueue(q,e->rchild);
        }
    }
    DestroyQueue(q);                        //销毁队列
}
```

6.6.3 二叉树其他操作

1. 创建二叉树的二叉链表

可以基于 6.6.2 节中的不同遍历方式创建二叉树的二叉链表。以先序遍历递归算法为例创建二叉树的二叉链表,在输入先序结点序列时,需要在空结点填补一个特殊的字符,比如"♯"。如果输入的字符是"♯",则在相应的位置上构造一棵空二叉树;否则,创建一个新二叉链表结点。二叉树中结点之间的指针指向关系通过指针参数在递归调用返回时完成。例如,对图 6-12(a)所示的二叉树,可输入 ABD♯G♯♯CE♯♯F♯♯创建对应的二叉链表。

【算法 6-6】 以先序遍历的顺序建立二叉链表。

```
void CreateBT(BiTree &BT)
{                                   //按先序次序输入二叉树中结点值,建立二叉链表表示的二叉树 BT
    char ch;
    cin >> ch;
    if(ch == '♯') BT = NULL;        //递归结束,建空二叉树
    else
    {
        BT = new BTNode;
        BT -> data = ch;            //生成二叉树的根结点
        CreateBT(BT -> lchild);     //递归创建左子树
        CreateBT(BT -> rchild);     //递归创建右子树
    }
}
```

2. 查找二叉树结点

查找二叉树结点可通过遍历二叉树,返回二叉树 BT 中数据域值为待查元素值 e 的结点的指针实现。查找借助队列辅助实现,如果二叉树不为空,首先将二叉树根结点指针入队列。当队列非空,进行出队列,判定出队列的元素结点 p 的数据域是否等于待查的元素值 e,如果相等,则查找成功,返回结点指针 p;否则,判断结点 p 的左右子树是否为空,将结点 p 的非空的左子树、右子树入队列。不断循环进行出队列、判断、入队列操作,直至队列为空,返回空指针,表明二叉树 BT 中不存在元素值为 e 的结点。

【算法 6-7】 查找返回二叉树 BT 中元素值为 e 的结点的指针。

```
BiTree SearchBTNode(BiTree BT,ElemType e)
{
    SqQueue Q;                      //定义队列 Q
    QElemType p;                    //定义队列元素 p
    if(BT)
    {
        InitQueue(Q);               //初始化队列 q
        EnQueue(Q,BT);              //根结点指针入队列
        while(!QueueEmpty(Q))
        {
            DeQueue(Q,p);           //出队列
            if(p -> data == e)      //找到元素值为 e 的结点
```

```
            {
                return p;
            }
            if(p->lchild)                    //左树入队
            {
                EnQueue(Q,p->lchild);
            }
            if(p->rchild)                    //右树入队
            {
                EnQueue(Q,p->rchild);
            }
        }
    }
    return NULL;
}
```

3. 计算二叉树的高度

二叉树由根结点、左子树、右子树三部分构成，可以先计算出左子树、右子树的高度，然后选择其中较大值加上根结点所在的层数 1 计算出二叉树的高度。左右子树高度的求法和原二叉树高度的求法一样，采用递归方法实现。

【算法 6-8】 计算二叉树的高度。

```
Status HightBT(BiTree BT)
{
if(BT == NULL ) return 0;               //BT 是空二叉树,则高度为 0
else{
l = HightBT (BT->lchild);
r = HightBT (BT->rchild);
if(l>r)return(l+1);
    else return(r+1);
}
 }
```

4. 统计二叉树的总结点数

二叉树总结点数包括根结点、左子树结点数、右子树结点数三部分。树根的结点数或者是 1 或者是 0（树为空时），可以先计算出左子树、右子树的结点数，然后将根结点、左子树结点数、右子树结点数三部分的值相加可得二叉树的总结点数。左右子树总结点数的求法和原二叉树总结点数的求法一样，可用递归算法实现。

【算法 6-9】 统计二叉树的总结点数。

```
Status  NodeBT(BiTree BT) {
  if (BT == NULL) return 0;
  else {
    return (NodeBT (BT->lchild) + NodeBT (BT->rchild) + 1);
  }
}
```

5. 统计二叉树的叶子结点数

二叉树的叶子结点数是左子树和右子树的叶子结点数之和，树根的叶子结点数或者是

1,或者是 0(树为空时),计算叶子结点数可用递归算法实现。

【算法 6-10】 统计二叉树的叶子结点数。

```
Status LeafBT(BiTree BT) {
    if (BT == NULL) return 0;
    if (BT->lchild == NULL && BT->rchild == NULL) return 1;
    return LeafBT(BT->lchild) + LeafBT (BT->rchild);
}
```

6. 复制二叉树

已知一棵二叉树用链式存储结构,将此二叉树复制成另一棵二叉树,需要复制根结点、左子树、右子树,并且把复制的左右子树链接到复制的根结点上,采用递归思想实现。

【算法 6-11】 复制二叉树。

```
void CopyBT(BiTree BT, BiTree &NewBT){
    if(BT == NULL )
    {                                              //如果 BT 是空树,递归结束
        NewBT = NULL;
        return 0; }
    else
    {
        NewBT = new BiTNode;
        NewBT->data = BT->data;                    //复制根结点
        CopyBT(BT->lchild, NewBT->lchild);         //递归复制左子树
        CopyBT (BT->rchild, NewBT->rchild);        //递归复制右子树
    }
}
```

6.7 线索二叉树

6.7.1 线索二叉树概念

在指定遍历次序下,为了得到前驱和后继结点信息,每次都需要进行一次二叉树的遍历,费时,效率低,因此可以给每个结点增加两个指针域 prior 和 next,分别指向结点在某种序列中的前驱和后继信息,这种提前存储结点的前驱和后继的关系大大提高了前驱和后继结点的查找时间效率,但增加了存储空间的开销。

根据二叉树性质,在二叉树对应的二叉链表中,每个结点有指向其左右孩子的 2 个指针域 lchild 和 rchild,n 个结点的二叉链表存在 $2n$ 个指针域,n 个结点的二叉链表只有 $n-1$ 条分支,只需要 $n-1$ 个指针域,因此,存在 $2n-(n-1)=n+1$ 空指针域未使用,可以利用这些空指针域,存放指向结点的某种遍历次序下的前驱和后继结点,将空的左孩子指针指向其前驱,空的右孩子指针指向其后继。从而很好地解决上述前驱和后继结点的查找时间和空间开销问题。这种指向前驱和后继结点的指针称为线索,增加了前驱和后继线索的二叉链表称为线索链表,相应的二叉树称为线索二叉树。

根据线索性质的不同,线索二叉树可分为前序线索二叉树、中序线索二叉树、后序线索二叉树、层次线索二叉树。对二叉树以某种遍历方式(如先序、中序、后序或层次等)进行遍

历，使其变为线索二叉树的过程称为对二叉树进行线索化。设指针 bt 指向二叉链表中的一个结点，建立线索的规则如下。

（1）如果 bt-> lchild 为空，则 bt-> lchild 存放指向遍历序列中该结点的前驱结点的地址。

（2）如果 bt-> rchild 为空，则 bt-> rchild 存放指向遍历序列中该结点的后继结点的地址。

6.7.2 线索二叉树存储表示和实现

线索二叉树中的线索能记录每个结点前驱和后继信息。为了区分二叉链表中结点的指针域是指向孩子还是指向前驱(或后继)，在二叉链表存储结构上为每个结点中增设两个标志 lTag 和 rTag，当 lTag 和 rTag 为 0 时，lchild 和 rchild 分别为指向左孩子和右孩子的指针；当 lTag 和 rTag 为 1 时，lchild 和 rchild 分别为指向结点前驱的线索和指向结点后继的线索。由于标志只占用一个二进位，每个结点所需要的存储空间比直接对结点增设前驱和后继指针方式所需的空间小。线索二叉树中结点结构如图 6-15(a)所示，图 6-15(b)是一棵二叉树，其中序遍历列为：DGBAECF，图 6-15(c)是该二叉树的中序线索二叉链表，为了操作方便在二叉树的线索链表上增加一个头结点，使它的 lchild 指向二叉树的根结点，rchild 指向某种遍历序列中的最后一个结点；再将二叉树遍历序列中的第一个结点的 lchild(若原来为空)和最后一个结点的 rchild(若原来为空)均指向头结点。

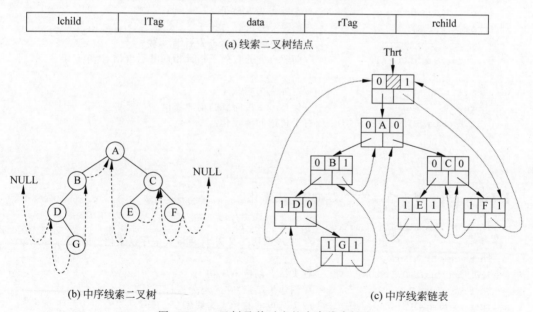

图 6-15　二叉树及其对应的中序线索链表

线索二叉树结点存储表示定义如下：

```
typedef struct    BTThreadNode {
   TElemType data;
   struct BTThreadNode * lchild, * rchild;           // 左右孩子指针
   int lTag,rTag;                                    // 左右标志
```

```
}BiThrNode, * BTThrTree;
```

1. 建立线索二叉树

对二叉树线索化,需要对一棵二叉树进行遍历。在遍历过程中,建立线索。二叉树遍历访问结点时检查当前结点的左右指针域是否为空,如为空,将左右指针域改为指向前驱结点或后续结点的线索。为实现这一过程,可设置指针 pre 始终指向刚刚访问过的结点,指针 p 指向当前结点,则 pre 是 p 的前驱。对一棵二叉树建立线索时,首先需要申请一个头结点,建立头结点与二叉树的根结点的指向关系,对二叉树线索化后,还需建立最后一个结点与头结点之间的线索。

【算法 6-12】 建立中序线索二叉树的递归算法。

```
BTThrTree pre;                        //pre 为全局变量
void InThreadingBT(BTThrTree p)
{                                     //对以 p 指针指向的结点为根的子树进行中序遍历线索化
  if(p)
  {
    InThreadingBT(p->lchild);         //左子树递归线索化
    if(!p->lchild)                    //p 的左孩子为空,前驱线索
    {
      p->lTag = 1;                    //左标志为前驱线索
      p->lchild = pre;                //左孩子指针指向前驱 pre
    }
    else   p->lTag = 0;               //左标志为左孩子
    if(!pre->rchild)
        { pre->rTag = 1;              //前驱 pre 没有右孩子
          pre->rchild = p;            //前驱 pre 的右标志为后继线索
        }                             //前驱 pre 的右孩子指针指向其后继结点 p
    else   p->rTag = 0;               //右标志为右孩子
        pre = p;                      //保持 pre 指向 p 的前驱
        InThreadingBT(p->rchild);     //右子树递归线索化
  }
}
```

【算法 6-13】 带头结点的二叉树中序线索化。

```
void InOrderThreadingBT(BTThrTree &Thrt, BTNode T)
  {                                   // 中序遍历二叉树 T,并将其中序线索化,Thrt 指向头结点
   Thrt = new BiThrNode;
   if(!Thrt) exit(OVERFLOW);          //头结点创建不成功
   Thrt->lTag = 0;                    //创建头结点,左标志为指针
   Thrt->rTag = 1;                    //头结点的右标志为线索
   Thrt->rchild = Thrt;               //右指针初始化,指向自己
   if(!T)                             //若二叉树空,则左指针回指,指向自己
     Thrt->lchild = Thrt;
   else
   {
     Thrt->lchild = T;                //头结点的左指针指向根结点
     pre = Thrt;                      //前驱 pre 的初值指向头结点
     InThreadingBT (T);               //中序遍历进行中序线索化,pre 指向中序遍历的最后一个结点
```

```
    pre->rchild = Thrt;          //最后一个结点的右指针指向头结点
    pre->rTag = 1;               //最后一个结点的右标志为线索
    Thrt->rchild = pre;          //头结点的右指针指向中序遍历的最后一个结点
   }
 }
```

2. 遍历线索二叉树

在线索二叉树上进行遍历,只要先找到序列的第一个结点,然后依次查找结点的后继,直至某结点后继为空时为止。

对于中序线索二叉树上某个结点 p,可分两种情况查找它中序遍历序列中的后继。

(1) 若 p 结点的右子树为空(即 p->RTag 为 1),则 p->rchild 即为指向后继线索。

(2) 若 p 结节的右子树非空(即 p->RTag 为 0),则 p 结点的中序后继必是其右子树中序遍历序列中的第一个结点,位于此右子树上最左下方。

【算法 6-14】 中序线索二叉树的中序遍历。

```
void InOrderBTThrTree (BTThrTree Thrt)
{                                 // 对以 Thrt 为头结点的线索二叉树进行中序遍历
 BTNode p;
 p = Thrt->lchild;                //p指向根结点
 while(p!=Thrt)                   //空树或遍历结束时,p==Thrt
 { while(p->lTag==0) p = p->lchild;
//找子树中序遍历的第1个结点,根结点沿左孩子向下,查找二叉树的最左结点,该结点的左子树为空
   cout << p->data;                //访问此结点
   while(p->rTag==1&&p->rchild!= Thrt)
//p->rchild 是线索,且 p 不是遍历的最后一个结点
   {   p = p->rchild;              //沿右线索访问后继结点
       cout << p->data;            //访问后继结点
   }
   p = p->rchild;                  //若 p->rchild 不是线索(是右孩子),p指向右孩子,返回循环
  }
 }
```

3. 线索二叉树查找前驱和后继

在中序线索二叉树中,当结点的 lTag=1,表示 lchild 指向其前驱;否则,该结点的前驱是以该结点为根的左子树上按中序遍历的最后一个结点。若 rTag=1,表示 rchild 指向其后继;否则,该结点的后继是以该结点为根的右子树上按中序遍历的第一个结点。

【算法 6-15】 查找线索二叉树结点的前驱结点。

```
void   InPrBTNode(BTThrTree  p, BTThrTree &pre)
{                                 //查找中序线索二叉树中结点 p 的前驱结点
   pre = p->lchild;
   if(p->lTag!= 1)
      while(pre->rtag == 0) {pre= pre->rchild;}
}
```

【算法 6-16】 查找线索二叉树结点的后继结点。

```
void   InPostNode(BTThrTree p, BTThrTree &next)
```

```
{                                    //查找中序线索二叉树中结点 p 的后继结点
    next = p->rchild;
    if(p->rtag!= 1)
        while(next->lTag == 0){next = next->lchild;}
}
```

除了中序线索二叉树,也可以后序、先序、层次遍历实现二叉树的线索化。采用线索链表可以直接查找任意一个结点在某种遍历序列中的前驱、后继结点及左、右孩子。

6.8 树和森林

本节讨论树的存储结构、树及森林与二叉树之间的相互转换、树及森林的遍历。

6.8.1 树的存储结构

常用的树的存储结构有双亲表示法、孩子链表表示法、双亲孩子表示法、孩子兄弟表示法。

1. 双亲表示法

用一组连续的存储空间(一维数组)存储树中的各个结点,在每个结点中附设一个指示器,指向其双亲结点在链表中的位置。即数组中的一个元素表示树中的一个结点,数组元素为结构体类型,包括结点本身的信息以及结点的双亲结点在数组中的序号,树的这种存储方法称为双亲表示法。

双亲表示法中结点结构如图 6-16 所示,其中 data 域为数据域,parent 域为双亲域,存储该结点的双亲在数组中的下标。图 6-17 表示一棵树的双亲表示法存储结构。采用双亲表示法便于查找结点的双亲结点,但查找结点的孩子需要遍历树中全部结点,不方便。

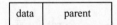

图 6-16 双亲表示法的结点结构

 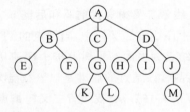

图 6-17 树的双亲表示法

双亲表示法定义如下:

```
#define MaxNode 100              //树的结点数最大值
typedef char TelemType;          //树结点的数据类型
typedef struct {
    TElemType data;              //数据域
    int   parent;                //双亲结点的位置域
} ParTNode;
```

```
typedef struct {
    ParTNode nodes[MaxNode];
    int nodeNum;                    //树的结点数
    int root;                       //树根位置
} ParTree;
```

2. 孩子链表表示法

树的孩子链表表示法是将树按如图 6-18 所示的形式存储。孩子链表表示法中存在两类结点：孩子结点和表头结点。表头结点由两个域组成，一个域用来存放结点信息，另一个用来存放指针，该指针指向由该孩子结点组成的单链表的起始地址。孩子结点也由两个域组成，一个存放孩子结点在一维数组中的序号，另一个是指针域，指向下一个孩子。孩子结点连接成的单链表称为孩子链表。n 个结点的树有 n 条孩子链表，而 n 个头指针组成了一个线性表。为了便于查找头指针，表头结点采用一维数组来存放。

(a) 表头结点   (b) 孩子结点

图 6-18 孩子链表表示法的结点结构

孩子链表表示法定义如下：

```
#define MaxNode  100              //树的结点数最大值
typedef char TElemType;           //树结点的数据类型
typedef struct TNode {            //表结点结构定义
    int child;                    //孩子结点的位置
    struct TNode *next;           //指向下一个孩子结点
} *Child;
typedef struct CTNode {           //头结点结构定义
    TElemType  data;              //孩子链表头结点的数据域
    Child firstChild;             //指向第一个孩子结点
} CTNode;
typedef struct CTree {            //孩子链表存储结构定义
    CTNode  nodes[MaxNode];       //表头结点的数组
    int nodeNun;                  //孩子结点数
    int root;                     //根结点的位置
}CTree;
```

图 6-19 表示了一棵树的孩子链表存储结构。孩子链表表示法便于找结点的孩子，但找双亲需要遍历全部孩子链表，不方便。

3. 孩子双亲表示法

孩子双亲表示法是将双亲表示法和孩子链表表示法相结合的存储方法。在孩子链表表示法的表头结点中增加一个 parent 域指向双亲位置，表头结点结构如图 6-20，各结点的孩子结点分别组成单链表。图 6-21 表示了树对应的孩子双亲表示法的存储结构。

孩子双亲表示法定义如下：

```
#define MaxNode  100              //树的结点数最大值
typedef char TElemType;           //树结点的数据类型
```

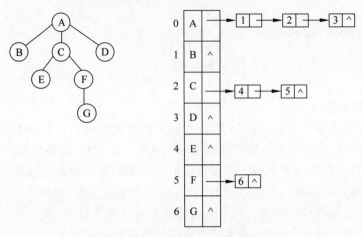

图 6-19 树的孩子链表表示法

| parent | data | firstChild |

图 6-20 孩子双亲表示法的结点结构

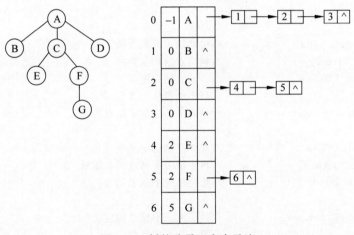

图 6-21 树的孩子双亲表示法

```
typedef struct TNode {                  //表结点结构定义
    int child;                          //孩子结点的位置
    struct TNode * next;                //指向下一个孩子结点
} * Child;
typedef struct CTNode {                 //头结点结构定义
    int   parent;
    TElemType  data;                    //头结点的数据域
    Child  firstChild;                  //指向第一个孩子结点
} CTNode;
typedef struct CTree {                  //孩子链表存储结构定义
 CTNode  nodes[MaxNode];                //表头结点的数组
    int nodeNun;                        //孩子结点数
    int root;                           //根结点的位置
}CTree;
```

4. 孩子兄弟表示法

孩子兄弟表示法是一种常用的树的存储结构。孩子兄弟表示法采用二叉链表作为树的存储结构,树中每个结点有三个域分别是数据域 data;孩子域 firstChild,指向该结点的第一个孩子结点;兄弟域 next。指向该结点的下一个兄弟结点;孩子兄弟表示法结点结构如图 6-22 所示。图 6-23 表示了一棵树的孩子兄弟表示法的存储结构。

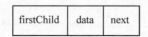

图 6-22 孩子兄弟表示法的结点结构

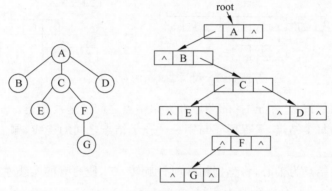

图 6-23 树的孩子兄弟表示法

孩子兄弟表示法定义如下:

```
typedef struct CSNode {
    TElemType  data;
    struct CSNode  * firstChild;      //指向第一个孩子结点
    struct CSNode  * next;            //指向下一个兄弟结点
}CSNode, * CSTree;
```

孩子兄弟表示法的最大优点是与二叉树的二叉链表表示法完全一致,从而可以将二叉树的算法应用于树中。

6.8.2 树和森林与二叉树的转换

二叉树和树都可以用二叉链表作为存储结构,从物理结构来看,树和二叉树的二叉链表是相同的,只是对指针的指向有不同的解释。图 6-24 表示了一棵树与一棵二叉树之间的二叉链表的存储对应关系。对比各自的结点结构可以看出,以二叉链表作为媒介可以得到树和二叉树之间的一个对应关系。从图 6-24 可以看出,二叉树的某个结点的左、右孩子在树中转变为该结点的孩子兄弟结点,即二叉树中的结点的左孩子是树中该结点的第一个孩子,二叉树中的结点的右孩子是树中该结点的兄弟。一棵树对应的二叉树的根结点只有左子树,没有右子树。

通过孩子兄弟表示法可以将任意一棵树方便地转换成一棵唯一的二叉树,如图 6-25 所示。转换具体步骤如下:

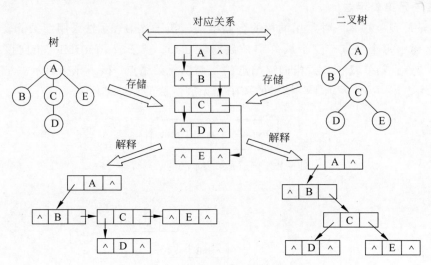

图 6-24 树与二叉树的对应关系

(1) 在树的每层按从"左至右"的顺序在兄弟结点之间加虚线相连。

(2) 对树中的每个结点，只保留它与第一个孩子结点之间的连线，删去它与其他孩子结点之间的连线。

(3) 以树的根结点为轴心，将整棵树顺时针旋转 45°，使原有的实线左斜，树的结构层次分明，将旋转后树中的所有虚线改为实线，并向右斜。

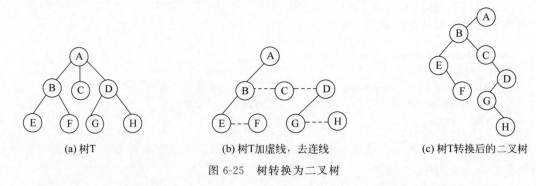

图 6-25 树转换为二叉树

转换后的二叉树的根结点没有右子树，只有左子树；左孩子结点仍然是原来树中相应结点的左孩子结点，而所有沿右链往下的右子结点均是原来树中该结点的兄弟结点。

对于一棵转换后的二叉树，可以采用下面的步骤还原成原来的树。

(1) 如果某结点 E 是其父结点的左子树的根结点，沿 E 的右孩子链不断地搜索所有的右孩子结点，将所有这些右孩子结点与该结点的父结点之间加虚线相连，如图 6-26(a)所示。

(2) 去掉原来二叉树中所有父结点与其右子结点之间的连线(实线)，如图 6-26(b)所示。

(3) 将图中各结点虚线连线变成实线，将所有的结点按层次排列得到还原出的树。如图 6-26(c)所示。

将森林中第二棵树的根结点看作第一棵树根结点的兄弟，则同样可以导出森林和二叉树的对应关系。如图 6-27 展示了森林与二叉树之间的对应关系。

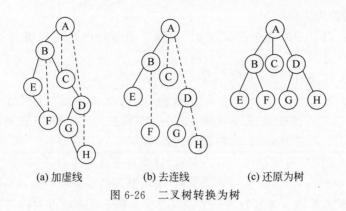

(a) 加虚线　　(b) 去连线　　(c) 还原为树

图 6-26　二叉树转换为树

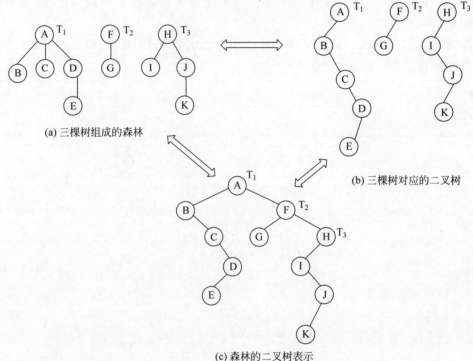

(a) 三棵树组成的森林

(b) 三棵树对应的二叉树

(c) 森林的二叉树表示

图 6-27　森林与二叉树对应关系示例

这一对应关系使得森林与二叉树可以相互转换,转换关系如下所述。

1. 森林转换为二叉树

若 $F=\{T_1,T_2,\cdots,T_n\}$ 是由 n 棵树构成的森林,则可根据下面的规则将森林 F 转换成一棵二叉树 BT=｛root,LB,RB｝。

(1) 若 $n=0$,F 为空,则 BT 为空二叉树。

(2) 若 $n \geqslant 1$,F 非空,则 BT 的根 root 为森林 F 中第一棵树 T_1 的根；BT 的左子树 LB 是从 T_1 中根结点的子树森林 $F_1=\{T_{11},T_{12},\cdots,T_{1k}\}$ 转换而得的二叉树；BT 的右子树 RB 是从森林 $F_2=\{T_2,T_3,\cdots,T_n\}$ 转换而得的二叉树。

对森林 F_1 和 F_2 也按照规则(1)和(2)继续进行转换,转换过程显然是递归的。

2. 二叉树转换为森林

若 BT={root,LB,RB} 是一棵二叉树,根据下面的规则可将一棵二叉树转换成森林 F={T_1,T_2,…,T_n}。

(1) 若 BT 为空,则 F 为空。

(2) 若 BT 非空,则 F 中第一棵树 T_1 的根为 BT 的根 root;T_1 中根结点的子树森林 F_1 是由 BT 的左子树 LB 转换而成的森林;F 中除 T_1 以外其余树组成的森林 F_2={T_2,T_3,…,T_n}是由 BT 的右子树 RB 转换而成的森林。

对 LB 和 RB 也同样按规则(1)和(2)转换,这个过程也是递归的。

对于一棵图 6-28(a)所示转换后的二叉树,采用下面的步骤还原成森林。

(1) 将二叉树的根结点与其右孩子结点以及沿右孩子结点链方向的所有右孩子结点的连线去掉,得到多棵孤立的二叉树,每一棵二叉树就是原来森林 F 中的树依次对应的二叉树,如图 6-28(b)所示。

(2) 将各棵二叉树按二叉树还原为树的方法还原成一般的树,还原出的多棵树构成森林,如图 6-28(c)所示。

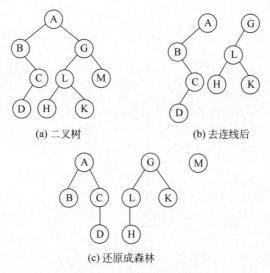

图 6-28 二叉树还原成森林

树和森林的存储表示复杂,实施具体运算很困难,而二叉树的算法比较丰富,算法易实现。因此,涉及树和森林的问题通常是转换成对应的二叉树,通过二叉树来解决。

6.8.3 树和森林的遍历

1. 树的遍历

可以参照二叉树的遍历规则对树进行遍历,树没有中序遍历,由于树一般是无序的,没有左右之分。树的遍历主要有先序遍历和后序遍历两种。

树的先序遍历步骤如下所述。

(1) 访问根结点。

(2) 按照从左到右的次序先序遍历根结点的每棵子树。

树的后序遍历步骤如下所述。

(1) 按照从左到右的次序后序遍历根结点的每棵子树。
(2) 访问根结点。

对图 6-25(a)中树进行先序和后序遍历,遍历的序列分别为:ABEFCDGH 和 EFBCGHDA。树的先序遍历序列和该树转换后二叉树的先序遍历序列相同,树的后序遍历序列和该树转换后二叉树的后序遍历序列相同。

2. 森林的遍历

森林的遍历是对树遍历的推广,$F=\{T_1, T_2, \cdots, T_n\}$是森林,对 F 的遍历主要有先序遍历和中序遍历两种方法。

森林的先序遍历步骤如下。
(1) 若森林为空,返回。
(2) 访问森林中第一棵树的根结点。
(3) 先序遍历第一棵树中根结点的子树森林。
(4) 先序遍历除去第一棵树之后剩余的树构成的森林。

森林的中序遍历步骤如下。
(1) 若森林为空,返回。
(2) 中序遍历森林中第一棵树的根结点的子树森林。
(3) 访问第一棵树的根结点。
(4) 中序遍历除去第一棵树之后剩余的树构成的森林。

对图 6-27(a)中森林进行先序和中序遍历,先序遍历的序列是 ABCDEFGHIJK,中序遍历序列是 BCEDAGFIKJH。森林的先序遍历序列和该森林转换后二叉树的先序遍历序列相同,森林的中序遍历序列和该森林转换后二叉树的中序遍历序列相同。

6.9 哈夫曼树与哈夫曼编码

6.9.1 哈夫曼树的定义

1. 哈夫曼树的基本概念

哈夫曼(Huffman)树是一种应用很广的树,学习哈夫曼树涉及 6.3 节关于树的路径及路径长度的概念。在树中从一个结点到另一个结点之间的分支称为这两个结点之间的路径,路径上的分支数称为路径长度。树根到每个结点的路径长度之和,称为树的路径长度。如果对树中的结点赋予权值,则结点的带权路径长度为结点到根的路径长度与结点的权值的乘积。

树的带权路径长度(Weighted Path Length,WPL)是树中所有叶子结点的带权路径长度之和,即 $WPL = \sum_{k=1}^{n} w_k l_k$ 其中 w_k 和 l_k 分别为第 k 个叶子结点的权值和其到根的路径长度。

哈夫曼(Huffman)树由 n 个带有权值的叶子结点构成的二叉树中,树的 WPL 最小的二叉树称为哈夫曼树,也称最优二叉树。哈夫曼树可用于建立最佳判定树、通信及文本文件的压缩等。对于一组带有确定权值的叶结点,可以构造出具有最小带权路径长度的二叉树。

例如,给定 4 个叶子结点的权值分别为{5,2,8,9},可以构造出不同形态的二叉树,图 6-29 给出了构造出的 4 棵不同的二叉树,各树的带权路径长度分别为:

图 6-29(a):WPL=2×2+5×2+8×2+9×2=48

图 6-29(b):WPL=2×2+5×3+8×1+9×3=54

图 6-29(c):WPL=2×1+5×2+8×3+9×3=63

图 6-29(d):WPL=2×3+5×3+8×2+9×1=46

其中,图 6-29(d)所示二叉树的带权路径长度最短,是一棵哈夫曼树。

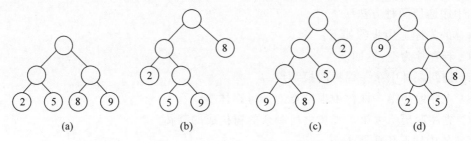

图 6-29　相同结点构成的具有不同带权路径长度的二叉树

2. 哈夫曼树的构造

哈夫曼依据最优二叉树的特点提出了构造最优二叉树的一种方法,这种方法称为哈夫曼算法,该算法的核心思想是:要对一组给定权值的叶结点构造一棵带权路径长度 WPL 值最小的二叉树,必须使权值越大的叶结点离根结点越近,而权值越小的叶结点离根结点越远。哈夫曼树的构造步骤如下。

(1) 根据给定的 n 个权值{$w_1,w_2,\cdots,w_n$}构造 n 棵只含有一个根结点的二叉树,从而得到一个包含这 n 棵树的森林 F={$T_1,T_2,\cdots,T_n$}。

(2) 在森林 F 中选取根结点的权值最小和次小的两棵二叉树作为左、右子树构造一棵新的二叉树,这棵新的二叉树根结点的权值为其左、右子树根结点权值之和。

(3) 在森林 F 中删除作为左、右子树的两棵二叉树,并将新建立的二叉树加入到 F 中。

(4) 重复(2)和(3)步,直到 F 中只剩下一棵二叉树时,这棵二叉树便是所要建立的哈夫曼树。

对给定权值 W={4,3,5,9,7}的 5 个结点构造哈夫曼树,过程如图 6-30 所示。由哈夫曼树的构造过程可知,哈夫曼树具有以下特点:若一棵二叉树是哈夫曼树,则该二叉树不存在度为 1 的结点。根据此特点及二叉树的性质 3 可知对给定权值的 n 个叶子结点,所构造的哈夫曼树的结点总数为 $2n-1$。

3. 哈夫曼算法的实现

构造哈夫曼树时,需要反复在森林 F 中查找权值最小和次小的两棵二叉树作为左、右子树构造一棵新的二叉树,需要对结点双亲频繁访问,因此,在哈夫曼树结点存储结构中除了包含孩子结点的信息 lchild 域和 rchild 域之外,还需要包含双亲的信息,设置 parent 域指示结点双亲的位置,设置一个 weight 域存储结点的权值,设置一个 data 域存储结点的值。图 6-31 表示了哈夫曼树的结点存储结构,算法 6-17 是利用哈夫曼算法实现构造哈夫曼树。

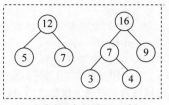

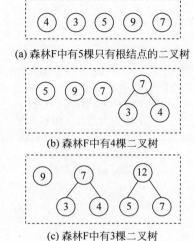

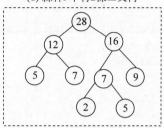

(a) 森林F中有5棵只有根结点的二叉树

(b) 森林F中有4棵二叉树

(c) 森林F中有3棵二叉树

(d) 森林F中有2棵二叉树

(e) 森林F中只含有1棵二叉树(哈夫曼树)

图 6-30　哈夫曼树的构造过程

| weight | data | lchild | rchild | parent | code |

图 6-31　哈夫曼树的结点存储结构

哈夫曼树的存储结构定义为：

```
typedef char ElemType;                //结点数据类型
//哈夫曼树的存储表示
typedef struct HTNode {
    int   weight;                     //结点的权值
    ElemType data;                    //叶结点值
    int lchild,rchild, parent;        //结点的左右孩子及双亲指针
    string code;                      //结点的哈夫曼编码
}HTNode, * HuffmanTree;
```

【算法 6-17】 构造哈夫曼树。

```
status   CreateHuffmanTree(HuffmanTree &HT, int w[], char ch[], int n){
//由给定权值(w[0]~w[n-1])的 n 个结点(ch[0]~ch[n-1])构造哈夫曼树 T
//构造结束后最后一个结点为哈夫曼树的根结点
 int m,s1,s2,i;
 if(n<=1) return;
 m = 2*n-1;
 HT = new HTNode[m+1];
//0 号下标单元空闲,从 1 号单元开始存储结点
//m 号单元 HT[m]单元存储最终构造出的哈夫曼树的根结点
 if(!HT) return OVERFLOW;
 for(i=1;i<=m;++i)            //初始化 1~m 号下标单元中的双亲、左孩子,右孩子的位置下标为 0
    { HT[i].parent=0;   HT[i].lchild=0;   HT[i].rchild=0; }
    for(i=0; i<n; i++) {   //对给定的 n 个权值构造 n 棵只有 1 个根结点的二叉树
       HT[i+1].weight = w[i];
       HT[i+1].data = ch[i];
    }
```

```
        for(i = n+1; i < m; i++){
//共进行 n-1 次合并创建哈夫曼树,新结点依次存于 HT[i]中
            selectMin(HT, i-1, s1,s2);
//在 HT[k](1≤k≤i-1)中选择两个其双亲域为 0 且权值最小的结点
//由参数 s1 和 s2 返回其在 HT 中的下标位置,生成新结点 i,将 s1 和 s2 作为新结点 i 的左右孩子
//新结点 i 的权值为左右孩子权值之和,新结点 i 的双亲结点为 0,修改 s1,s2 的双亲域 i。
            HT[i].lchild = s1;                              //s1 作为结点 i 的左孩子
            HT[i].rchild = s2 ;                             //s2 作为结点 i 的右孩子
            HT[i].weight = HT[s1].weight + HT[s2].weight;   //结点 i 的权值为左右孩子权值之和
            HT[s1].parent = i;                              //修改 s1 的双亲域 i
            HT[s2].parent = i;                              //修改 s2 的双亲域 i
        }
    }
```

6.9.2 哈夫曼编码

在数据通信中,为了便于传输,需要将传送的报文转换为二进制字符 0 和 1 组成的比特流形式(二进制串)。

假设要传送的报文为 GCBADFCABDHABAIAJED,其包含 A~J 共 10 种不同的字符,由于 $2^4 = 16 > 10$,可以用 4 个二进制位编码构成 10 种不同的组合来表示这些字符,表 6-1 中展示了 3 种不同的编码方案。

表 6-1 3 种编码方案

编码方案	字符编码									
	A	B	C	D	E	F	G	H	I	J
字符的频率/次数	5	3	2	3	1	1	1	1	1	1
等长编码	0000	0001	0010	0011	0100	0101	0111	1000	1001	1011
不等长编码(1)	00	01	11	10	000	001	010	100	101	111
不等长编码(2)	10	110	010	111	0110	0111	0000	0001	0010	0011

根据表 6-1 中等长编码方案,每个字符采用等长的 4 位 0,1 编码表示。报文 GCBADFCABDHABAIAJED 进行编码后的二进制串 0111001000010000011010100100000000100111000000000010000100100001011010000011,该编码的总长度为 76。在接收端只要对收到的二进制码串每隔 4 位进行译码,即可还原报文。等长编码和译码都很简单,但缺点是报文编码后的二进制串过长,会占用较多的信道资源,不利于传输。因此,需要对要传送的信息进行数据压缩。

由于报文中不同字符出现的频率不同,为了提高传输速度,可根据字符在文件中出现的频率进行二进制编码,对发送频率高的字符进行短的编码,对发送频率低的进行较长的编码,从而缩短报文编码串的总长度。基于这种思想利用表 6-1 中不等长编码(1)对报文 GCBADFCABDHABAIAJED 进行编码,编码后的二进制串为 010110100100011100011010000010010100111000010,编码的总长度为 44,远小于第一种等长编码,可提高传输的速度。但是在这种编码方式下,对编码后的 0、1 字符串解码存在二义性。如 001001 可被解码为 ADB 或 FF,解码不唯一。存在歧义的原因是字符 A 的编码 00 是字符 E、字符 F 编码 000、

001 的前缀导致的。因此，设计不等长的编码时必须保证任意字符的编码不是另一字符编码的前缀。

表 6-1 中的不等长编码(2)就是一种前缀编码,该编码中任意字符的编码都不是其他字符编码的前缀,编码后 0、1 字符串可以无歧义地被解码还原。同时该编码的平均编码长度最短,这种编码方法由哈夫曼于 1952 年提出,被称哈夫曼编码。

哈夫曼编码基于二叉树和贪心算法实现,依据报文中字符出现频率来构造字符的编码,是可变字长的编码,被应用于数据通信、加密、压缩中。哈夫曼编码实现步骤如下所述。

(1) 构造哈夫曼树。

(2) 利用已构造的哈夫曼树对其叶结点进行编码,所得的哈夫曼编码是一种最优前缀编码,使所传报文的总长度最短。

设需要编码的报文字符集合为 $\{c_1,c_2,\cdots,c_n\}$,各个字符在报文中出现的频率(次数)为 $\{w_1,w_2,\cdots,w_n\}$,以 $c_1,c_2,\cdots,c_n$ 作为叶结点,以 $w_1,w_2,\cdots,w_n$ 作为各叶结点的权值构造一棵哈夫曼树,在构造出的哈夫曼树中规定树中结点的左分支编码为 0,结点的右分支编码为 1,从根结点到每个叶结点所经过的分支对应的 0 和 1 组成的序列便是该叶结点对应字符的二进制编码串。

例如,报文 BWWBWAWAAWDWWWA 中的出现的字符集合为 $\{A,B,D,W\}$,各字符出现的频率分别为 4、2、1、8,根据哈夫曼树的构造算法构造出如图 6-32 所示的哈夫曼树,在哈夫曼树中从根结点到每个叶结点所经过的左分支对应的编码为 0,右分支对应编码为 1,可得到各字符的哈夫曼编码,A 的编码为 01,B 的编码为 001,D 的编码为 000,W 的编码为 1。

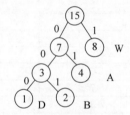

图 6-32 根据报文构造的哈夫曼树

求哈夫曼编码是在已建立的哈夫曼树中,从叶结点开始,沿结点的双亲链域回退到根结点,每回退一步,就走过了哈夫曼树的一个分支,从而得到一位哈夫曼码值,由于一个字符的哈夫曼编码是从根结点到相应叶结点所经过的路径上各分支所组成的 0-1 序列,因此先得到的分支代码为所求编码的低位码,后得到的分支代码为所求编码的高位码。算法 6-18 实现哈夫曼编码。

【算法 6-18】 哈夫曼编码。

```
void HuffmanCode(HuffmanTree HT, int n)
//对给定权值的 n 个结点构造的哈夫曼树 HT,由叶结点到根结点逆向求每个叶结点字符的哈夫曼
//编码
{
    int i,start,child,parent;
    char  code[n];
    code[n-1] = '\0';                //编码结束符
    for(i = 0;i < n;i++)             //逐个求字符的哈夫曼编码
    {
        start = n-1;                 //start 指示编码结束符位置,初始时指向最后
        parent = HT[i].parent;
        for(child = i; parent!= 0; child = parent, parent = HT[parent].parent)
//从叶子到根逆向求编码
            {if(HT[parent].lchild == child)  code[ -- start] = '0';
//回溯一次 start 向前移动一个位置,若结点 child 是结点 parent 的左孩子,则生成代码 0
            else  code[ -- start] = '1';
```

```
            //回溯一次 start 向前移动一个位置,若结点 child 是结点 parent 的右孩子,则生成代码 1
    }
            for (int l = start; l < n − 1 ; l++)
                HT[i].code += code[l]; //保存编码
                        //将求得的 0、1 二进制串编码从临时空间 code 复制到 HT[i].code 中
    }
}
```

【例 6-1】 已知报文中字符 A、B、C、D、E、F、G 出现的频率分别为 0.03、0.12、0.07、0.04、0.02、0.18、0.26,试填写出其对应哈夫曼树 HT 的存储结构的初始状态和终态,画出构造出的哈夫曼树,并设计出报文字符的哈夫曼编码。

解:根据报文中个字符出现的频率,可将 7 个字符 A、B、C、D、E、F、G 的权值定义为 $W=\{3,12,7,4,2,18,26\}$。根据哈夫曼树的构造算法可将其对应的哈夫曼树 HT 的存储结构的初始化为表 6-2 所示的初态,经过 6 次合并,哈夫曼树 HT 的存储结构的终态如表 6-3 所示。7 个字符构造出的哈夫曼树及各个字母对应的哈夫曼编码如图 6-33 所示。

表 6-2 哈夫曼树 HT 存储结构的初态

结点	weight	parent	lchild	rchild
1	3	0	0	0
2	12	0	0	0
3	7	0	0	0
4	4	0	0	0
5	2	0	0	0
6	18	0	0	0
7	26	0	0	0
8		0	0	0
9		0	0	0
10		0	0	0
11		0	0	0
12		0	0	0
13		0	0	0

表 6-3 哈夫曼树 HT 的存储结构的终态

结点	weight	parent	lchild	rchild
1	3	8	0	0
2	12	11	0	0
3	7	17	0	0
4	4	9	0	0
5	2	8	0	0
6	18	12	0	0
7	26	12	0	0
8	5	9	5	1
9	9	10	4	8
10	16	11	3	9
11	28	13	2	10
12	44	13	6	7
13	72	0	11	12

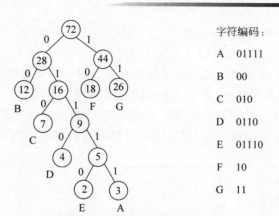

图 6-33 哈夫曼树及其编码

显然,对于哈夫曼编码,其译码简单且唯一,即根据 0,1 字符串不断从根开始沿哈夫曼编码树查找叶结点。即从根结点开始,遇到字符 0 就往左分支搜索,遇到字符 1 就往右分支搜索,直到叶结点,该叶节点对应的字符就是当前 0,1 字符串对应的译码字符。基于图 6-33 的哈夫曼树及编码对字符串 011100110110100011 译码,得到的报文串是 EDGCBG,算法 6-19 给出了哈夫曼译码的实现。

【算法 6-19】 哈夫曼译码算法。

```
string Decrypt(HuffmanTree HT, int n)
{
    string str = "";                        //保存解码后的字符串
    string s;                               //需要译码的0,1字符串
    int len = 0, temp = 0, i = 0, m;
    m = 2 * n - 1;
    cin >> s;
    temp = m;
    len = s.length();
    while(i < len)
    {
        if (s[i] == '0') temp = HT[temp].lchild;
        if (s[i] == '1') temp = HT[temp].rchild;
        if(temp <= n)
        {
            str = str + HT[temp].data;
            temp = m;
        }
        i++;
    }
    if(temp!= m)cout <<"输入的字符串有误,无法正确译码";
    else cout <<"哈夫曼译码为:"<< str << endl;
    return str;
}
```

6.10 项目实现

在线交易中,需要发送银行卡号、账号、交易金额等敏感信息,交易双方需要实现实时的订单查询、新增、更新等操作。因此,在线的电商交易系统需要解决以下问题。

(1) 实现交易订单的有效管理,满足用户的实时查询、更新、新增的操作需求。
(2) 加密敏感信息,保证交易信息的安全性。

本节中实现了一个简单电子交易订单管理系统。每一个交易订单数据抽象表示为二叉树结点,以二叉链表的方式储存,基于二叉树的遍历实现订单的显示、查找、更新修改操作。项目中对订单的交易账号中字符的出现频率进行统计,根据字符频率构建哈夫曼树,基于哈夫曼编码规则对账号进行加密,同时项目中可对加密后的账号字符串进行译码。项目中实现以下功能。

(1) 交易订单的显示。
(2) 交易订单的查询。
(3) 交易订单的新增。
(4) 交易订单的修改。
(5) 交易账号的加密。
(6) 交易账号的解密。

电子交易订单管理系统的代码如算法 6-20 所示,其中给出了部分代码,详细代码可扫描二维码查看。

电子交易订单管理系统

【算法 6-20】 电子交易订单管理系统。

```
#include<fstream>
#include<iostream>
#include<iomanip>
#include<stdlib.h>
#include<string.h>
#define OK 1
#define ERROR 0
#define OVERFLOW -2
#define  N   10;                   //账号中包含的不同字符的最大个数
typedef int Status;                //Status 是函数返回值类型,其值是函数结果状态代码
using namespace std;
//定义电子交易订单的二叉树结点类型
typedef struct orderInfo {
    string    id;                  //订单 ID
    string    name;                //用户姓名
    string    account;             //交易账号
    string    code;                //产品的编号
    int       money ;              //交易金额
    string    date ;               //交易日期
} ElemType;
```

```cpp
//订单二叉树的二叉链表存储表示
typedef struct BiNode {
    ElemType data;                      //结点数据域
    struct BiNode * lchild, * rchild;   //左右孩子指针
} BiTNode, * BiTree;

//哈夫曼树的存储表示
typedef struct HTNode {
    int   weight;                       //权值,出现的次数或者频率
    char ch;                            //存储符号
    string code;                        //存储该符号对应的编码
    int lchild,rchild, parent;          //结点的左右孩子及双亲指针
} HTNode, * HuffmanTree;

//主函数
int main() {
    BiTree BT = NULL;
    HuffmanTree   HT = NULL;
    int i = 0;
    CreateBiTree(BT);                   //创建二叉树
    while(1) {
        cout << endl << endl;
        cout <<" ******简易订单管理系统 ********"<< endl;
        cout <<"        1.显示订单" << endl;
        cout <<"        2.查询订单" << endl;
        cout <<"        3.新增订单" << endl;
        cout <<"        4.修改订单" << endl;
        cout <<"        5.加密交易账号" << endl;
        cout <<"        6.解密交易账号" << endl;
        cout <<"        7.退出" << endl;
        cout <<" ********************** "<< endl << endl;
        cout <<" 请根据操作需要输入对应序号:";
        cin >> i;
        cout << endl;
        switch(i) {
            case 1:
                ShowOrder(BT);
                break;
            case 2:
                SearchOrder(BT);
                break;
            case 3:
                AddOrder(BT);
                break;
            case 4:
                UpdateOrder(BT);
                break;
            case 5:
                Encryption(BT,HT);
```

```
                break;
            case 6:
                Decrypt(HT,10);
                break;
            case 7:
                exit(0);
        }

    }
    return 0;
}
```

电子交易订单管理系统代码执行后,运行界面如图 6-34～图 6-38 所示。

图 6-34 初始界面

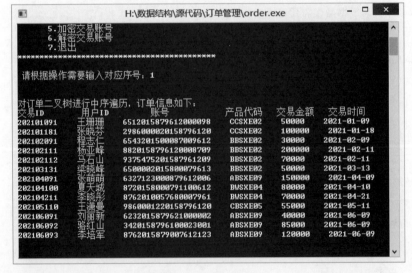

图 6-35 显示订单

图 6-36　查询订单

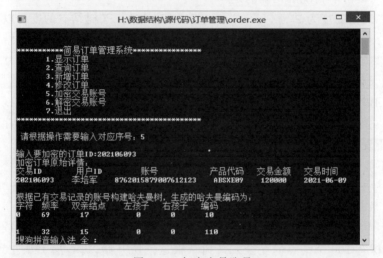

图 6-37　加密交易账号

图 6-38　解密交易账号结果显示

6.11 习题

1. 选择题

(1) 树最适合用来表示(　　)。
　　A. 有序数据元素　　　　　　　　　B. 无序数据元素
　　C. 元素之间具有分支层次关系的数据　　D. 元素之间无联系的数据

(2) 把一棵树转换为二叉树后,这棵二叉树的形态(　　)。
　　A. 是唯一的　　　　　　　　　　　B. 有多种
　　C. 有多种,但根结点都没有左孩子　　D. 有多种,但根结点都没有右孩子

(3) 在一棵具有 5 层的满二叉树中结点总数为(　　)。
　　A. 31　　　　　B. 32　　　　　C. 33　　　　　D. 16

(4) 有关二叉树下列说法正确的是(　　)。
　　A. 二叉树的度为 2　　　　　　　　B. 二叉树结点的度可以小于 2
　　C. 二叉树中至少有一个结点的度为 2　D. 二叉树中任何一个结点的度都为 2

(5) 设对某二叉树进行先序遍历的结果为 ABDEFC,中序遍历的结果为 DBFEAC,则后序遍历的结果是(　　)。
　　A. DBFEAC　　　B. DFEBCA　　　C. BDFECA　　　D. BDEFAC

(6) 任何一棵二叉树的叶结点在先序、中序和后序遍历序列中的相对次序(　　)。
　　A. 不发生改变　　　　　　　　　　B. 发生改变
　　C. 不能确定　　　　　　　　　　　D. 以上都不对

(7) 若一棵二叉树的中序、后序遍历序列分别为 ABCDEFG、BDCAFGE,则该二叉树的左子树中结点数目为(　　)。
　　A. 3　　　　　B. 2　　　　　C. 4　　　　　D. 5

(8) 将一棵有 100 个结点的完全二叉树从根这一层开始,每一层上从左到右依次对结点进行编号,根结点的编号为 1,则编号为 49 的结点的左孩子编号为(　　)。
　　A. 98　　　　　B. 99　　　　　C. 50　　　　　D. 48

(9) 表达式 $a*(b+c)-d$ 的后缀表达式是(　　)。
　　A. $abcd+-*$　　B. $abc+*d-$　　C. $abc*+d-$　　D. $-+*abcd$

(10) 利用二叉链表存储树,则根结点的右指针是(　　)。
　　A. 指向最左孩子　　　　　　　　　B. 指向最右孩子
　　C. 空　　　　　　　　　　　　　　D. 非空

(11) 一棵二叉树 T 中,度为 2 的结点数为 15,度为 1 的结点数为 30,则叶子结点数为(　　)。
　　A. 15　　　　　B. 16　　　　　C. 30　　　　　D. 45

(12) 具有 16 个结点的二叉树的高 h 为(　　)。
　　A. 4　　　　　B. 5　　　　　C. 4~16　　　　D. 5~16

(13) 深度为 h 的满 m 叉树的第 k 层有(　　)个结点。($1 \leqslant k \leqslant h$)
　　A. m^{k-1}　　B. m^{k+1}　　C. m^{h-1}　　D. m^{h+1}

(14) 用顺序存储的方法，将完全二叉树中所有结点按层逐个从左到右的顺序存放在一维数组 $R[1..N]$ 中，若结点 $R[i]$ 有右孩子，则其右孩子是(　　)。
　　A. $R[2i-1]$　　　　　　　　　　B. $R[2i+1]$
　　C. $R[2i]$　　　　　　　　　　　D. $R[2/i]$

(15) 实现任意二叉树的后序遍历的非递归算法而不使用栈结构，最佳方案是二叉树采用(　　)存储结构。
　　A. 二叉链表　　　　　　　　　　B. 广义表存储结构
　　C. 三叉链表　　　　　　　　　　D. 顺序存储结构

(16) 在下列存储形式中，(　　)不是树的存储形式。
　　A. 双亲表示法　　　　　　　　　B. 孩子链表表示法
　　C. 孩子兄弟表示法　　　　　　　D. 顺序存储表示法

(17) 一棵非空的二叉树的先序遍历序列与后序遍历序列正好相反，则该二叉树一定满足下列哪个条件(　　)。
　　A. 所有的结点均无左孩子　　　　B. 所有的结点均无右孩子
　　C. 只有一个叶子结点　　　　　　D. 是任意一棵二叉树

(18) 若 E 是二叉中序线索树中一个有左孩子的结点，且 E 不为根，则在该中序二叉线索树中 E 的前驱为(　　)。
　　A. E 的双亲　　　　　　　　　　B. E 的右子树中最左的结点
　　C. E 的左子树中最右结点　　　　D. E 的左子树中最右叶结点

(19) 若二叉树采用二叉链表存储结构，要交换其所有分支结点左、右子树的位置，利用(　　)遍历方法最合适。
　　A. 前序　　　　　　　　　　　　B. 中序
　　C. 后序　　　　　　　　　　　　D. 按层次

(20) 如果对二叉树的结点从 1 开始进行连续编号，要求每个结点的编号大于其左、右孩子的编号，同一结点的左右孩子中，左孩子的编号小于右孩子的编号，可采用(　　)遍历实现编号。
　　A. 先序　　　　　　　　　　　　B. 中序
　　C. 后序　　　　　　　　　　　　D. 从根开始按层次遍历

(21) 下列说法正确的是(　　)。
　　A. 树的先序遍历序列与其对应的二叉树的先序遍历序列相同
　　B. 树的先序遍历序列与其对应的二叉树的后序遍历序列相同
　　C. 树的后序遍历序列与其对应的二叉树的先序遍历序列相同
　　D. 树的中序遍历序列与其对应的二叉树的中序遍历序列相同

(22) 引入二叉线索树的目的是(　　)。
　　A. 加快查找结点的前驱或后继的速度
　　B. 为了能方便地找到双亲
　　C. 为了能在二叉树中方便地进行插入与删除
　　D. 使二叉树的遍历结果唯一

(23) 设 F 是一个森林，B 是由 F 变换得的二叉树。若 F 中有 n 个非终端结点，则 B 中右指针域为空的结点有(　　)个。

A. $n-1$　　　　　　　　　　B. n

C. $n+1$　　　　　　　　　　D. $n+2$

(24) 森林 T 中有 4 棵树,第一、二、三、四棵树的结点个数分别是 n_1,n_2,n_3,n_4,那么当把森林 T 转换成一棵二叉树后,该二叉树根结点的左孩子上有(　　)个结点。

A. n_1-1　　　　　　　　　B. n_1

C. $n_1+n_2+n_3$　　　　　　D. $n_2+n_3+n_4$

(25) 讨论树、森林和二叉树的转化关系,目的是(　　)。

A. 借助二叉树上的运算方法去实现对树的一些运算

B. 将树、森林按二叉树的存储方式进行存储

C. 将树、森林转换成二叉树

D. 体现一种技巧,没有什么实际意义

(26) 以下说法正确的是(　　)。

A. 一般来说,若深度为 k 的 n 个结点的二叉树具有最小路径长度,那么从根结点到第 $k-1$ 层具有最多的结点数为 $2^{k-1}-1$,余下的 $n-2^{k-1}+1$ 个结点在第 k 层的任一位置上

B. 若一个结点是某二叉树子树的先序遍历序列中的最后一个结点,则它必是该子树的前序遍历序列中的最后一个结点

C. 若一个结点是某二叉树子树的先序遍历序列中的最后一个结点,则它必是该子树的后序遍历序列中的最后一个结点

D. 在二叉树中插入结点,该二叉树便不再是二叉树

(27) 由 n 个权值不同的字符构成的哈夫曼树共有(　　)个结点。

A. $n-1$　　　　　　　　　　B. $2n$

C. $2n-1$　　　　　　　　　D. $2n+1$

(28) 若以{4,5,6,7,8}作为权值构造哈夫曼树,则该树的带权路径长度为(　　)。

A. 67　　　　B. 68　　　　C. 69　　　　D. 70

(29) 以下说法错误的是(　　)。

A. 完全二叉树上结点之间的父子关系可由它们编号之间的关系来表达

B. 在三叉链表上,二叉树的求双亲运算很容易实现

C. 在二叉链表上,求根,求左、右孩子等很容易实现

D. 在线索二叉树中,查找结点的前驱和后继不易实现

(30) 以下说法错误的是(　　)。

A. 在哈夫曼树中,权值越大的叶子结点离根结点越近

B. 哈夫曼树中没有度数为 1 的分支结点

C. 若初始森林中共有 n 棵只包含根结点的二叉树,最终求得的哈夫曼树共有 $2n-1$ 个结点

D. 若初始森林中共有 n 棵只包含根结点的二叉树,进行 $2n-1$ 次合并后可剩下一棵最终的哈夫曼树

2. 应用题

（1）已知一棵二叉树的先序序列：ABDGJEHCFIKL；中序序列：DJGBEHACKILF。画出该二叉树。

（2）画出图 6-39 所示的森林对应的二叉树。

（3）画出图 6-40 所示二叉树的后序线索树，并将这棵二叉树转换成对应的森林。

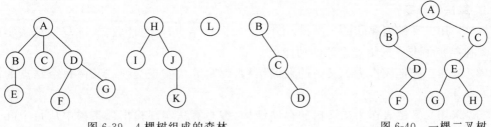

图 6-39　4 棵树组成的森林　　　　　　　　图 6-40　一棵二叉树

（4）假设用于通信的电文仅由 8 个字母 A、B、C、D、E、F、G、H 组成，字母在电文中出现的频率分别为 0.07，0.19，0.02，0.06，0.32，0.03，0.21，0.10。请为这 8 个字母设计哈夫曼编码。

（5）已知权值集合为{5，7，2，3，6，9}，要求给出哈夫曼树，并计算带权路径长度 WPL。

（6）已知下列字符 A、B、C、D、E、F、G 的权值分别为 3、12、7、4、2、8、11，根据哈夫曼树算法思想，结合表中部分初态数据，完成表 6-4 中哈夫曼树 HT 的存储结构的终态数据填写。

表 6-4　哈夫曼树 HT 的存储结构的终态数据

结　　点	weight	parent	lchild	rchild
1	3		0	0
2	12		0	0
3	7		0	0
4	4		0	0
5	2		0	0
6	8		0	0
7	11		0	0
8				
9				
10				
11				
12				
13				

（7）设一棵二叉树的一种存储结构如表 6-5 所示。其中，bt 为树根结点指针，lchild、rchild 分别为结点的左、右孩子指针域，在这里使用结点编号作为指针域值，0 表示指针域值为空；data 为结点的数据域。请画出二叉树 bt 的树形表示，写出该二叉树的先序、中序和后序遍历序列。画出二叉树 bt 的后序线索树（不带头结点）。

表 6-5　一棵二叉树的一种存储结构

	1	2	3	4	5	6	7	8	9	10
lchild	0	0	2	3	7	5	8	0	10	1
data	j	h	f	d	b	a	c	e	g	i
rchild	0	0	0	9	4	0	0	0	0	0

3. 算法设计题

（1）采用二叉链表存储的二叉树，指针 T 指向根结点，n 为计数器，试写一算法实现统计二叉树结点值非 0 的结点个数的功能。

（2）采用二叉链表作为二叉树的存储结构，编写算法实现交换二叉树每个结点的左孩子和右孩子。

（3）采用二叉链表作为二叉树的存储结构，编写算法实现输出二叉树中从每个叶子结点到根结点的路径。

（4）假设二叉树中每个结点值为单个字符，采用二叉链表存储。设计一个算法求二叉树 b 中最大结点值。

（5）假设二叉树中每个结点值为单个字符，每个结点值唯一，采用二叉链存储结构存储。设计一个算法，判断结点值为 e_1 的结点与值为 e_2 的结点是否互为兄弟。

第 7 章 图

CHAPTER 7

图是非线性数据结构中较为复杂而又广泛应用的一类。在现实世界中,有很多日常生活场景均可以抽象成图结构。简单来说,图是由结点及其之间的边组成,较之非线性结构中树的基本定义,图中可以有多个结点没有双亲结点,同时,每个结点可以与其他多个结点相连接。图能够反映数据对象之间多对多的联系,因此,在表达较为复杂的现实事物之间的联系时,常用到图结构。

例如,地图上各个城市之间由道路彼此相连,即可将其抽象成典型的图结构。又如,网页之间的相互链接关系、社交软件中好友的相互关注,都可以用图表示出来。Google 网页采用的排序算法是 PageRank,就是将网页抽象成图结构的典型代表。PageRank 算法将从一个页面 page A 到另一个页面 page B 上的链接当作是 page A 给 page B 的投票,Google 根据投票情况,采用随机游走算法,重新计算页面的权值,最后根据该权值决定页面的重要性,从而把重要性更高的网页反馈给用户。如图 7-1 所示,PageRank 算法更直观的应用就是在名人社交网络上,计算每个名人主页的 PageRank 值,这个值可以反映该名人的影响力。

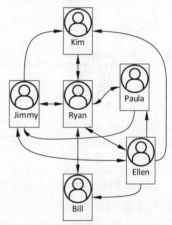

图 7-1 基于图结构的 PageRank 算法示例

7.1 项目分析引入

为了理解图及其应用,本章引入项目"校园导航系统设计与开发",通过该系统介绍数据结构图的基本定义、操作、图的遍历算法及应用等。

如图 7-2 所示是一个常见的校园导航系统。一个地图导航系统首先要显示地图,地图上包含若干地点,将这些地点位置标注在特定位置上,并且在不同地点之间画出路线。当人们需要出行时,可以求得两个地点之间的路径,规划出不同路径待用户选择。最后,可以得出两个地点之间按照某种代价(如长度、红绿灯个数等)得到代价最小的路径。

通过分析,本项目需要设计一个校园导航程序,构建地点、查询地点、地点介绍和导航路径等,为来访客人提供各种信息查询任务。校园导航系统具体需求如下。

(1) 设计学校的校园平面图,所含地点若干。

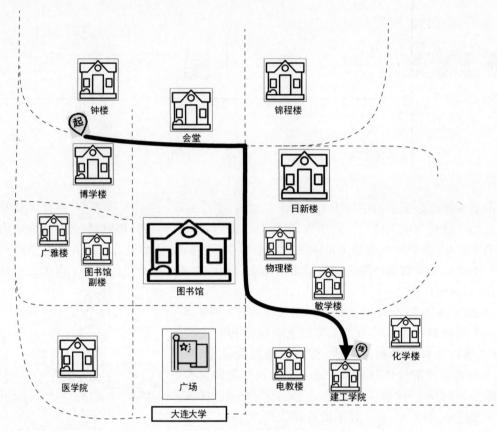

图 7-2 校园导航示例

（2）以图中顶点表示校内各景点，存放景点名称、代号、简介信息，以边表示路权，存放路径长度等相关信息。

（3）为来访客人提供图中任意景点相关信息的查询。

（4）为来访客人提供图中任意景点的问路查询，即查询任意两个景点之间的一条最短的简单路径。

要完成对整个导游图系统的功能实现，需要对系统的每一项功能都有清楚的设想和认识，了解并明确每一项功能需要解决的问题，选择正确并且高效的算法把问题逐个解决，最终实现程序的正确调试运行。设计思路如下所述。

（1）结合本校的实际情况，选出适当的地点。

（2）为了便于理解和实现，给选出的十个地点赋予相关信息（名称、代号、简介信息、以及路权等）。

（3）根据特定存储结构保存地点的顶点和边的信息，进而存储校园图。

（4）依照地点的相关信息创建校园图。

（5）应用编程语言编写查找地点相关信息的程序。

（6）根据人为赋值的路权，按照特定算法计算任意两点之间的路径。

（7）设计主菜单、主界面将应用系统呈现在用户面前。

综上，可把系统分为以下几个核心部分：地图的初始化、地图的导航、求最佳路线。要实现系统功能,必须寻找特定的数据结构存储地图结点和路径的信息,设计特定算法实现路径的选择。因此,选用图直观地实现地图相关功能。

7.2 项目相关知识点介绍

7.2.1 图的定义

图是由顶点集 V 和弧集 R 构成的数据结构。图的形式化定义可表示为:

$$G=(V,R) \tag{7-1}$$

其中,

$$V=\{v \mid v \in \text{Data Object}\}, \quad R=\{VR\}, \quad VR=\{<v,w> \mid P(v,w) \text{ 且 } (v,w) \in V\} \tag{7-2}$$

其中,$<v,w>$ 表示从 v 到 w 的一条弧,并称 v 为弧尾,w 为弧头;谓词 $P(v,w)$ 定义了弧 $<v,w>$ 的意义或信息,表示从 v 到 w 存在一条单向通道。

如果弧是有方向的,则称由顶点集和弧集构成的图为有向图,如图 7-3(a) 所示,其中 $V_1=\{A,B,C,D,E\}$, VR1=$\{<A,B>,<A,E>,<B,C>,<C,D>,<D,B>,<D,A>,<E,C>\}$。反之,如果弧是没有方向的,由顶点集和边集构成的图称作无向图。若 $<v,w> \in$ VR 必有 $<w,v> \in$ VR,则以 (v,w) 代替这两个有序对,称 v 和 w 之间存在一条边。无向图如图 7-3(b) 所示,其中 $V_2=\{A,B,C,D,E,F\}$, $E_2=\{(A,B),(A,E),(B,E),(C,D),(D,F),(B,F),(C,F)\}$。当给有向图的弧或无向图中边,附上一定权值之后,形成的图分别称为有向网或无向网,如图 7-3(c) 所示。

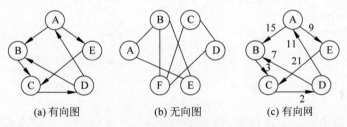

图 7-3 有向图、无向图和有向网

设图 $G=(V,R)$ 和图 $G'=(V',R'), V' \subseteq V、R' \subseteq R$,则称 G' 为 G 的子图,如图 7-4 所示。

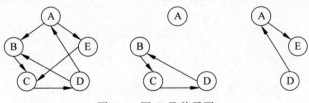

图 7-4 图 G 及其子图

假设图中有 n 个顶点,e 条边,则含 $e=n(n-1)/2$ 条边的无向图称作完全图;含 $e=n(n-1)$ 条弧的有向图称作有向完全图;若边或弧的个数 $e<n\log n$,则称为稀疏图,否则称为稠密图。

7.2.2 图的相关术语

若无向图顶点 v 和 w 之间存在一条边 (v,w)，则称顶点 v 和 w 互为邻接点，称边 (v,w) 依附于顶点 v 和 w 或边 (v,w) 与顶点 v 和 w 相关联。与顶点 v 关联的边的数目定义为 v 的度，用 $ID(v)$ 表示。例如图 7-3(b) 中，$ID(B)=3$，$ID(A)=2$。

对于有向图，若顶点 v 和 w 之间存在一条弧 $<v,w>$ 则称顶点 v 邻接到顶点 w，顶点 w 邻接自顶点 v，称弧 $<v,w>$ 与顶点 v 和 w 相关联。以 v 为尾的弧的数目定义为 v 的出度，记作 $OD(v)$。以 v 为头的弧的数目定义为 v 的入度，记作 $ID(v)$。出度和入度的和等于该顶点的度，记作 $TD(v)$。例如图 7-3(a) 中，$OD(B)=1$，$ID(B)=2$，$TD(B)=3$。

设图 $G=(V,\{VR\})$ 中的 $\{u=v_{i,0},v_{i,1},\cdots,v_{i,m}=w\}$ 顶点序列中，有 $(v_i,j-1,v_i,j) \in VR$，$1 \leq j \leq m$，则称从顶点 u 到顶点 w 之间存在一条路径。路径上边的数目称作路径长度，有向图的路径也是有向的。例如图 7-3(a) 中，路径 $\{A,E,C,D,B,C,D\}$，路径长度为 6。

在图 7-3(a) 中，$\{B,C,D,B\}$、$\{A,E,C,D,B,C,D,A\}$ 是首尾顶点相同的路径，被称为回路。$\{A,E,C,D\}$ 是顶点不重复的路径，被称为简单路径。而 $\{A,E,C,D,A\}$ 中间顶点不重的回路，则被称为简单回路。

若无向图 G 中任意两个顶点之间都有路径相通，则称此图为连通图。若无向图为非连通图，则图中各个极大连通子图称作此图的连通分量，具体如图 7-5 所示。

对有向图，若任意两个顶点之间都存在一条有向路径，则称此有向图为强连通图。否则，其各强连通子图称作它的强连通分量，具体如图 7-6 所示。

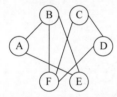

图 7-5 连通图及图的连通分量

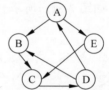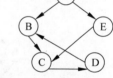

图 7-6 强连通图及强连通分量

假设一个连通图有 n 个顶点和 e 条边，其中 $n-1$ 条边和 n 个顶点构成一个极小连通子图，称该极小连通子图为此连通图的生成树。对非连通图，则称由各个连通分量的生成树的集合为此非连通图的生成森林，具体如图 7-7 所示。

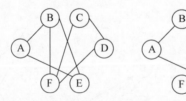

图 7-7 连通图的生成树和非连通图的生成森林

7.2.3 图的基本操作

图的基本操作包含在图的抽象数据类型当中，常见基本操作如表 7-1 所示。本节列出图的抽象数据类型及操作的主要函数定义，函数具体实现将在后续章节中给出。

图的抽象数据类型表示为：

```
ADT Graph{
数据对象 V:一个集合,该集合中的所有元素具有相同的特性
数据关系 R: R = {VR}
VR = {<v,w>| P(v,w) ∧ (v,w∈V )}
图的基本操作
}ADT Graph;
```

表 7-1 图的基本操作

基本操作	操作前提	操作结果
CreatGraph(G)	图 G 不存在	创建图 G
DestroyGraph(G)	图 G 存在	销毁图 G
LocateVertex(G,v)	图 G 存在,顶点 v 值合法	若 v 是图 G 中的顶点,则返回 v 在 G 中的位置,否则返回"空"值
GetVertex(G,i)	图 G 存在	返回图 G 中的第 i 个顶点的值。若 i 大于图 G 中的顶点数,则返回"空"值
FirstAdjVertex(G,v)	图 G 存在,顶点 v 值合法	返回图 G 中顶点 v 的第一个邻接点。若 v 无邻接点或图 G 中顶点 v 不存在则返回"空"值
NextAdjVertex(G,v,w)	图 G 存在,w 是图 G 中顶点 v 的某个邻接点	返回图 G 中顶点 v 的下一个邻接点(紧跟在 w 后的)。若 w 是 v 的最后一个邻接点则返回"空"值
InsertVertex(G,u)	图 G 存在,顶点 u 值合法	在图 G 中增加顶点 u
DeleteVertex(G,u)	图 G 存在, u 值合法	删除图 G 中顶点 u 及与顶点 u 相关联的弧
InsertArc(G,v,w)	图 G 存在,v、w 值合法	在图 G 中增加一条从顶点 v 到 w 的弧
DeleteArc(G,v,w)	图 G 存在,v、w 值合法,存在弧 (v,w)	删除图 G 中从顶点 v 到 w 的弧
TraverseGraph(G)	图 G 存在	按照一定次序,对图 G 中的每个顶点访问一次且仅访问一次

7.3 图的存储结构

图在被应用前需要按照一定的结构被存储下来,常用的图的存储结构包括邻接矩阵(Adjacency Matrix)、邻接表(Adjacency List)、多重邻接表法和十字交叉法,这 4 种存储结构各有优缺点,适用于不同的应用场景,可根据需求选择适当的存储结构。

7.3.1 图的邻接矩阵表示法

图的邻接矩阵表示法也叫作数组表示法,是一种简单直观并且常用的方式。该方法使用两个数组结构存储图信息,首先是一个一维数组,用于存储顶点信息。其次是一个二维数组,用于存储图中顶点之间关联关系,即邻接矩阵。图的邻接矩阵中元素定义如下：

$$A[i,j] = \begin{cases} 1, & <V_i,V_j> \text{ 或}(V_i,V_j) \in VR \\ 0, & \text{其他} \end{cases}$$

也就是说，当图中 V_i 和 V_j 之间有边时，邻接矩阵中 i 和 j 下标对应的元素表示为 1，否则表示为 0，如图 7-8(a) 和图 7-8(b) 所示，无向图 G_1 对应的邻接矩阵是一个对称矩阵，而有向图 G_2 的邻接矩阵是非对称矩阵。在有向网中每条弧对应相应的权值，在邻接矩阵中数组元素值等于该权值，当两个结点之间没有弧存在时，对应的弧的权值是无穷大，表示这两个结点间非连通的关系，有向网 G_3 的邻接矩阵如图 7-8(c) 所示。

$$A[i,j] = \begin{cases} w_{ij}, & <V_i,V_j> \text{ 或}(V_i,V_j) \in VR \\ \infty, & \text{其他} \end{cases}$$

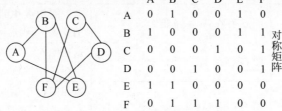

(a) 无向图 G_1 及其邻接矩阵

	A	B	C	D	E	F
A	0	1	0	0	1	0
B	1	0	0	0	1	1
C	0	0	0	1	0	1
D	0	0	1	0	0	1
E	1	1	0	0	0	0
F	0	1	1	1	0	0

对称矩阵

(b) 有向图 G_2 及其邻接矩阵

	A	B	C	D	E
A	0	1	0	0	1
B	0	0	1	0	0
C	0	0	0	1	0
D	1	1	0	0	0
E	0	0	1	0	0

非对称矩阵

(c) 有向网 G_3 及其邻接矩阵

	A	B	C	D	E
A	∞	15	∞	∞	9
B	∞	∞	3	∞	∞
C	∞	∞	∞	2	∞
D	11	7	∞	∞	∞
E	∞	∞	21	∞	∞

非对称矩阵

图 7-8 图及其邻接矩阵

图的邻接矩阵表示法优点在于数组表示直观，直接用下标访问（$A[i,j]=0$ 则两个结点无连接，$A[i,j]=1$ 则存在连接）便于运算，并且便于计算结点的度。对于无向图，$TD(v_i) = \sum A[i,j]$，而有向图（网），$OD(v_i) = \sum A[i,j]$，$ID(v_i) = \sum A[j,i]$。另外，对于无向图来说，邻接矩阵可以用对称矩阵的压缩存储来完成，用 $n(n-1)/2$ 个空间即可，而对有向图或网则需使用 n^2 个存储空间。

采用邻接矩阵表示法实现图的基本操作也很方便，例如求顶点位置函数，可从存储图顶点的一维数组中 G.vexs 返回序号 i 即可。若要实现操作 FirstAdjVertex(G,v)，则在第一步的基础上，在二维数组 G.arcs 中，第 i 行上返回第一个 adj 域非零分量所在的列号 j，即可得到 v 在图 G 中第一个邻接点的位置。

```
int LocateVex(struct MGraph G, struct VertexType u)      //求顶点位置函数
{
    int i;
    for (i = 0; i < G.vexnum; i++)
        if (strcmp(u.name, G.vexs[i].name) == 0)
            return i;
    return -1;
}
Status CreateUDN(struct MGraph * G)                       //创建一个无向图
{
    int i, j, k;
    printf("输入顶点个数和边数:");
    scanf("%d%d", &G->vexnum, &G->arcnum);
    printf("输入顶点的值:");
    for (i = 0; i < G->vexnum; i++)                       //输入图的顶点
        scanf("%s", G->vexs[i].name);
    for (i = 0; i < G->vexnum; ++i)
        for (j = 0; j < G->vexnum; ++j)
            G->arcs[i][j].adj = MaxInt;
    struct VertexType v1, v2;
    VRType w;
    printf("输入邻接的两个顶点和其权值:\n");
    for (k = 0; k < G->arcnum; ++k)
    {
        scanf("%s%s%d", v1.name, v2.name, &w);
        i = LocateVex(G, v1);
        j = LocateVex(G, v2);
        G->arcs[i][j].adj = G->arcs[j][i].adj = w;        //输入边的权值
    }
    return OK;
}
```

创建图算法的时间复杂度为 $O(n^2+en)$，其中对二维数组 G.arcs 每个分量的 adj 域初始化赋值花费了 $O(n^2)$，剩余的 $O(en)$ 耗费在对网中的边权赋值。

7.3.2 图的邻接表表示法

图的邻接矩阵表示法虽然操作方便，但是如果对于稀疏图，将会造成存储空间的浪费。这种情况下，邻接表表示法是用链式结构存储图的一种方式，只存储了顶点和边的信息，不相邻的顶点则不占用存储空间，从而克服了邻接矩阵存储的弊端。对图中每个顶点建立一个单链表，第 i 个单链表中的结点表示依附于顶点 v_i 的边。一个 n 个顶点图的邻接表表示有表头结点和边表两部分。

表头结点由数据域 data 和链域 firstarc 组成，data 域中存储顶点的名称或其他有关信

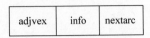

(a) 表头结点结构

adjvex | nextarc

(b) 图的邻接表结点结构

adjvex | info | nextarc

(c) 网的邻接表结点结构

图 7-9 表头结点和边表结点

息,链域是指向与顶点邻接的第一个邻接点。

边表中由表示图中顶点间邻接关系的 n 个边链表组成。图的邻接表结点结构如图 7-9(b)所示,adjvex 是邻接点域,用于存放与顶点相邻接的顶点在图中的位置,链域 nextarc 用于指向与顶点相关联的下一条边或弧的结点。网的邻接表结点如图 7-9(c)所示,前两个域图的邻接点含义相同,而数据域 info 中则存放着与边或弧相关的信息,如网中每条边或者弧的权值。

图 7-10 中的 3 个示例,分别说明了无向图、有向图及有向网的邻接表表示法示例,其中边表中的顶点无顺序要求。

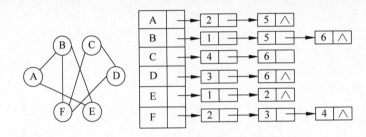

(a) 无向图及其邻接表

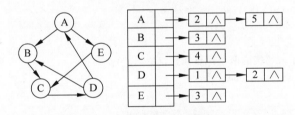

(b) 有向图及其邻接表

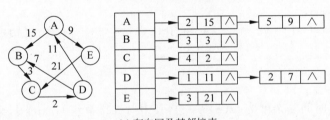

(c) 有向网及其邻接表

图 7-10 图的邻接表表示示例

图的邻接表表示法(链式存储法)特点如下所述。

(1) 无向图存储空间:$n+2e$。

(2) 无向图 $TD(v_i)=$ 第 i 个单链表上结点的个数,有向图(网)$OD(v_i)=$ 第 i 个单链表上结点的个数,$ID(v_i)$ 扫描整个邻接表,逆邻接表。

要定义一个邻接表,需要先定义其存放顶点的头结点和表示边的边结点。图的邻接表存储结构说明如下:

```
typedef char * InfoType;
typedef struct ArcNode
{
    int adjvex;                          // 指示与顶点邻接的点在图中的位置
    struct ArcNode * nextarc;            // 下一条边或弧的结点
    InfoType * info;                     // 相关信息
    int weight;                          // 权值
}ArcNode;
typedef struct VNode
{
    struct VertexType data;
    ArcNode * firstarc;                  // 指向链表中第一个结点
    int in;                              // 入度
} VNode, AdjList[MAX_VERTEX_NUM];
typedef struct
{
    AdjList vertices;                    // 图中顶点及各邻接点数组
    int vexnum;                          // 图的顶点数
    int arcnum;                          // 图的弧数
} ALGraph;
```

根据上述邻接表的表示法,要创建一个图,需要创建其相应的顶点表和边表。下面分别以无向图和有向图为例说明邻接表存储结构的创建过程。

```
bool visit[MAXN];
Status CreateALGraph(ALGraph * G)        // 无向图邻接表的创建过程
{
    struct VertexType v1, v2;
    int i, j, k;
    printf("请输入结点数和边数:");
    scanf("%d%d", &G->vexnum, &G->arcnum);
    printf("\n");
    printf("请输入结点名称:");
    for (i = 0; i < G->vexnum; i++) {
        scanf("%s", G->vertices[i].data.name);
        G->vertices[i].firstarc = NULL;
    }
    printf("\n");
    printf("输入边\n");
    for (k = 0; k < G->arcnum; k++) {
        scanf("%s%s", v1.name, v2.name);
        i = LocateVex(G, v1);
        j = LocateVex(G, v2);
        ArcNode * p1;
        p1->adjvex = j;
        p1->nextarc = G->vertices[i].firstarc;
        G->vertices[i].firstarc = p1;
        ArcNode * p2;
        p2->adjvex = i;
        p2->nextarc = G->vertices[j].firstarc;
        G->vertices[j].firstarc = p2;
```

```c
        }
    }
    Status Create(ALGraph *G)                    // 有向网的邻接表创建过程
    {
        printf("请输入结点个数:");
        scanf("%d", &G->vexnum);
        printf("\n");
        printf("请输入弧的边数:");
        scanf("%d", &G->arcnum);
        int i, j, k;
        printf("\n");
        printf("请输入结点值:");
        for (i = 0; i < G->vexnum; i++) {
            scanf("%s", G->vertices[i].data.name);
            G->vertices[i].firstarc = NULL;
        }
        printf("\n");
        printf("请输入弧尾和弧头和权值:");
        struct VertexType v1, v2;
        int w;
        for (i = 0; i < G->arcnum; i++) {
            scanf("%s%s%d", v1.name, v2.name, &w);
            j = LocateVex(G, v1);
            k = LocateVex(G, v2);
            ArcNode *p;
            p->weight = w;
            p->adjvex = k;
            p->nextarc = G->vertices[j].firstarc;
            G->vertices[j].firstarc = p;
        }
        return 1;
    }
    int LocateVex(ALGraph G, struct VertexType e) {
        int i;
        for (i = 0; i < G.vexnum; i++)
            if (strcmp(e.name, G.vertices[i].data.name) == 0)
                return i;
        return -1;
    }
```

图的邻接表表示法特点在于,首先对于有 n 个顶点、e 条边的无向图,采用邻接表存储需要 n 个表头结点和 $2e$ 个表结点。与邻接表所需要的存储空间 $n(n-1)/2$ 相比,对 e 远小于 $n(n-1)/2$ 的稀疏图来说,所需的存储空间要少得多。其次,无向图上顶点的度就等于该结点所在单链表上结点的个数。对有向图第 i 个单链表上结点的个数就是顶点 v_i 的出度。而 v_i 的入度,必须遍历整个邻接表,检查所有边链表中是否包含邻接点域值为 i 的结点并计数求和。因此,对邻接表表示的有向图求顶点的入度并不方便,需要扫描整个邻接表。

一种解决方法是逆邻接表法,即对每个顶点 v_i 建立一个逆邻接表,对 v_i 建立所有以 v_i

为弧头的弧的表。使用该表可用求入度的步骤求出 v_i 的出度。

7.3.3 有向图的十字链表表示法

有向图的十字链表表示法是有向图的另一种链式存储结构,也是将有向图的邻接表和逆邻接表相结合的一种链表结构。顶点和弧分别各用一种存储结构的结点表示。弧头相同的弧被链在同一链表上,弧尾相同的弧也被链在同一链表上,链表的头结点就是顶点结点。弧的结点结构和顶点结构如图 7-11 所示。

图 7-11 有向图弧的结点结构和顶点结构的十字链表表示

(1) 弧的结点结构:tailvex 表示弧尾顶点在图中的位置;headvex 表示弧头顶点在图中的位置;hlink 指向与此弧的弧头相同的下一条弧;tlink 指向与此弧的弧尾相同的下一条弧;info 指向该弧的相关信息。

(2) 顶点的结点结构:data 域用于存储与顶点有关的信息如顶点的名称等;firstin 域是一个链域,用于指向以该顶点为弧头的第一个弧顶点;firstout 也是一个链域,用于指向以该顶点为弧尾的第一个弧顶点。

一个有向图的十字链表表示法的示例如图 7-12 所示。当有向图是稀疏图时,图的十字链表表示法可以看作该图邻接矩阵的链表表示法。另外,弧结点所在的链表不是循环链表,而且结点之间的相对位置是自然形成的,而不一定按照顶点的序号有序排列。表头结点是顶点结点,它们是顺序存储而不是循环链式存储。

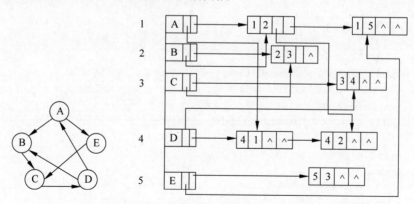

图 7-12 有向图的十字链表表示法示例

图的十字链表表示法定义如下:

```
typedef char *InfoType;
typedef struct ArcBox
{
```

```
    int tailvex, headvex;              // 尾域、头域
    struct ArcBox *hlink, *tlink;
// 链域(指向弧头相同的下一条弧) 链域(指向弧尾相同的下一条弧)
    InfoType *info;                    // 相关信息
} ArcBox;

typedef struct VexNode
{
    VertexType data;                   // 相关信息
// 以该顶点为弧头的第一个弧结点 以该顶点为弧尾的第一个弧结点
    ArcBox *firstin, *firstout;
} VexNode;

typedef struct
{
    VexNode xlist[MAX_VERTEX_NUM];
    int vexnum, arcnum;
} OLGraph;
```

下面给出建立有向图十字链表的算法及其他基本操作的算法实现。

```
Status CreateOLGraph(OLGraph &G)
{
    scanf("%d%d", &G->vexnum, &G->arcnum).
    int i, j, k;
    for (i = 0; i < G.vexnum; i++)
    {
        scanf("%s", G->xlist[i].data.name)
        G->xlist[i].firstin = NULL;
        G->xlist[i].firstout = NULL;
    }
    struct VertexType v1, v2;
    k = 0;
    while (k < G.arcnum)
    {
        printf("输入 v1,v2:");
        scanf("%s%s", v1.name, v2.name)
        i = LocateVex(G, v1);
        j = LocateVex(G, v2);
        if (i < 0 || j < 0 || ContainsEdge(G, i, j))
            continue;
        k++;
        ArcBox *p
        p -> tailvex = i;
        p -> headvex = j;
        p -> tlink = G->xlist[i].firstout;
        G->xlist[i].firstout = p;
        p -> hlink = G->xlist[j].firstin;
        G->xlist[j].firstin = p;
    }
    printf("十字链表创建成功!\n");
```

```
        return OK;
}
int FirstAdjVex(OLGraph G, int v)
{
    ArcBox *p = G.xlist[v].firstout;
    if (p != NULL)
        return p -> headvex;
    return -1;
}

int LocateVex(OLGraph G, struct VertexType e)
{
    int i;
    for (i = 0; i < G.vexnum; i++)
        if (strcmp(e.name, G.xlist[i].data.name) == 0)
            return i;
    return -1;
}

int NextAdjVex(OLGraph G, int v, int w)
{
    ArcBox *p = G.xlist[v].firstout;
    while (p)
    {
        if (p -> headvex == w)
        {
            p = p -> tlink;
            if (p)
                return p -> headvex;
        }
        else
            p = p -> tlink;
    }
    return -1;
}

bool ContainsEdge(OLGraph G, int i, int j)
{
    ArcBox *p = G.xlist[i].firstout;
    while (p)
    {
        if ((p -> tailvex == i && p -> headvex == j))
            return true;
        p = p -> tlink;
    }
    return false;
}
```

7.4 图的遍历

图的遍历是指从图中某个顶点出发遍历图,访遍图中其余顶点,并且使图中的每个顶点仅被访问一次的过程。在应用系统中,图的遍历是常用的功能之一。假设在本章校园导航系统中加入了送快递的导航服务,快递小哥要走遍校园各个地点并将快递送到,并且做到不落下任何一个地点,这就需要根据图的遍历算法,为他设计一条遍历路径。

图的遍历过程可以看作走迷宫的过程,当走到某个岔路时可能会去试探前面顶点和边的情况,当图非连通时可能会遇到"走不通"的情况,也可能图中还存在回路"原地打转",还涉及退回到前一顶点的"回溯"过程。因此,要为每个顶点设置一个访问标志,以保证每个顶点被访问且只访问了一次。图顶点的访问标志组成一个数组,称为访问标志数组 visited[n],用于标记每个顶点是否被访问过,该标记初值为 0,当顶点 v_i 被访问过,则置 visited[i] 为 1,表示该顶点已被访问过。

按照不同的访问路径形成方式,把图的遍历分为两种,即深度优先搜索和广度优先搜索。对无向图和有向图均可以使用这两种方法进行遍历。

7.4.1 深度优先搜索

深度优先搜索(Depth-First Search,DFS)是指按照深度方向进行遍历,类似于树的先根遍历。

1. 基本思想

深度优先搜索遵循以下基本原则。

(1)从图中某个顶点 v_0 出发,首先访问 v_0。

(2)找出刚访问过的顶点的第一个未被访问的邻接点,然后访问该顶点。以该顶点为新顶点,重复此步骤,直到刚访问过的顶点没有未被访问的邻接点为止。

(3)返回前一个访问过的且仍有未被访问的邻接点的顶点,找出该顶点的下一个未被访问的邻接点,访问该顶点。然后执行步骤(2)。

例如,对无向图 G,首先访问 A 然后按图中序号对应的顺序进行深度优先搜索。实现深度优先算法过程中 visited 数组和栈的演变过程,如图 7-13 所示。

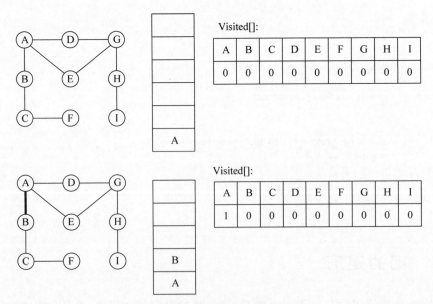

图 7-13 深度优先搜索算法示例

图 7-13 （续）

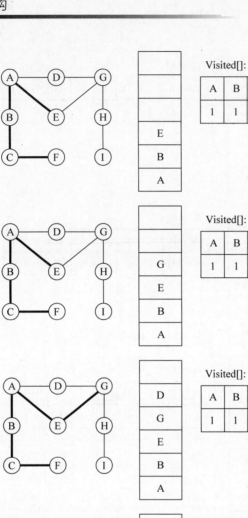
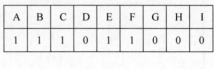
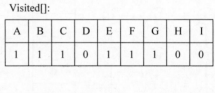
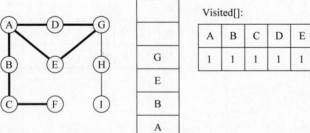
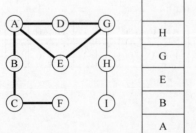

图 7-13 （续）

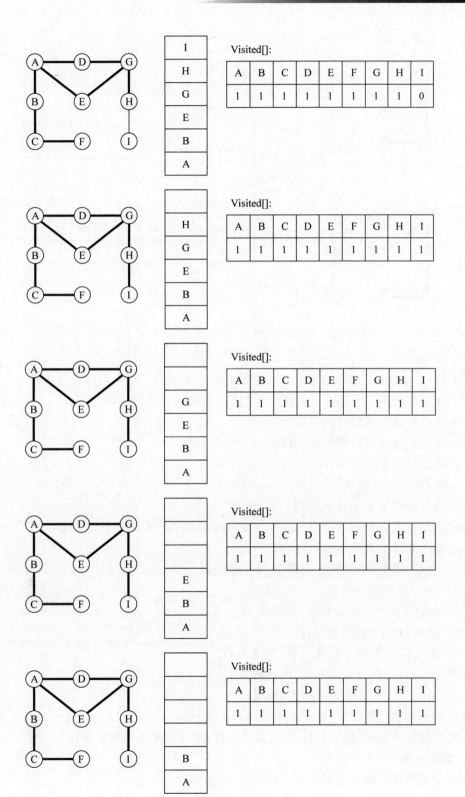

图 7-13 （续）

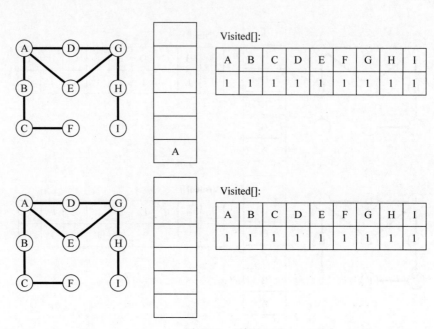

图 7-13 （续）

(1) 顶点 A 的未访邻接点有 B、D、E，首先访问 A 的第一个未访邻接点 B。
(2) 顶点 B 的未访邻接点有 C、D，首先访问 B 的第一个未访邻接点 C。
(3) 顶点 C 的未访邻接点只有 F，访问 F。
(4) 顶点 F 没有未访邻接点，回溯到 C。
(5) 顶点 C 已没有未访邻接点，回溯到 B。
(6) 顶点 B 的未访邻接点只剩下 D，访问 D。
(7) 顶点 D 的未访邻接点只剩下 G，访问 G。
(8) 顶点 G 的未访邻接点有 E、H，首先访问 G 的第一个未访邻接点 E。
(9) 顶点 E 没有未访邻接点，回溯到 G。
(10) 顶点 G 的未访邻接点只剩下 H，访问 H。
(11) 顶点 H 的未访邻接点只有 I，访问 I。
(12) 顶点 I 没有未访邻接点，回溯到 H；
(13) 顶点 H 已没有未访邻接点，回溯到 G。
(14) 顶点 G 已没有未访邻接点，回溯到 D。
(15) 顶点 D 已没有未访邻接点，回溯到 B。
(16) 顶点 B 已没有未访邻接点，回溯到 A。

深度优先搜索过程结束，相应的访问序列为 A→B→C→F→D→G→E→H→I。给顶点加上标有实线箭头的边，构成一棵以 A 为根的树，称为深度优先搜索树。

2．实现方法

深度优先搜索有两种实现方式，递归形式和非递归形式。
递归实现深度优先搜索算法步骤如下所述。
(1) 访问出发点 v_0。

(2) 依次以 v_0 的未被访问的邻接点为出发点,深度优先搜索图,直至图中所有与 v_0 有路径相通的顶点都被访问。

对于非连通图,则图中一定还有顶点未被访问,要从图中另选一个未被访问的顶点作为起始点,重复上述深度优先搜索过程。

非递归实现深度优先搜索算法步骤如下所述。

(1) 首先将 v_0 入栈。

(2) 只要栈不空,则重复下述处理:①栈顶顶点出栈,如果未访问,则访问并置访问标志;②然后将 v_0 所有未访问的邻接点入栈。

3. 程序代码

深度优先搜索算法的具体代码如下:

```
// 递归方式 DFS
Bool visited[MVNum];
void DFS(Graph g, int i)
{
    if (visited[i] == 0)
    {
        visited[i] = 1;
    }
    printf("%c", g.vexs[i])
    int w = FirstVertex(g, i);
    for (; w >= 0; w = NextVertex(g, i, w))
    {
        if (!visited[w])
            DFS(g, w);
    }
}


// 非递归方式 DFS
void DFS_Stack(Graph g, int i)
{
    SqStack s;
    s.top = -1;
    int instack[MAX];
        push(&s, i);
    instack[i] = 1;
    int v, w;
while (!s.top!=-1)
{
    v = s.data[s.top];
        if (!visited[v])
        {   printf("%c",g.vexs[v]);
            visited[v] = 1;
        }
        w = FirstVertex(g, v);
    while (w != -1 && instack[w])
        w = NextVertex(g, v, w);
```

```
            if (w ==-1)
            {
                SElemType tmp;
                pop(&s,&tmp);
                continue;
            }
            push(&s,w);
            instack[w] = 1;
    }
}

int main()
{
    // 初始化 visited 数组
    for (int i = 0; i < MAX; i++)
    {
    visited[i] = 0;
    }
    Graph g; // 创建图
    g = CreatGraph();
    DFS_Stack(g, 0);
    return 0;
}
```

执行结果如图 7-14 所示。

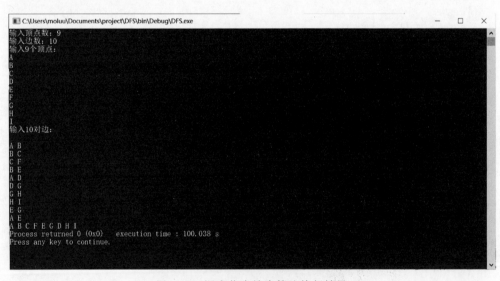

图 7-14　深度优先搜索算法执行结果

上述算法中的 Graph 是一个无向图，对于有向图或图的存储方式不同，则 FirstVertex( )函数和 NextVertex( )函数会替换成 FirstAdjVertex( )函数和 NextAdjVertex( )函数，参见 7.8 节系统实现代码。

以邻接表为存储结构，查找每个顶点的邻接点时间复杂度为 $O(e)$，其中 e 是无向图中的边数或有向图中的弧数，因此图的深度优先搜索算法时间复杂度为 $O(n+e)$。

7.4.2 广度优先搜索

广度优先搜索(Breadth-First Search, BFS)是指按照广度方向进行遍历,类似于树的层次遍历。

1. 基本思想

广度优先搜索遵循以下基本原则。

(1) 从图中某个顶点 v_0 出发,首先访问 v_0。
(2) 依次访问 v_0 各个未被访问的邻接点。
(3) 分别从这些邻接点出发,依次访问它们的各个未被访问的邻接点。访问时应保证:如果 v_i 和 v_k 为当前端结点,且 v_i 在 v_k 之前被访问,则 v_i 的所有未被访问的邻接点应在 v_k 所有未被访问的邻接点之前访问。重复步骤(3),直到所有端结点均没有未被访问的邻接点为止。

2. 算法实现

广度优先搜索算法步骤如下所述。

(1) 访问出发点 v_0 并置访问标志,然后将 v_0 入队。
(2) 只要队不空,则重复下述处理:①队头结点 v 出队;②对 v 的所有邻接点 w,如果 w 未被访问,则访问 w 并置访问标志,然后 w 入队。

例如,对无向图 G,首先访问 A 然后按图中序号对应的顺序实现广度优先算法过程中 visited 数组和队列的演变过程,如图 7-15 所示,队列中 A~I 的序号依字母序号标记为 0~8,过程如下。

(1) 顶点 A 的未访邻接点有 B、D、E,首先访问 A 的第一个未访邻接点 B。
(2) 访问 A 的第二个未访邻接点 D。
(3) 访问 A 的第三个未访邻接点 E。
(4) 由于 B 在 D、E 之前被访问,故接下来应访问 B 的未访邻接点。B 的未访邻接点只有 C,所以访问 C。

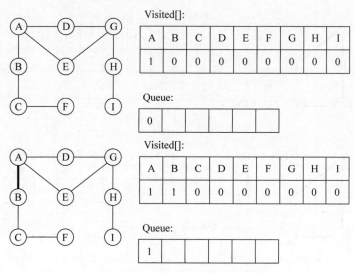

图 7-15 广度优先搜索算法示例

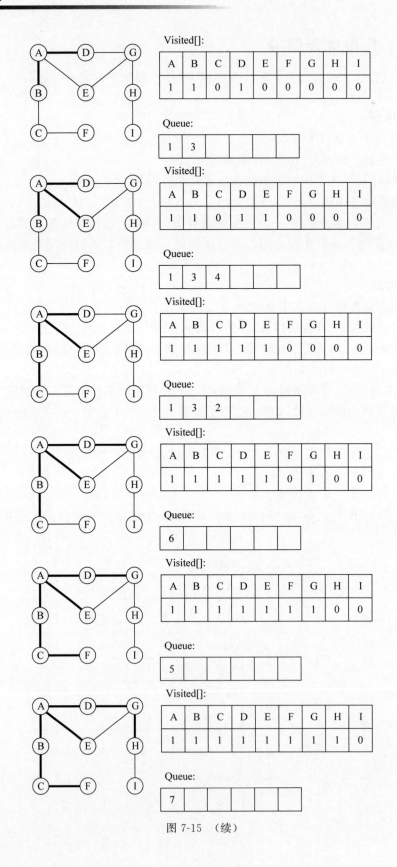

图 7-15 （续）

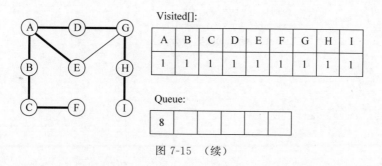

图 7-15 （续）

(5) 由于 D 在 E、C 之前被访问,故接下来应访问 D 的未访邻接点。D 的未访邻接点只有 G,所以访问 G。

(6) 由于 E 在 C、G 之前被访问,故接下来应访问 E 的未访邻接点。E 没有未访邻接点,所以直接考虑在 E 之后被访问的顶点 C,即接下来应访问 C 的未访邻接点。C 的未访邻接点只有 F,所以访问 F。

(7) 由于 G 在 F 之前被访问,故接下来应访问 G 的未访邻接点。G 的未访邻接点只有 H,所以访问 H。

(8) 由于 F 在 H 之前被访问,故接下来应访问 F 的未访邻接点。F 没有未访邻接点,所以直接考虑在 F 之后被访问的顶点 H,即接下来应访问 H 的未访邻接点。H 的未访邻接点只有 I,所以访问 I。

至此,广度优先搜索过程结束,相应的访问序列为 A→B→D→E→C→G→F→H→I。给所有顶点加上标有箭头的边,构成一棵以 A 为根的树,称为广度优先搜索树。

3. 程序代码

具体代码如下:

```
void BFSTraverse(Graph G)
{
    int i, j;
    int Q[MAX];
    int front, rear;
    front = rear = 0;
    for (i = 0; i < G.vexnum; i++)
        visited[i] = 0;
    for (i = 0; i < G.vexnum; i++)
    {
        if (!visited[i])
        {
            visited[i] = 1;
            printf(" %c",G.vexs[i]);
            rear = enQueue(Q, rear, i);
            while (front != rear)
            {
                i = Q.front();
                front = deQueue(Q, front, rear)
                for (j = 0; j < G.vexnum; j++)
                {
                    if (G.matrix[i][j] == 1 && !visited[j])
                    {
```

```
                            visited[j] = 1;
                            printf(" %c", G.vexs[j]);
                            rear = enQueue(Q,rear,j);
                        }
                    }
                }
            }
        }
    }

    int main()
    {
        for (int i = 0; i < MAX; i++)         // 初始化 visited 数组
        {
            visited[i] = 0;
        }
        Graph g;
        g = CreatGraph();                     // 创建图
        BFSTraverse(g);
        return 0;
    }
```

执行结果如图 7-16 所示。

图 7-16　广度优先搜索算法执行结果

在广度优先搜索算法当中,图中每个顶点至多入队一次,因此外循环次数为 n。当图 G 采用邻接表方式存储,则当结点 v 出队后,内循环次数等于结点 v 的度。对访问所有顶点的邻接点的总的时间复杂度为 $O(d_0+d_1+d_2+\cdots+d_{n-1})=O(e)$。因此,采用邻接表方式存储广度优先搜索算法的时间复杂度为 $O(n+e)$。当图 G 采用邻接矩阵方式存储,由于找每个顶点的邻接点时,内循环次数等于 n,因此广度优先搜索算法的时间复杂度为 $O(n^2)$。

不同类型图的广度优先遍历实现略有不同,具体算法实现参见 7.8 节项目实现代码。

7.5 最小生成树

7.5.1 生成树概念

1. 无向图的连通分量

可以利用图的遍历来判断一个图是否连通,如果在遍历的过程中,不止一次调用搜索过程,则说明该图是一个非连通图,并且几次调用搜索过程,表明该图就有几个连通分量。例如图 7-17 所示图 G 中,A、B、C、D、I 是一个连通分量,J、H 组成第二个连通分量,E、F、G 是第三个连通分量,对其进行深度优先遍历,需要三次调用深度优先搜索过程才能得到访问顶点的序列。如果对一个图进行深度优先搜索,不止一次地调用了搜索过程,则说明该图是非连通图,调用几次搜索函数,就表明该图有几个连通分量。

2. 图中两个顶点之间的简单路径

求图中两个顶点之间的简单路径,实际上是有条件的图的遍历过程,例如在图 7-18 中,求从顶点 B 到顶点 K 的一条简单路径。B 到 K 之间可能存在多条简单路径,由于遍历过程能够走遍图中所有顶点,因此在深度优先或广度优先搜索算法基础上,把搜索路线记录下来,并在搜索到 K 点时退出搜索过程,就可以得到 B 到 K 之间的一条简单路径。

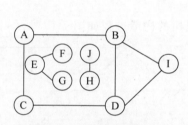

图 7-17　图及其连通分量

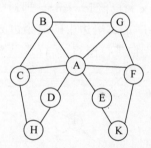

图 7-18　图中两个顶点之间的最短路径

3. 图的生成树与最小生成树

若图 G 是连通图,从图中某一顶点出发遍历图时,图中所有的顶点加上遍历时经过的边所构成的子图称为生成树。一个连通图的生成树是指一个极小连通子图,含有图中的全部 n 个顶点,但只有足以构成一棵树的 $n-1$ 条边。如果在一棵生成树中再添加一条边,那么这条边使得依附的两个顶点之间有了第二条路径。这样必定构成一个环。如果一个图有 n 个顶点且边数小于 $n-1$ 条,则该图一定是非连通图。

假设现在要在校园导航系统中建立 n 个地点之间的通信联络网,则连通 n 个地点只需要修建 $n-1$ 条线路,如何在最节省经费的前提下建立这个通信网?该问题等价于:构造网的一棵最小生成树,即:在 e 条带权的边中选取 $n-1$ 条边(不构成回路),使"权值之和"为最小。

在一个连通网的所有生成树中,各边的代价之和最小的那棵生成树称为该连通网的最小代价生成树(Minimum Cost Spanning Tree,MST),简称为最小生成树。

最小生成树要解决的两个问题:尽可能选取权值小的边,但不能构成回路;选取 $n-1$ 条恰当的边以连接网的 n 个顶点。可以利用普里姆(Prim)算法和克鲁斯卡尔(Kruskal)算法来构造最小生成树。

7.5.2 普里姆算法

1. 算法思想

取图中任意一个顶点 v 作为生成树的根,之后往生成树上添加新的顶点 w。在添加的顶点 w 和已经在生成树上的顶点 v 之间必定存在一条边,该边的权值在所有连通顶点 v 和 w 之间的边中取值最小。之后继续往生成树上添加顶点,直至生成树上含有 n 个顶点为止,因此普里姆(Prim)算法又被称为"加点法"。

一般情况下,所添加的顶点应满足条件:在生成树的构造过程中,图中 n 个顶点分为已落在生成树上的顶点集 U 和尚未落在生成树上的顶点集 V-U,则应在所有连通 U 中顶点和 V-U 中顶点的边中选取权值最小的边。

设 $N=(V,\{E\})$ 是连通网,TE 是 N 上最小生成树中边的集合。初始 $U=\{u_0\}$,$(u_0\in V)$,TE=$\varnothing$,然后重复执行下述运算:在所有 $u\in U,v\in V$-U 的边 $(u,v)\in E$ 中,找一条代价最小的边 (u_0,v_0) 并入集合 TE,同时 v_0 并入 U,直到 $U=V$,则可生成一棵具有最小代价的生成树 $T=(V,\{TE\})$。

连通网用带权的邻接矩阵表示,并设置一个辅助数组 closedge[],数组元素下标对应当前 V-U 集中的顶点序号,元素值则记录该顶点和 U 集中相连接的代价最小(最近)边的顶点序号 adjvex 和权值 lowcost。即对 $v\in V$-U 的每个顶点,closedge[v]记录所有与 v 邻接的、从 U 到 V-U 的那组边中的最小边的信息。

对于无向带权图 G,运行普里姆算法,最小生成树的构造过程如图 7-19 所示,构成最小

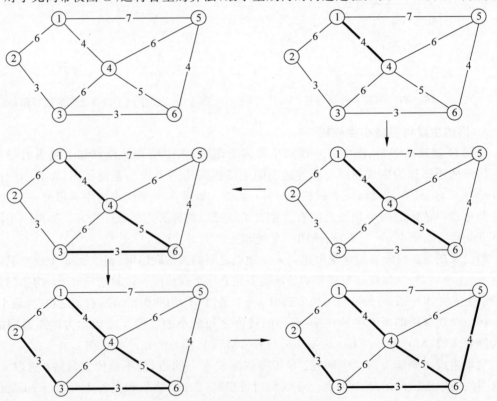

图 7-19 普里姆算法执行过程示例

生成树过程中辅助数组中的各分量的值,具体如表 7-2 所示。

表 7-2 构造最小生成树过程中辅助数组中的各分量的值

		0	1	2	3	4	5	U	$V-U$	k	(u_0, v_0)
adjvex	lowcost	0	v_1 6	v_1 ∞	v_1 4	v_1 7	v_1 ∞	$\{v_1\}$	$\{v_2, v_3, v_4, v_5, v_6\}$	3	$\{v_1, v_4\}$
adjvex	lowcost	0	v_1 6	v_4 6	0	v_4 6	v_4 5	$\{v_1, v_4\}$	$\{v_2, v_3, v_5, v_6\}$	5	$\{v_4, v_6\}$
adjvex	lowcost	0	v_1 6	v_6 3	0	v_6 4	0	$\{v_1, v_4, v_6\}$	$\{v_2, v_3, v_5\}$	2	$\{v_6, v_3\}$
adjvex	lowcost	0	v_3 3	0	0	v_6 4	0	$\{v_1, v_4, v_6, v_3\}$	$\{v_2, v_5\}$	1	$\{v_3, v_2\}$
adjvex	lowcost	0	0	0	0	v_6 4	0	$\{v_1, v_4, v_6, v_3, v_2\}$	$\{v_5\}$	4	$\{v_6, v_5\}$
adjvex	lowcost	0	0	0	0	0	0	$\{v_1, v_4, v_6, v_3, v_2, v_5\}$	$\varnothing$		

2. 代码实现

```
void MiniSpanTree_prim(AMGraph G, VerTexType u)
{   //无向图 G 以邻接矩阵行驶存储,从顶点 u 出发构造 G 的最小生成树 T
    k = LocateVex(G, u);                    //k 为顶点 u 的下标
    for(j = 0; j < G.vexnum; ++j)           //对 v-u 的每一个顶点 vj,初始化 closedge[j]
        if(j != k) closedge[j] = {u, G.arc[k][j]};  //{adjvex, lowcost}
    closedge[k].lowcost = 0;                //初始化,U = {u}
    for(i = 1; i < G.vexnum; ++i)
    {   //选择其余 n-1 个顶点,生成 n-1 条边(n = G.vexnum)
        k = min(closedge);
        //求出 T 的下一个节点:第 k 个顶点,closedge[k]中存有当前最小边
        u0 = closedge[k].adjvex;            //u0 为最小边的一个节点,u0∈U
        v0 = G.vexs[K];                     //v0 为最小边的另一个顶点,v0∈V-U
        cout << u0 << v0;                   //输出当前的最小边(u0,v0)
        closedge[k].lowcost = 0;            //第 k 个顶点并入 u 集
        for(j = 0; j < G.vexnum; ++j)
            if(G.arcs[k][j] < closedge[j].lowcost)  //新顶点并入 u 后重新选择最小边
                closedge[j] = {G.vexs[k], G.arcs[k][j]};
    }
}
```

执行结果如图 7-20 所示。

7.5.3 克鲁斯卡尔算法

1. 算法思想

克鲁斯卡尔(Kruskal)算法又称"加边法",为使生成树上边的权值之和达到最小,应使生成树中每一条边的权值尽可能地小。首先构造一个子图 SG,然后从权值最小的边开始,若它的添加不使 SG 中产生回路,则在 SG 上加上这条边,如此重复,直至加上 $n-1$ 条边为止。

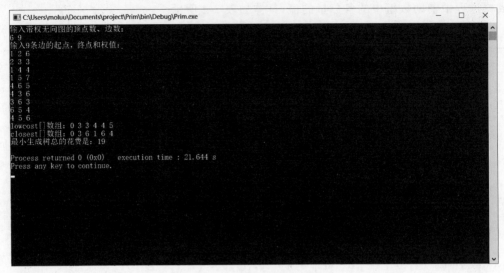

图 7-20 普里姆算法执行结果

算法的实现主要有以下步骤。

(1) 所有的边按权值从小到大排序：

$$\frac{5}{(B,C)} \quad \frac{6}{(B,D)} \quad \frac{6}{(C,D)} \quad \frac{11}{(B,E)} \quad \frac{14}{(D,E)} \quad \frac{16}{(A,B)} \quad \frac{18}{(D,F)} \quad \frac{19}{(A,F)} \quad \frac{21}{(A,E)} \quad \frac{33}{(E,F)}$$

(2) 顶点集合状态为{B,C,D,E,A,F}。

(3) 最小生成树边的集合为{(B,C),(B,D),(B,E),(A,B),(D,F)}。

此算法中,图的生成树不唯一,从不同的顶点出发进行遍历,可以得到不同的生成树。即是从相同的顶点出发,在选择最小边时,可能有多条同样的边可选,此时任选其一。对于图 7-21 所示的无向带权图 G,运行克鲁斯卡尔算法,最小生成树的构建过程如图 7-22 所示。

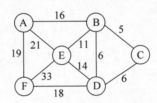

图 7-21 无向带权图 G

2. 程序代码

算法的实现需要引入以下辅助的数据结构。

(1) 结构体数组 Edge 存储边的信息,包括边的连个顶点信息和权重。

```
struct
{   VerTextype Head;            //边的始点
    VerTextype Tail;            //边的终点
    Arctype lowcost;            //边上的权值
}Edge[arcnum];
```

(2) Vexset[i]表示各顶点所属的连通。对每个结点 $v_i \in V$,在辅助数组中存在一个相应元 Vexset[i]表示该顶点所在的连通分量。初始时 Vexset[i]=i,表示各顶点自成一个连通分量。

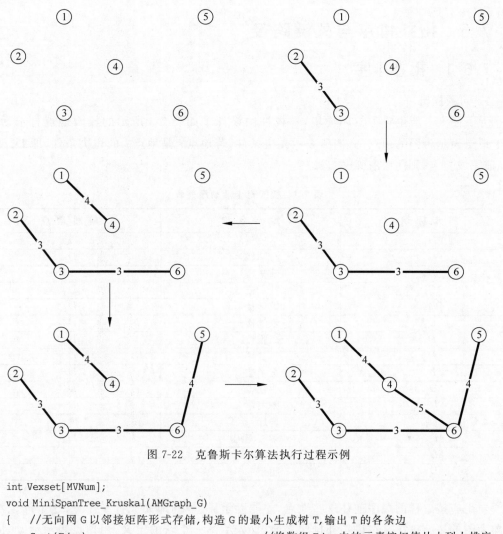

图 7-22 克鲁斯卡尔算法执行过程示例

```
int Vexset[MVNum];
void MiniSpanTree_Kruskal(AMGraph_G)
{   //无向网 G 以邻接矩阵形式存储,构造 G 的最小生成树 T,输出 T 的各条边
    Sort(Edge);                              //将数组 Edge 中的元素按权值从小到大排序
    for(i = 0;i < G.vexnum;++i)              //辅助数组,表示各顶点自成一个连通分量
        Vexset[i] = i;
    for(i = 0;i < G.arcnum;++i)              //依次查看数组 Edge 中的边
    {
        v1 = LocateVex(G,Edge[i].Head);      //v1 为边的始点 Head 的下标
        v2 = LocateVex(G,Edge[i].Tail);      //v2 为边的终点 Tail 的下标
        vs1 = Vexset[v1];                    //获取边的 Edge[i]的始点所在的连通分量 vs1
        vs2 = Vexset[V2];                    //获取边的 Edge[i]的终点所在的连通分量 vs2
        if(vs1!= vs2)                        //边的两个顶点分属不同的连通分量
        {
            cout << Edge[i].Head << Edge[i].Tail;   //输出此边
            for(j = 0;j < G.vexnum;++j)      //合并 vs1 和 vs2 两个分量,即两个集合统一编号
                if(Vexset[j] == vs2) Vexset[j] = vs1;   //集合编号为 vs2 的都改为 vs1
        }
    }
}
```

7.6 拓扑排序与关键路径

7.6.1 拓扑排序

1. 问题提出

为了使大一新生熟悉校园环境,学校社团设计了如表 7-3 所示的校园地点打卡活动。打卡地点表示为图的顶点,有向弧表示先决条件,若地点 i 是地点 j 的先决条件,即 D_i 要在 D_j 前完成打卡,则图中有弧 $<i,j>$。

表 7-3 校园打卡活动序列表

打卡标识	地点名称	前序地点
D_1	学校正门	无
D_2	博学楼	D_1
D_3	勤学楼	D_2
D_4	日新楼	D_3
D_5	敏学楼	D_1
D_6	乐学楼	D_2
D_7	广雅楼	D_3
D_8	筑梦楼	D_5
D_9	冕学楼	D_7
D_{10}	明德楼	D_7
D_{11}	图书馆	D_9
D_{12}	餐厅	D_{10}
D_{13}	学校南门	D_8
D_{14}	校医院	D_8
D_{15}	超市	D_{10}

新生应按怎样的顺序前往这些地点,才能无矛盾、顺利地完成打卡任务,这个问题可以抽象为图的拓扑排序。在讲拓扑排序之前,首先给图一个新的定义,用顶点表示活动,用弧表示活动间优先关系的有向图称为顶点表示活动的网(Activity On Vertex Network),简称 AOV 网。若 $<v_i,v_j>$ 是图中有向边,则 v_i 是 v_j 的直接前驱;v_j 是 v_i 的直接后继。AOV 网中不允许有回路,这意味着某项活动以自己为先决条件。

所谓拓扑排序,其实就是对一个有向图构造拓扑序列的过程。构造时会有两个结果,如果此网的全部顶点都被输出,则说明它是不存在(回路)的 AOV 网;如果输出顶点少了,哪怕是少了一个,也说明这个网存在环路,不是 AOV 网。

拓扑排序的基本思路是:从 AOV 网中选择一个入度为 0 的顶点输出,然后删去此顶点,并删除以此顶点为尾的弧,继续重复此步骤,直到输出全部顶点或者 AOV 网中不存在入度为 0 的顶点为止。

由于在拓扑排序的过程中,需要删除顶点,显然用邻接表的结构会更加方便,考虑到算法中始终要查找入度为 0 的顶点,可以在原来顶点表结点结构中,增加一个入度域 in,即入度的数字,上面所提到的删除以某个顶点为尾的弧的操作也是通过将某顶点的邻接点的 in 减去 1,表示删除了中间连接的弧。

2. 算法实现

算法实现具体步骤如下所述。

(1) 以邻接表作存储结构。

(2) 把邻接表中所有入度为 0 的顶点进栈。

(3) 栈非空时,输出栈顶元素 v_j 并退栈;在邻接表中查找 v_j 的直接后继 v_k,把 v_k 的入度减 1;若 v_k 的入度为 0 则进栈。

(4) 重复上述操作直至栈空为止。若栈空时输出的顶点个数不是 n,则有向图有环;否则,拓扑排序完毕。

将表 7-3 中列出的校园打卡活动,根据打卡先后顺序定义的 AOV 网,如图 7-23 所示。

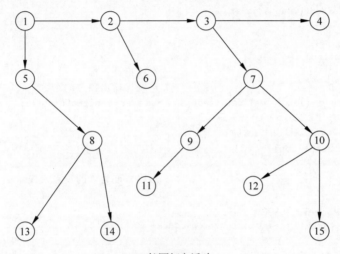

(a) 校园打卡活动

(b) AOV网

图 7-23　AOV 拓扑排序示例

3. 代码实现

校园打卡活动中的拓扑排序实现代码如下所示。完整的算法实现代码可扫描下方二维码。

校园打卡活动

```
//拓扑排序
bool TopologicalSort(GraphAdjList GL)
{
    EdgeNode * pe;
    int i, k, gettop;
    int top = 0;                                //栈指针下标
    int cnt = 0;                                //统计输出顶点的个数
    int * stack = (int *)malloc(sizeof(GL->numVer * sizeof(int)));
    for (i = 0; i < GL->numVer; i++)
        if (0 == GL->adjList[i].in)
            stack[++top] = i;

    while (top != 0)                            //将入度为 0 的顶点入栈
    {
        gettop = stack[top--];
        cout << pos[GL->adjList[gettop].data] << " -> ";
        cnt++;
        for (pe = GL->adjList[gettop].firstedge; pe; pe = pe->next)
        {
            k = pe->adjvex;
            if (!-- GL->adjList[k].in)          //k 号顶点的邻接点入度减 1,如果为 0,则入栈
                stack[++top] = k;
        }
    }
    cout << endl;
}
```

图 7-23 所示的 AOV 网及邻接表,用拓扑排序算法求出的拓扑序列为:1,2,3,4,6,5,8,13,14,7,9,11,10,12,15。当有向无环图有 n 个顶点和 e 条弧时,在拓扑排序算法中,for 循环需要执行 n 次,时间复杂度为 $O(n)$。每个顶点必定进栈、出栈一次,时间复杂度为 $O(e)$。综上,该算法时间复杂度为 $O(n+e)$。

7.6.2 关键路径

1. 问题提出

假设新生开学时,需要到学校各部门办理报到手续,把报到计划表示为有向图,用顶点表示事件,弧表示活动;每个事件表示在它之前的活动已完成,在它之后的活动可以开始。假设报到手续涉及 11 个活动,9 个事件,事件 V_1 表示整个手续开始事件,事件 V_9 表示整个手续结束。

问题：

(1) 完成整个报到计划至少需要多少时间？

(2) 哪些活动是影响报到进度的关键？

为了解决上述两个问题，首先给出一些相关定义。AOE(Activity On Edge)网也称为边表示活动的网。AOE 网是一个带权的有向无环图，其中顶点表示事件，弧表示活动，权表示活动持续时间。路径长度是路径上各活动持续时间之和，路径长度最长的路径叫关键路径。$V_e(j)$ 表示事件 V_j 的最早发生时间，$V_l(j)$ 表示事件 V_j 的最迟发生时间，$e(i)$ 表示活动 a_i 的最早开始时间，$l(i)$ 表示活动 a_i 的最迟开始时间。$l(i)-e(i)$ 表示完成活动 a_i 的时间余量。关键路径上的活动叫关键活动，即 $l(i)=e(i)$ 的活动。如何找 $l(i)=e(i)$ 的关键活动？设活动 a_i 用弧 $<j,k>$ 表示，其持续时间记为：$\text{dut}(<j,k>)$。则有：

$$e(i)=V_e(j); \quad l(i)=V_l(k)-\text{dut}(<j,k>)$$

如何求 $V_e(j)$ 和 $V_l(j)$？

从 $V_e(1)=0$ 开始向前递推：

$$V_e(j)=\max\{V_e(i)+\text{dut}(\langle i,j\rangle)\}, \quad \langle i,j\rangle \in T, \quad 2\leqslant j\leqslant n$$

其中，T 是所有以 j 为头的弧的集合。

从 $V_l(n)=V_e(n)$ 开始向后递推：

$$V_l(j)=\min_j\{V_l(j)-\text{dut}(\langle i,j\rangle)\}, \quad \langle i,j\rangle \in S, \quad 1\leqslant i\leqslant n-1$$

2. 算法实现

算法实现具体步骤如下所述。

(1) 以邻接表作存储结构。

(2) 从源点出发，令 $V_e(1)=0$，按拓扑序列求各顶点的 $V_e(i)$。

(3) 从汇点出发，令 $V_l(n)=V_e(n)$，按逆拓扑序列求其余各顶点的 $V_l[i]$。

(4) 根据各顶点的 V_e 和 V_l 值，计算每条弧的 $e(i)$ 和 $l(i)$，找出 $e(i)=l(i)$ 的关键活动。

按照图 7-24 中的示例，求解关键路径过程如下。

(1) 求出到达各个状态的最早时间（按最大计）。这个过程是要从源点开始向汇点顺推。

① V_1 是源点，其最早开始时间是 0。

② V_2、V_3、V_4 最早时间分别是 6、4、5。

③ 对于 V_5 而言，V_2 到 V_5 所花费时间是 $6+1=7$，而 V_3 到 V_5 所花费时间是 $4+1=5$。按最大计，也就是 V_5 最早时间是 $\max\{7,5\}=7$，按最大计是因为只有活动 a_4 和 a_5 同时完成了，才能到达 V_5 状态。V_3 到 V_5 需要 5 分钟，但是此时 a_4 活动尚未完成（7 分钟），所以都不能算到达 V_5，故而要按最大计。

④ V_6 只有从 V_4 到达，所以 V_6 的最早完成时间是 $5+2=7$。

⑤ 同理，V_7 最早完成时间是 l_6。

⑥ 对于 V_8 而言，和 V_5 处理方法一致。$V_8=\max\{V_5+7,V_6+4\}=\{7+7,7+4\}=14$。

⑦ V_9 可算出是 l_8。

可以得到各个状态的最早时间，具体如表 7-4 所示。

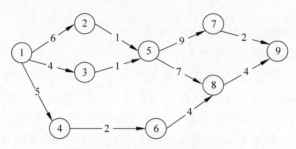

图 7-24　AOE 网关键路径示例

表 7-4　各个状态的最早时间表

状　态	最 早 时 间	状　态	最 早 时 间
V_1	0	V_6	7
V_2	6	V_7	16
V_3	4	V_8	14
V_4	5	V_9	18
V_5	7		

(2) 求出到达各个状态的最晚时间(按最小计)。这个过程是要从汇点开始向源点逆推：

① V_9 完成时间为 18，V_7 最迟开始时间是 $18-2=16$。逆推因为活动 a_{10} 所需时间为 2。如果 V_7 开始时间比 16 晚，则 V_9 完成时间就会比 18 晚，这显然不对。

② 同理，V_8 最迟开始时间为 14。

③ 对于 V_5 而言，可以从 V_7、V_8 两个点开始向前推算，此时要按最小计，即 V_5 最晚 $= \min\{V_7-V_9, V_8-V_7\} = \min\{16-9, 14-7\} = 7$。$\min\{V_7-V_9, V_8-V_7\}$ 中，V_7、V_8 取的都是前面算出的最迟开始时间(而不是最早开始时间)。按最小计，是因为如果按最大计去计算 V_5 的最晚开始时间，那么加上 a_7 和 a_8 的活动时间后，V_7、V_8 至少有一个会比之前逆推算得出的最晚时间还要晚，这就发生了错误。

④ 同理，可计算出剩下的点。

得到各个状态的最晚时间如表 7-5 所示。事实上，源点和汇点的最晚时间和最早时间必定是相同的。

表 7-5　各个状态的最晚时间表

状　态	最早时间	最晚时间
V_1	0	0
V_2	6	6
V_3	4	6
V_4	5	8
V_5	7	7
V_6	7	10
V_7	16	16
V_8	14	14
V_9	18	18

(3) 求出关键路径,则关键活动所在路径即为关键路径。

① 对于 a_1 最早只能从 0 时刻开始,最晚也只能从 6-6=0 时刻开始,因此,a_1 是关键活动。

② 对于 a_2 最早要从 0 时刻开始,但是它最晚开始时间却是 6-4=2。也就是说,从 0 开始做,时刻 4 即完成;从 2 开始做,时刻 6 恰好完成。从而在[0,2]区间内任意时间开始做 a_2 都能保证按时完成。(请区别顶点的最早最晚和活动的最早最晚时间。图示中的最早最晚是顶点状态的时间,活动的最早最晚开始时间却是基于此来计算的)。由于 a_2 的开始时间是不定的,所以它不能主导工程的进度,从而它不是关键活动。

③ 一般的,活动用时为 X,它最早要从 E_1 时刻开始(一开始就开始),最晚要从 L_2-X 时刻开始(即恰好完成)。所以,如果它是关键活动,则必然有 $E_1=L_2-X$,否则它就不是关键活动。顶点的最早开始时间等于最晚开始时间是该顶点处于关键路径的不充分不必要条件。

得到关键路径如图 7-25 所示。

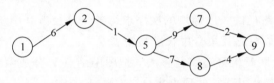

图 7-25 关键路径

3. 代码实现

关键路径具体算法实现代码可扫描下方二维码。

关键路径

7.7 最短路径

7.7.1 单源最短路径

在校园导航系统中,常用到的一个功能就是从某个地点出发,到另一个地点之间,怎么走能最节省路程或者时间。这时,可以用带权的有向图表示校园地图,图中顶点表示地图中的地点,边表示地点之间的路,权表示此线路的长度或沿此线路运输所花的时间或费用等。系统需求可以转换为,从某顶点出发,沿图的边到达另一顶点所经过的路径中,各边上权值之和最小的一条路径。

从某顶点(源点)出发到另一顶点(目的点)的路径中,有一条各边(或弧)权值之和最小的路径称为最短路径。

例如图 7-26 所示,可以得到图中 V_0 到图中其余各点的最短路径及长度。

此类需求可以转换为两个问题:求某一结点到其他结点的最短路径;求任意两个顶点之间的最短路径。

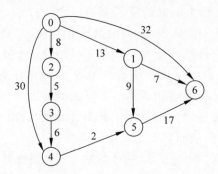

最短路径	长度
$<V_0, V_1>$	13
$<V_0, V_2>$	8
$<V_0, V_2, V_3>$	13
$<V_0, V_2, V_3, V_4>$	19
$<V_0, V_2, V_3, V_4, V_5>$	21
$<V_0, V_1, V_6>$	20

图 7-26 最短路径示例

1. 迪杰斯特拉算法

求从单源点到其余各点的最短路径,即某一结点到其他结点的最短路径,常用迪杰斯特拉(Dijkstra)算法求解。

基本思想:依最短路径的长度递增的次序求得各条路径。其中从源点 V_0 到顶点 V_i 的最短路径是 V_0 到各点最短路径集合中长度最短者。

按路径长度递增次序产生最短路径算法。把图中结点 V 分成两组:已求出最短路径的顶点的集合 S,尚未确定最短路径的顶点集合 $T(T=V-S)$。将 T 中顶点按最短路径递增的次序加入到 S 中,保证以下两点。

(1) 从源点 V_0 到 S 中各顶点的最短路径长度都不大于从 V_0 到 T 中任何顶点的最短路径长度。

(2) 每个顶点对应一个距离值,对 S 中的顶点,距离为从 V_0 到此顶点的最短路径长度;T 中顶点,距离为从 V_0 到此顶点的只包括 S 中顶点作中间顶点的最短路径长度。

定理:V_0 到 T 中的顶点 V_k 的最短路径,或是从 V_0 到 V_k 的直接路径的权值;或是从 V_0 经 S 中顶点到 V_k 的路径权值之和。

证明:可用反证法。假设下一条最短路径上有一个顶点 V_k,不在 S 中,即此路径为 $(V_0, V_1, \cdots, V_x, \cdots, V_k)$。显然 $(V_0, V_1, \cdots, V_x)$ 的长度小于 $(V_0, V_1, \cdots, V_x, \cdots, V_k)$ 的长度,故下一条最短路径应为 $(V_0, V_1, \cdots, V_x)$,这与假设的下一条最短路径 $(V_0, V_1, \cdots, V_x, \cdots, V_k)$ 相矛盾!因此,下一条最短路径上不可能有不在 S 中的顶点 V_k,即假设不成立。

具体求解最短路径步骤如下所述。

(1) 初始时令 $S=\{V_0\}$,$T=\{$其余顶点$\}$,T 中顶点对应的距离值有如下取值:若存在 $<V_0, V_i>$,为 $<V_0, V_i>$ 弧上的权值;若不存在 $<V_0, V_i>$,为 ∞。

(2) 从 T 中选取一个其距离值为最小的顶点 W,加入 S。

(3) 对 T 中顶点的距离值进行修改,若加进 W 作中间顶点,从 V_0 到 V_i 的距离值比不加 W 的路径要短,则修改此距离值。

(4) 重复上述步骤,直到 S 中包含所有顶点,即 $S=V$ 为止。

如图 7-26 所示的图 G 中,初始时 S 中仅包含 V_0,V_0 到各点的距离如表 7-5 第一列所示,V_0 到 V_3 和 V_5 距离为无穷大。从 T 中选择与 V_0 距离最近的顶点 V_2 加入 S,V_2 加入后使得 V_0 到 V_3 经过 V_2 有了路径,且距离值为 13,更新距离值后得到新的 V_0 到各点距离见表 7-5 中第二列。选择与 V_0 距离最近的 V_3 加入 S 中,继续更新距离值得到表中第三列。以此类推,得到 V_0 到各个顶点的最短路径。

表 7-6 迪杰斯特拉算法求解过程

终点	从 V_0 到各终点的最短路径及其长度				
V_1	13 $<V_0,V_1>$	13 $<V_0,V_1>$	—	—	—
V_2	8 $<V_0,V_2>$	—	—	—	—
V_3	∞	13 $<V_0,V_2,V_3>$	13 $<V_0,V_2,V_3>$	—	—
V_4	30 $<V_0,V_4>$	30 $<V_0,V_4>$	30 $<V_0,V_4>$	19 $<V_0,V_2,V_3,V_4>$	—
V_5	∞	∞	22 $<V_0,V_1,V_5>$	22 $<V_0,V_1,V_5>$	21 $<V_0,V_2,V_3,V_4,V_5>$
V_6	32 $<V_0,V_6>$	32 $<V_0,V_6>$	20 $<V_0,V_1,V_6>$	20 $<V_0,V_1,V_6>$	20 $<V_0,V_1,V_6>$
V_j	$V2:8$ $<V_0,V_2>$	$V1:13$ $<V_0,V_1>$	$V3:13$ $<V_0,V_2,V_3>$	$V4:19$ $<V_0,V_2,V_3,V_4>$	$V6:20$ $<V_0,V_1,V_6>$

为了实现迪杰斯特拉算法,用带权邻接矩阵存储 adj[][],数组 dist[]存放当前找到的从源点 V_0 到每个终点的最短路径长度,其初态为图中直接路径权值。数组 path[i]表示目前已经找到的,从 V_0 到各终点的最短路径顶点序列,如果从 V_0 到 V_i 有弧,则 path[i]为 (V_0,V_i),否则 path[i]为空。

算法实现具体步骤如下所述。

(1) $S \leftarrow \{V_0\}$。

(2) dist[i]=g.adj[0][i],$V_i \in V-S$。

(3) 选择 V_k,使得 dist[k]=min(dist[i]| $V_i \in V-S$),V_k 为下一条从 V_0 出发的最短路径的终点。

(4) 将 V_k 加入 S。

(5) 修正从 V_0 出发到 $V-S$ 中任意顶点 V_i 的最短路径长度。

(6) 从 V_0 出发到集合 $V-S$ 顶点 V_i 当前最短路径长度为 dist[i]。

(7) 从 V_0 出发,中间经过新加入 S 的 V_k,然后到达集合 $V-S$ 上任一顶点 V_i 的路径长度为 dist[k]+g.adj[k][i]。

(8) 如果 dist[k]+g.adj[k][i]<dist[i],则 dist[i]=dist[k]+g.adj[k][i]。

(9) 重复 $n-1$ 次步骤(2)~(4),即可按最短路径长度的递增顺序,逐个求出 V_0 到图中其他每个顶点的最短路径。

程序代码如下:

```
void Dijkstra(int v)                        //从源点出发
{
    int i, k, num, dist[MaxSize];
    string path[MaxSize];
    for (i = 0; i < vertexNum; i++)         //初始化数组 dist 和 path
```

```
        {
            dist[i] = adj[v][i];
            if (dist[i] != MAXLEN)                    //假设1000为边上权的最大值
            path[i] = vertex[v] + vertex[i];          //+为字符串连接操作符
            else path[i] = "";
        }
    for (num = 1; num < vertexNum; num++)
    //对所有与v相邻接的顶点都试一次,dist数组中找最小值并返回其下标
    {
        k = Min(dist, vertexNum);                     //在dist数组中找最小值并返回其下标
        cout << path[k] <<":" << dist[k] << endl;
        for (i = 0; i< vertexNum; i++) {              //修改数组dist和path
            if (dist[i] > dist[k] + ad[k][i]) {
            //从v-i和从v-k-i的长度相比,短则更新
                dist[i] = dist[k] +ad[k][i];
                path[i] = path[k] + vertex[i];        //+为字符串连接操作符
            }
        }
        dist[k] = 0;                                  //将顶点k加到集合S中
    }
}
```

执行结果如图 7-27 所示。

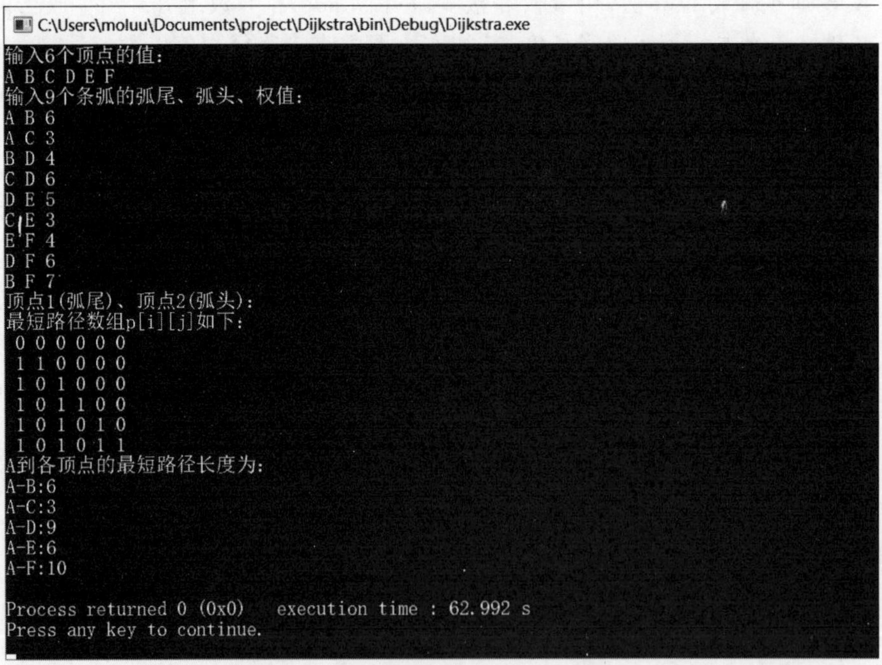

图 7-27 迪杰斯特拉算法执行结果

算法前半部分完成了对向量最短路径长度 dist[]、路径 path[] 及顶点集 S 的初始化工作。算法后半部分通过 $n-1$ 次循环,将第二组顶点集 T 中的顶点按照递增有序方式加入到集合 S 中,并求得从顶点 V_0 出发到达图中其余顶点的最短路径。

显然,算法的时间复杂度为 $O(n^2)$。

7.7.2 任意两个顶点间的最短路径

求解任意两个顶点间的最短路径可以采用以下两个方法。
(1) 方法一：每次以一个顶点为源点，重复执行迪杰斯特拉算法 n 次，$T(n)=O(n^3)$。
(2) 方法二：执行弗洛伊德(Floyd)算法。
两种方法都是基于逐个顶点试探法的算法思想，具体步骤如下所述。
(1) 初始时设置一个 n 阶方阵，令其对角线元素为 0，若存在弧 $<V_i,V_j>$，则对应元素为权值；否则为 ∞。
(2) 逐步试着在原直接路径中增加中间顶点，若加入中间点后路径变短，则修改之；否则，维持原值。
(3) 所有顶点试探完毕，算法结束。

假设求从顶点 V_i 到 V_j 的最短路径。如果从 V_i 到 V_j 有弧，则从 V_i 到 V_j 存在一条长度为 adj[i][j]的路径，该路径不一定是最短路径，尚需进行 n 次试探。首先考虑路径在 V_i 和 V_j 中加入 V_0，是否存在新的路径 (V_i,V_0,V_j)。如果存在，则比较 (V_i,V_j) 和 (V_i,V_0,V_j) 的路径长度，取长度较短者为从 V_i 到 V_j 的中间顶点的序号不大于 0 的最短路径。假如在路径上再增加一个顶点 V_1，也就是说，如果 $(V_i,\cdots,V_1)$ 和 $(V_1,\cdots,V_j)$ 分别是当前找到的中间顶点的序号不大于 0 的最短路径，那么 $(V_i,\cdots,V_1,\cdots,V_j)$ 就有可能是从 V_i 到 V_j 的中间顶点的序号不大于 1 的最短路径。将它和已经得到的从 V_i 到 V_j 中间顶点序号不大于 0 的最短路径相比较，从中选出中间顶点的序号不大于 1 的最短路径之后，再增加一个顶点 V_2，继续进行试探。以此类推。

在一般情况下，若 $(V_i,\cdots,V_k)$ 和 $(V_k,\cdots,V_j)$ 分别是从 V_i 到 V_k 和从 V_k 到 V_j 的中间顶点的序号不大于 $k-1$ 的最短路径，则将 $(V_i,\cdots,V_k,\cdots,V_j)$ 和已经得到的从 V_i 到 V_j 且中间顶点序号不大于 $k-1$ 的最短路径相比较，其长度较短者就是从 V_i 到 V_j 的中间顶点序号不大于 k 的最短路径。这样经过 n 次比较，就可以得到从 V_i 到 V_j 的最短路径。按此方法，可以得到任意两点之间的最短路径。

算法的实现中，用邻接矩阵存储图 G；length[][]存放最短路径长度；path[i][j]是从 V_i 到 V_j 的最短路径上 V_j 前一顶点序号。具体如图 7-28 所示，图 7-28(a)是有向带权图 G，图 7-28(b)是其邻接矩阵，图 7-28(c)给出了应用弗洛伊德算法计算图 G 的每一对顶点之间的最短路径 P 及其路径长度 D。

程序代码如下：

```
void Floyd( )
{
  int i, j, k, dist[MaxSize][MaxSize];
  string path[MaxSize][MaxSize];
  for (i = 0; i < vertexNum; i++)              //初始化矩阵 dist 和 path
     for (j = 0; j < vertexNum; j++)
     {
        dist[i][j] = edge[i][j];
        if (dist[i][j] != MAXLEN)               //初始化 path,有路径可达的
           path[i][j] = vertex[i] + vertex[j];  // +为字符串连接操作符
        else path[i][j] = "";
     }
```

(a) 有向带权图 G

$$\begin{bmatrix} 0 & 4 & 11 \\ 6 & 0 & 2 \\ 3 & \infty & 0 \end{bmatrix}$$

(b) 图 G 的邻接矩阵

D	$D^{(-1)}$			$D^{(0)}$			$D^{(1)}$			$D^{(2)}$		
	0	1	2	0	1	2	0	1	2	0	1	2
0	0	4	11	0	4	11	0	4	**6**	0	4	6
1	6	0	2	6	0	2	6	0	2	**5**	0	2
2	3	∞	0	3	**7**	0	3	7	0	3	7	8
P	$P^{(-1)}$			$P^{(0)}$			$P^{(1)}$			$P^{(2)}$		
	0	1	2	0	1	2	0	1	2	0	1	2
0		AB	AC		AB	AC		AB	**ABC**		AB	ABC
1	BA		BC	BA		BC	BA		BC	**BCA**		BC
2	CA			CA	**CAB**		CA	CAB		CA	CAB	

(c) 图 G 的每一对顶点之间的最短路径 P 及其路径长度 D

图 7-28　应用弗洛伊德算法计算有向图 G 每一对顶点之间的最短路径示例

```
for (k = 0; k < vertexNum; k++)                //进行n次迭代 i-j比i-k-j路径长短比较
   for (i = 0; i < vertexNum; i++)
      for (j = 0; j < vertexNum; j++)
         if (dist[i][j] > dist[i][k] + dist[k][j]) {
             dist[i][j] = dist[i][k] + dist[k][j];
             path[i][j] = path[i][k] + path[k][j];   // (i-j)>(i-k-j),
             }
   for (i = 0; i < vertexNum; i++){
    for (j = 0; j < vertexNum; j++){
     cout << path[i][j] << ":" << dist[i][j] << "\t";
    }
    cout << endl;
   }
}
```

输入有向图信息如图 7-29 所示。

```
C:\Users\moluu\Documents\project\Floyd\bin\Debug\Floyd.exe
输入有向图G的顶点数、弧数：
6 9
输入6个顶点的值：
A B C D E F
输入9个条弧的弧尾、弧头、权值：
A B 6
A C 3
B D 4
C D 6
D E 5
C E 3
E F 4
D F 6
B F 7
```

图 7-29　输入有向图信息

执行结果如图 7-30 所示。

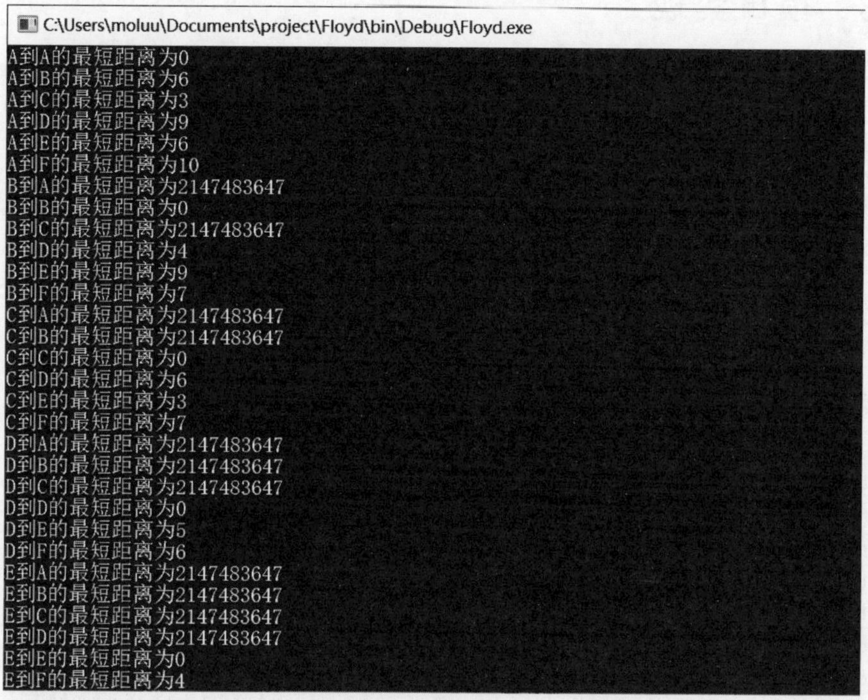

```
C:\Users\moluu\Documents\project\Floyd\bin\Debug\Floyd.exe
A到A的最短距离为0
A到B的最短距离为6
A到C的最短距离为3
A到D的最短距离为9
A到E的最短距离为6
A到F的最短距离为10
B到A的最短距离为2147483647
B到B的最短距离为0
B到C的最短距离为2147483647
B到D的最短距离为4
B到E的最短距离为9
B到F的最短距离为7
C到A的最短距离为2147483647
C到B的最短距离为2147483647
C到C的最短距离为0
C到D的最短距离为6
C到E的最短距离为3
C到F的最短距离为7
D到A的最短距离为2147483647
D到B的最短距离为2147483647
D到C的最短距离为2147483647
D到D的最短距离为0
D到E的最短距离为5
D到F的最短距离为6
E到A的最短距离为2147483647
E到B的最短距离为2147483647
E到C的最短距离为2147483647
E到D的最短距离为2147483647
E到E的最短距离为0
E到F的最短距离为4
```

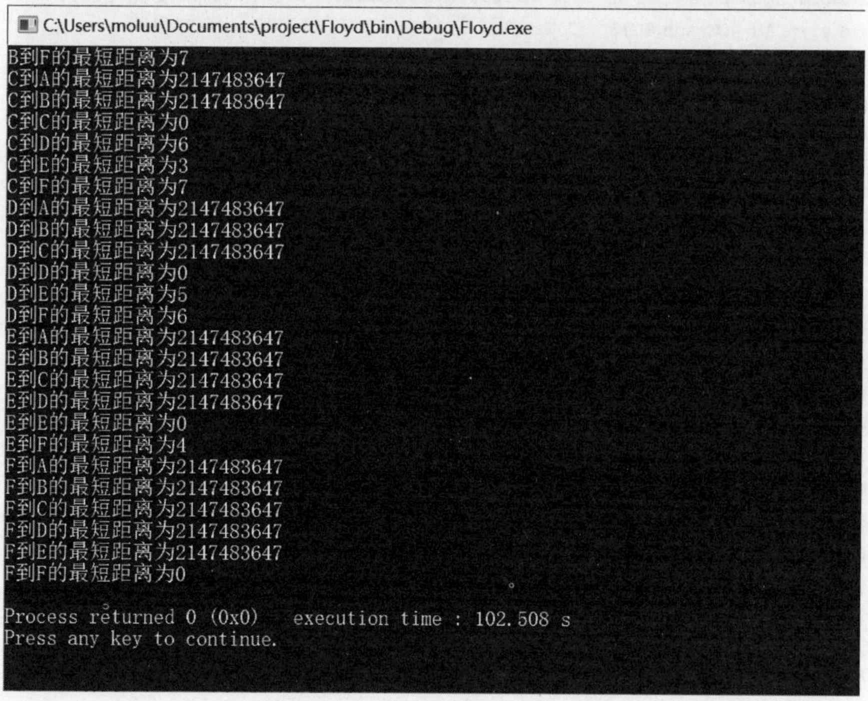

```
C:\Users\moluu\Documents\project\Floyd\bin\Debug\Floyd.exe
B到F的最短距离为7
C到A的最短距离为2147483647
C到B的最短距离为2147483647
C到C的最短距离为0
C到D的最短距离为6
C到E的最短距离为3
C到F的最短距离为7
D到A的最短距离为2147483647
D到B的最短距离为2147483647
D到C的最短距离为2147483647
D到D的最短距离为0
D到E的最短距离为5
D到F的最短距离为6
E到A的最短距离为2147483647
E到B的最短距离为2147483647
E到C的最短距离为2147483647
E到D的最短距离为2147483647
E到E的最短距离为0
E到F的最短距离为4
F到A的最短距离为2147483647
F到B的最短距离为2147483647
F到C的最短距离为2147483647
F到D的最短距离为2147483647
F到E的最短距离为2147483647
F到F的最短距离为0

Process returned 0 (0x0)   execution time : 102.508 s
Press any key to continue.
```

图 7-30　执行结果

7.8 项目实现

本项目按照本章开头项目引入时的要求,完成相应的功能。综上可把系统分为几个核心:地图的初始化、地图的导航、求最佳路线。要实现系统功能,必须寻找特定的数据结构存储地图节点和路径的信息,设计特定算法实现路径的选择。项目算法实现代码部分如下所示,具体完整代码可扫描下方二维码。将运行结果加以显示。

校园导航系统和菜单驱动

```
(1)Status CreateALGraph(ALGraph &G);                        // 创建邻接表
(2)Status Create(ALGraph &G);                               // 创建有向图,网(邻接表)
(3)Status inDegree(ALGraph &G);                             // 计算入度
(4)Status TopologicalSort(ALGraph &G);                      // 拓扑排序
(5)Status CriticalPath(ALGraph &G);                         // 关键路径
(6)bool ContainsEdg(ALGraph G, int i, int j);               // 是否包含边
(7)void DFSTravers(ALGraph G, int( * Visit)(VertexType));   // 深度优先遍历
(8)void DFS(ALGraph G, int v, int( * Visit)(VertexType));   // 深度优先遍历
(9)void printAL(ALGraph &G);                                // 打印图
(10)int FirstAdjVex(ALGraph G, int v);                      // 第一条弧
(11)int NextAdjVex(ALGraph G, int v, int w);                // 下一个弧
(12)int Visit(VertexType e); // 访问结点
(13)int LocateVex(ALGraph G, VertexType e);                 // 找到顶点对应在邻接表数组中的位置下标
(14)Status BFSTraverse(AMLGraph G, Status( * Visit)(VertexType));   // 广度优先遍历
(15)Status CreateAMLGraph(AMLGraph &G);                     // 创建邻接多重表
(16)void MiniSpanTree_KRUSKAL(AMLGraph G);                  // KRUSKAL 查找最小生成树
(17)void Init();                                            // 初始化顶点和边
(18)void Insert(int a, int b, int w);                       // 尾插法
(19)void Insert2(int a, int b, int w);                      // 头插法
(20)void Dijkstra(int s);                                   // 最短路径查找算法
(21)void SaveMap();                                         // 导入校园地图
(22)int ShortestPath();                                     // 计算最短路径
(23)void Navigate();                                        // 校园导航
(24)Status CreateUDN(MGraph &G);                            // 邻接矩阵构造无向网 G
(25)void UDN_Traverse(MGraph &G);                           // 无向网遍历
(26)void MiniSpanTree_PRIM(MGraph G);                       // PRIM 算法查找最小生成树
(27)void MiniSpanTree_KRUSKAL(MGraph G);                    // KRUSKAL算法查找最小生成树
(28)EdgeNode * getEdgeLink(MGraph G);                       // 返回边结点
(29)Status CreateOLGraph(OLGraph &G);                       // 创建十字链表
(30)Status OL_DFSTraverse(OLGraph G, Status( * Visit)(VertexType));
                                                            // 十字链表的深度优先遍历
(31)Status OL_BFSTraverse(OLGraph G, Status( * Visit)(VertexType));
                                                            // 十字链表的广度优先遍历
(32)int LocateVex(OLGraph G, VertexType e);                 // 找到顶点对应在十字链表中的位置下标
```

```
(33)int FirstAdjVex(OLGraph G, int v);              // v是顶点序号,返回v的第一个邻接顶点的序号
(34)int NextAdjVex(OLGraph G, int v, int w);        // 相对于v的邻接点
(35)void DFS(OLGraph G, int v, Status( * Visit)(VertexType));   // 十字链表的深度优先遍历
(36)int main();                                     // 程序入口
AdjacencyList.h:
/*
 * 邻接表声明
 */
#include "def.h"
typedef char * InfoType;
typedef struct ArcNode
{
    int adjvex;                             // 指示与顶点邻接的点在图中的位置
    struct ArcNode * nextarc;               // 下一条边或弧的结点
    InfoType * info;                        // 相关信息
    int weight;                             // 权值
};
typedef struct VNode
{
    VertexType data;
    ArcNode * firstarc;                     // 指向链表中第一个结点
    int in;                                 // 入度
} VNode, AdjList[MAX_VERTEX_NUM];
typedef struct
{
    AdjList vertices;                       // 图中顶点及各邻接点数组
    int vexnum;                             // 图的顶点数
    int arcnum;                             // 图的弧数
} ALGraph;
Status CreateALGraph(ALGraph &G);
Status Create(ALGraph &G);
Status inDegree(ALGraph &G);
Status TopologicalSort(ALGraph &G);
Status CriticalPath(ALGraph &G);
bool ContainsEdg(ALGraph G, int i, int j);
void DFSTravers(ALGraph G, int( * Visit)(VertexType));
void DFS(ALGraph G, int v, int( * Visit)(VertexType));
void printAL(ALGraph &G);
int FirstAdjVex(ALGraph G, int v);
int NextAdjVex(ALGraph G, int v, int w);
int Visit(VertexType e);
int LocateVex(ALGraph G, VertexType e);
AMLGraph.h:
/*
 * 邻接多重表声明
 */
#include "def.h"
typedef char VertexType;                    //VertexType存储顶点的一切信息,如名称、坐标等
typedef struct EBox
{
    int ivex, jvex;                         //ivex和jvex为该边依附的两个顶点在图中的位置
```

```
        VRType w;
        struct EBox * ilink, * jlink;      //ilink 指向下一条依附于顶点 ivex 的边,jlink 指向
                                           //下一条依附于顶点 jvex 的边
} EBox;

typedef struct VexBox
{
    VertexType data;
     EBox * firstedge;                     // 指向第一条依附于该顶点的边
} VexBox;
typedef struct
{

    VexBox adjmulist[MAX_VERTEX_NUM];      // 邻接多重表
        int vexnum;                        // 图的顶点数
        int arcnum;                        // 图的弧数
} AMLGraph;
bool ContainsEdge(AMLGraph G, int i, int j);
Status DFSTraverse(AMLGraph G, Status( * Visit)(VertexType));
Status BFSTraverse(AMLGraph G, Status( * Visit)(VertexType));
Status CreateAMLGraph(AMLGraph &G);
void DFS(AMLGraph G, int v, Status( * Visit)(VertexType));
void MiniSpanTree_KRUSKAL(AMLGraph G);
int LocateVex(AMLGraph G, VertexType e);
int FirstAdjVex(AMLGraph G, int v);
int NextAdjVex(AMLGraph G, int v, int w);
CampusNavigation.h:
/*
 * 校园导航系统声明
 */
# include <iostream>
# include "def.h"
# define EXIT 0
# define MENU 1
# define LANDMARK 2
# define PRINTMAP 3
# define SHORTEST 4
# define NAVIGATE 5
class SystemMenu
{
public:
    void menu();
    void DisplayMap();
    void LandMark();
public:
    void Event();
    void OnExit();
};
```

```cpp
struct arcnode
{
    int vertex;                          // 与表头结点相邻的顶点编号
    int weight;                          // 连接两顶点的边的权值
    arcnode *next;                       // 指向下一相邻接点
    arcnode() {}
    arcnode(int v, int w) : vertex(v), weight(w), next(NULL) {}
};
struct node
{
    int id;
    int w;
    friend bool operator <(node a, node b)
    {
        return a.w > b.w;
    }
};
struct vernode
{
    int vex;
    arcnode *firarc;
};
void Init();
void Insert(int a, int b, int w);
void Insert2(int a, int b, int w);
void Dijkstra(int s);
void SaveMap();
int ShortestPath();
void Navigate();
```

def.h:
```
/*
 * 常量声明及类型定义
 */

#ifndef GRAPH_DEF_H
#define GRAPH_DEF_H
#define OK          1
#define ERROR       0
#define INFEASIBLE -1
#ifdef OVERFLOW
#define OVERFLOW   -2
#endif
#define MAX_VERTEX_NUM 20
#define INF 0x3f3f3f
#define MAXN 100
#define CREATEAL 1
#define ALPRINT 2
#define ALDFS 3
#define CREATEAL_ 1
#define TOPOLOGICAL 2
```

```
#define CRITICALPATH 3
#define EXIT 0
#define KRUSKAL 4
typedef int Status;
typedef char VertexType;
typedef int VRType;

#endif //GRAPH_DEF_H
```

Menu.h:
/*菜单驱动程序声明*/

```
#include"def.h"
#define ALGRAPH 1
#define ALGRAPH_ 2
#define OLGRAPH 3
#define AMLGRAPH 4
#define MGRAPH 5
#define SYSTEM 6
#define EXIT 0

class CMenuBase
{
protected:
    CMenuBase *Parent;
    void ALGraphEvent();
    void OLGraphEvent();
    void AMLGraphEvent();
    void AL_GraphEvent();
    void MGraphEvent();
    void SystemEvent();
public:
    CMenuBase();
    ~CMenuBase();
    CMenuBase *getParent();
    void DisplayMenu();
    void ToDo(int);
};
```

MGraph.h:
/* 最短路径声明 */

```
#include"def.h"
#define M_CREATEAL 1
#define M_TRAVERS 2
#define M_PRIM 3
#define M_KRUSKAL 4

typedef char * InfoType;
typedef enum
{
```

```
        DG, DN, UDG, UDN                    //有向图,有向网,无向图,无向网
} GraphKind;

typedef struct ArcNode1
{
    int adjvex;                             // 弧所指向的顶点位置
    struct ArcNode1 * nextarc;
    // 弧相关信息的指针,可省略
    InfoType info;
} ArcNode1;
typedef struct VNode1
{
    VertexType data;                        // 顶点信息
    ArcNode1 * firstarc;                    // 指向链表中第一个结点
} VNode1, AdjList1[MAX_VERTEX_NUM];
typedef struct ArcCell
{
     VRType adj;                            // 顶点关系类型
    // 对于无权图,用1、0表示相邻否,对带权图,则为权值,也可以定义为浮点型
    InfoType info;                          // 弧相关信息的指针,可省略
} ArcCell, AdjMatrix[MAX_VERTEX_NUM][MAX_VERTEX_NUM];

typedef struct
{
    AdjList1 vertices;                      // 顶点向量
    VertexType vexs[MAX_VERTEX_NUM];        // 邻接矩阵
    AdjMatrix arcs;                         // 图的当前顶点数和弧度数
    int vexnum, arcnum;                     // 图的种类标志
    GraphKind kind;
} MGraph;
struct EdgeNode
{
    int i, j;
    VRType w;                               // 顶点关系
    EdgeNode * next;
};

typedef struct
{
    VertexType vex;                         // 顶点向量
    int parent;
} Tree[MAX_VERTEX_NUM];
Status CreateUDN(MGraph &G);
int LocateVex(MGraph G, VertexType e);
void UDN_Traverse(MGraph &G);
void MiniSpanTree_PRIM(MGraph G);
void MiniSpanTree_KRUSKAL(MGraph G);
EdgeNode * getEdgeLink(MGraph G);

OrthogonalList.h:
/* 十字链表声明 */

# include"def.h"
# define OLEXIT 0
```

```c
# define CREATEAL 1
# define OLDFS 2
# define OLBFS 3

typedef char * InfoType;
typedef struct ArcBox
{
    int tailvex, headvex;                //尾域,头域
    struct ArcBox * hlink, * tlink;      //链域(指向弧头相同的下一条弧),链域(指向弧尾
                                         //相同的下一条弧)
    InfoType info;                       //相关信息
} ArcBox;

typedef struct VexNode
{
    VertexType data;                     //相关信息
    //以该顶点为弧头的第一个弧结点 以该顶点为弧尾的第一个弧结点
    ArcBox * firstin, * firstout;
} VexNode;

typedef struct
{
    VexNode xlist[MAX_VERTEX_NUM];
    int vexnum, arcnum;
} OLGraph;

Status CreateOLGraph(OLGraph &G);
Status OL_DFSTraverse(OLGraph G, Status( * Visit)(VertexType));
Status OL_BFSTraverse(OLGraph G, Status( * Visit)(VertexType));
int LocateVex(OLGraph G, VertexType e);
int FirstAdjVex(OLGraph G, int v);
int NextAdjVex(OLGraph G, int v, int w);
bool ContainsEdge(OLGraph G, int i, int j);
void DFS(OLGraph G, int v, Status( * Visit)(VertexType));
```

校园导航系统和菜单驱动程序的运行结果如图 7-31 所示。

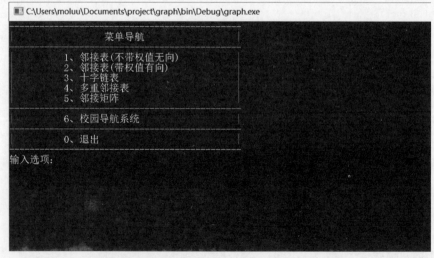

图 7-31　校园导航系统和菜单驱动程序运行结果

不带权值无向的邻接表如图 7-32 所示。

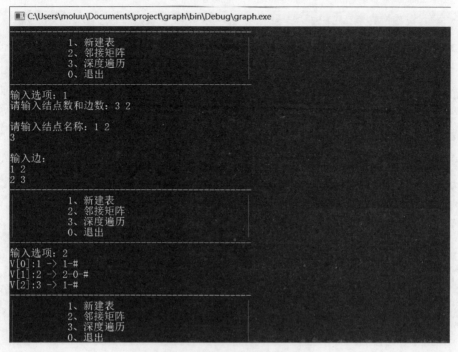

图 7-32　不带权值无向的邻接表

带权值有向的邻接表如图 7-33 和图 7-34 所示。

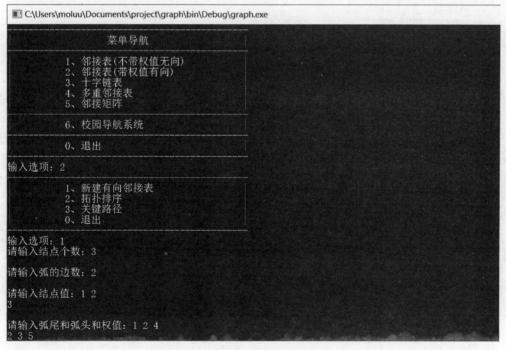

图 7-33　带权值有向的邻接表(1)

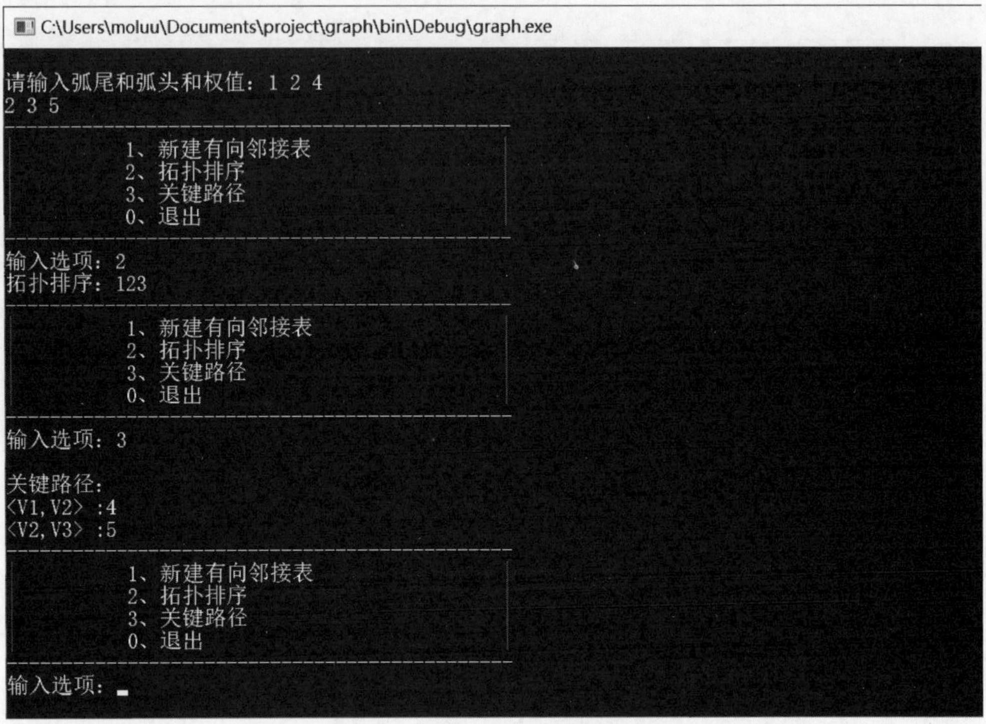

图 7-34　带权值有向的邻接表（2）

十字链表如图 7-35 所示。

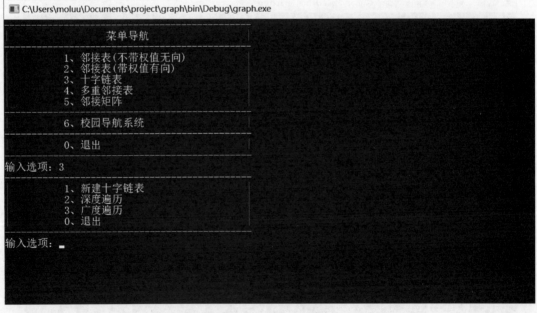

图 7-35　十字链表

多重邻接表如图 7-36 所示。

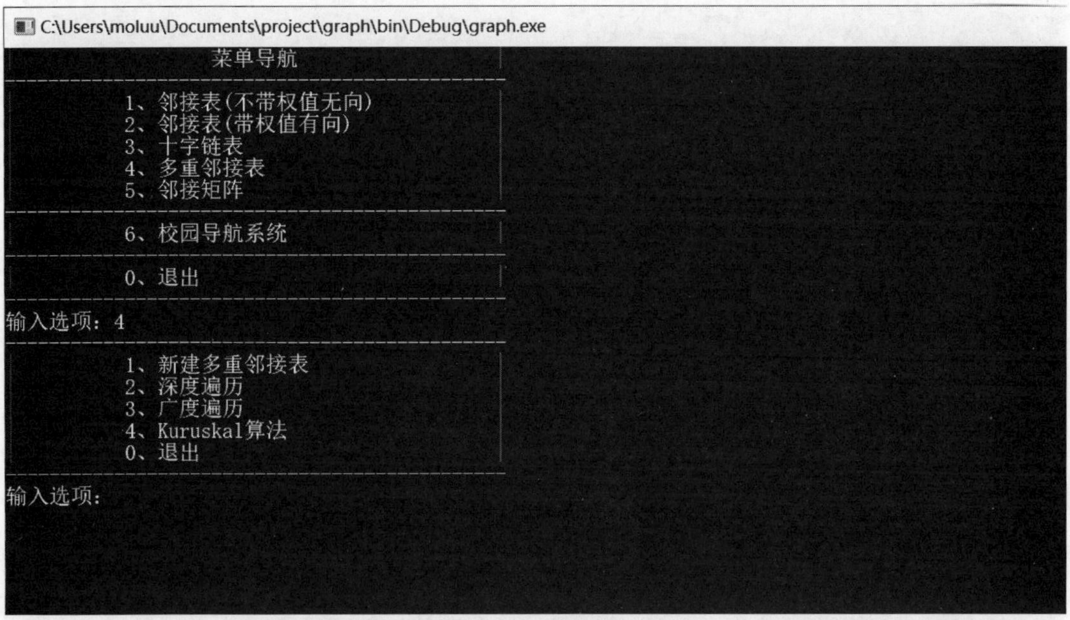

图 7-36　多重邻接表

校园导航系统如图 7-37～图 7-39 所示。

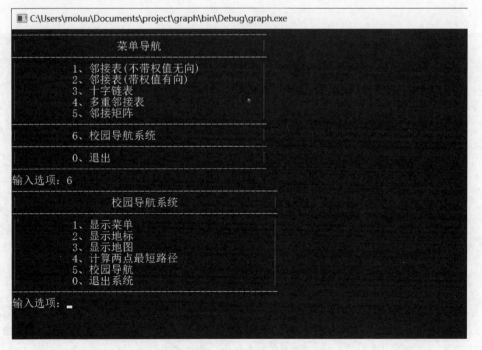

图 7-37　校园导航系统(1)

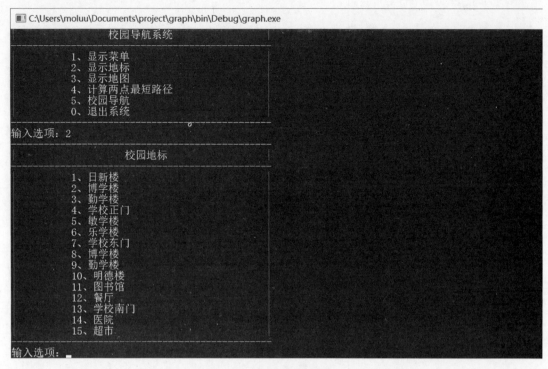

图 7-38　校园导航系统（2）

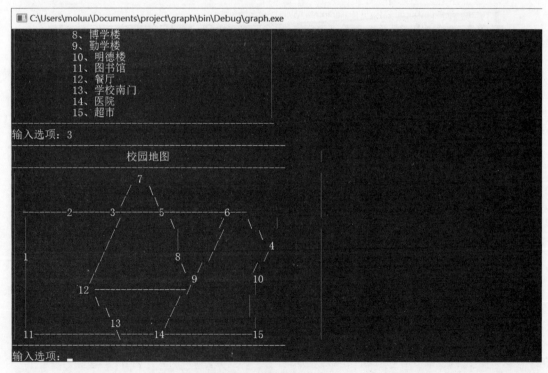

图 7-39　校园导航系统（3）

计算两个地标之间的最短路径如图 7-40 所示。

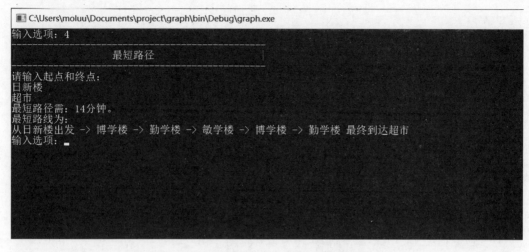

图 7-40 计算两个地标之间的最短路径

校园导航如图 7-41 所示。

图 7-41 校园导航

7.9 习题

1. 判断题

（1）树中的结点和图中的顶点就是指数据结构中的数据元素。　　　　　　（　　）

（2）在 n 个结点的无向图中，若边数大于 $n-1$，则该图必是连通图。　　　（　　）

(3) 对有 n 个顶点的图,其边(或弧)数 e 与各顶点度数间满足下列等式 $2e = \sum_{i=1}^{n} TD(V_i)$。						( )

(4) 有 e 条边的无向图,在邻接表中有 e 个结点。						( )

(5) 有向图中顶点 V 的度等于其邻接矩阵中第 V 行中的 1 的个数。						( )

(6) 十字链表是无向图的一种存储结构。						( )

(7) 无向图的邻接矩阵一定是对称矩阵,有向图的邻接矩阵一定是非对称矩阵。						( )

(8) 邻接矩阵适用于有向图和无向图的存储,但不能存储带权的有向图和无向图,后者只能使用邻接表来存储它。						( )

(9) 用邻接矩阵存储一个图时,在不考虑压缩存储的情况下,所占用的存储空间大小与图中结点个数有关,而与图的边数无关。						( )

(10) 需要借助于一个队列来实现 DFS 算法。						( )

(11) 连通图上各边权值均不相同,则该图的最小生成树是唯一的。						( )

(12) 求最小生成树的普里姆(Prim)算法中边上的权可正可负。						( )

(13) 在图 G 的最小生成树 G_1 中,可能会有某条边的权值超过未选边的权值。						( )

(14) 拓扑排序算法把一个无向图中的顶点排成一个有序序列。						( )

(15) 无环有向图才能进行拓扑排序,而且拓扑序列不唯一。						( )

(16) 若一个有向图的邻接矩阵对角线以下元素均为零,则该图的拓扑有序序列必定存在。						( )

(17) 对一个表示某工程的 AOV 网,从源点到终点的路径长度最长的称作关键路径。						( )

(18) 在表示某工程的 AOE 网中,加速其关键路径上的任意关键活动均可缩短整个工程的完成时间。						( )

2. 选择题

(1) 无向图的顶点个数为 n,则该图最多有(   )条边。
    A. $n-1$ B. $n(n-1)/2$
    C. $n(n+1)/2$ D. 0
    E. n^2

(2) 要连通具有 n 个顶点的有向图,至少需要(   )条边。
    A. $n-1$ B. n
    C. $n+1$ D. $2n$

(3) n 个结点的完全有向图含有边的数目(   )。
    A. nn B. $N(n+1)$
    C. $N/2$ D. $N(n-1)$

(4) 在一个无向图中,所有顶点的度数之和等于所有边数的(   )倍,在一个有向图中,所有顶点的入度之和等于所有顶点出度之和的(   )倍。
    A. 1/2   B. 2   C. 1   D. 4

(5) 用 DFS 遍历一个无环有向图,并在 DFS 算法退栈返回时打印相应的顶点,则输出的顶点序列是( )。

    A. 逆拓扑有序   B. 拓扑有序   C. 无序的

(6) 从邻接阵矩 $A = \begin{bmatrix} 0 & 1 & 0 \\ 1 & 0 & 1 \\ 0 & 1 & 0 \end{bmatrix}$ 可以看出,该图共有(①)个顶点;如果是有向图该图共有(②)条弧;如果是无向图,则共有(③)条边。

    ① A. 9   B. 3   C. 6   D. 1   E. 以上答案均不正确

    ② A. 5   B. 4   C. 3   D. 2   E. 以上答案均不正确

    ③ A. 5   B. 4   C. 3   D. 2   E. 以上答案均不正确

(7) 当一个有 N 个顶点的无向图用邻接矩阵 A 表示时,顶点 V_i 的度是( )。

    A. $\sum_{i=1}^{n} A[i,j]$ B. $\sum_{j=1}^{n} A[i,j]$

    C. $\sum_{i=1}^{n} A[j,i]$ D. $\sum_{i=1}^{n} A[i,j] + \sum_{j=1}^{n} A[j,i]$

(8) 无向图 $G=(V,E)$,其中:$V=\{a,b,c,d,e,f\}$,$E=\{(a,b),(a,e),(a,c),(b,e),(c,f),(f,d),(e,d)\}$,对该图进行深度优先遍历,得到的顶点序列正确的是( )。

    A. a,b,e,c,d,f   B. a,c,f,e,b,d

    C. a,e,b,c,f,d   D. a,e,d,f,c,b

(9) 如图 7-42 所示,在下面的 5 个序列中,符合深度优先遍历的序列有( )个。

a e b d f c; a c f d e b; a e d f c b; a e f d c b; a e f d b c

    A. 5   B. 4

    C. 3   D. 2

(10) 图 7-43 中给出由 7 个顶点组成的无向图。从顶点 1 出发,对它进行深度优先遍历得到的序列是(①),进行广度优先遍历得到的顶点序列是(②)。

    ① A. 1354267   B. 1347652   C. 1534276   D. 1247653   E. 以上均不正确

    ② A. 1534267   B. 1726453   C. 1354276   D. 1247653   E. 以上均不正确

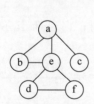
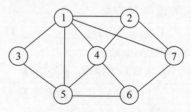

图 7-42   选择题第(9)题图   图 7-43   选择题第(10)题图

(11) 可以判断一个有向图是否有环的方法是( )(注:本题可多选)。

    A. 深度优先遍历   B. 拓扑排序

    C. 求最短路径   D. 求关键路径

(12) 在图采用邻接表存储时,求最小生成树的普里姆算法的时间复杂度为( )。

    A. $O(n)$ B. $O(n+e)$

    C. $O(n^2)$ D. $O(n^3)$

(13) 已知有向图 $G=(V,E)$，其中 $V=\{V_1,V_2,V_3,V_4,V_5,V_6,V_7\}$，$E=\{<V_1,V_2>,<V_1,V_3>,<V_1,V_4>,<V_2,V_5>,<V_3,V_5>,<V_3,V_6>,<V_4,V_6>,<V_5,V_7>,<V_6,V_7>\}$，$G$ 的拓扑序列是（　　）。

  A. $V_1,V_3,V_4,V_6,V_2,V_5,V_7$ B. $V_1,V_3,V_2,V_6,V_4,V_5,V_7$
  C. $V_1,V_3,V_4,V_5,V_2,V_6,V_7$ D. $V_1,V_2,V_5,V_3,V_4,V_6,V_7$

3. 填空题

(1) 图中顶点数目为 10，则有_____条边的无向图成为完全图。

(2) G 是一个非连通无向图，共有 28 条边，则该图至少有_____个顶点。

(3) 在有 n 个顶点的有向图中，每个顶点的度最大可达_____。

(4) 设 G 为具有 N 个顶点的无向连通图，则 G 中至少有_____条边。

(5) 如果含 n 个顶点的图形形成一个环，则它有_____棵生成树。

(6) N 个顶点的连通图用邻接矩阵表示时，该矩阵至少有_____个非零元素。

(7) 在图 G 的邻接表表示中，每个顶点邻接表中所含的结点数，对于无向图来说等于该顶点的_____；对于有向图来说等于该顶点的_____。

(8) 在有向图的邻接矩阵表示中，计算第 i 个顶点入度的方法是_____。

(9) 对于一个具有 n 个顶点 e 条边的无向图的邻接表的表示，则表头向量大小为_____，邻接表的边结点个数为_____。

(10) 遍历图的过程实质上是查找顶点的邻接点的过程，breath-first search 遍历图的时间复杂度_____；depth-first search 遍历图的时间复杂度_____，两者不同之处在于访问顶点的顺序不同，反映在数据结构上的差别是他们实现时分别借助于_____。

(11) 已知一无向图 $G=(V,E)$，其中 $V=\{a,b,c,d,e\}$，$E=\{(a,b),(a,d),(a,c),(d,c),(b,e)\}$ 现用某一种图遍历方法从顶点 a 开始遍历图，得到的序列为 $abecd$，则采用的是_____遍历方法。

(12) 一无向图 $G(V,E)$，其中 $V(G)=\{1,2,3,4,5,6,7\}$，$E(G)=\{(1,2),(1,3),(2,4),(2,5),(3,6),(3,7),(6,7),(5,1)\}$，对该图从顶点 3 开始进行遍历，去掉遍历中未走过的边，得一生成树 $G'(V,E')$，$V(G')=V(G)$，$E(G')=\{(1,3),(3,6),(7,3),(1,2),(1,5),(2,4)\}$，则采用的遍历方法是_____。

(13) 普里姆算法适用于求_____的网的最小生成树；克鲁斯卡尔算法适用于求_____的网的最小生成树。

(14) 克鲁斯卡尔算法的时间复杂度为_____，它对_____图较为适合。

(15) 有向图 G 可拓扑排序的判别条件是_____。

4. 简答题

(1) 已知无向图如图 7-44 所示，画出它的邻接表；给出从 V_1 开始的广度优先搜索序列及深度优先搜索序列；画出广度优先搜索生成树。

(2) 已知某图的邻接表如图 7-45 所示。写出此邻接表对应的邻接矩阵；写出由 V_1 开始的深度优先遍历的序列；写出由 V_1 开始的深度优先的生成树；写出由 V_1 开始的广度优先遍历的序列；写出由 V_1 开始的广度优先的生成树。

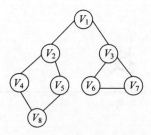

图 7-44 简答题第(1)题图

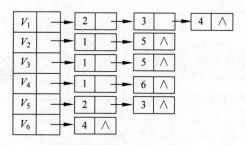

图 7-45 简答题第(2)题图

(3) 求出图 7-46 的最小生成树。

(4) 一带权无向图的邻接矩阵如图 7-47 所示,试画出它的一棵最小生成树。

(5) 图 7-48 所示为一个地区的通信网,边表示城市间的通信线路,边上的权表示架设线路花费的代价,如何选择能沟通每个城市且总代价最省的 $n-1$ 条线路,画出所有可能的选择。

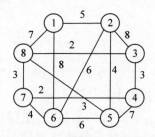

图 7-46 简答题第(3)题图

图 7-47 简答题第(4)题图

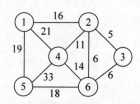

图 7-48 简答题第(5)题图

(6) 图 7-49 是带权的有向图 G 的邻接表表示法,求:以结点 V_1 出发深度遍历图 G 所得的结点序列;以结点 V_1 出发广度遍历图 G 所得的结点序列;从结点 V_1 到结点 V_8 的最短路径;从结点 V_1 到结点 V_8 的关键路径。

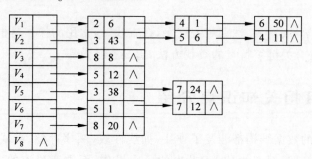

图 7-49 简答题第(6)题图

第 8 章 查 找

CHAPTER 8

查找是生活中的常用操作,线下的使用场景包括查字典、在火车站寻找候车室……线上的使用也非常广泛,比如在微信通讯录里查找联系人,用搜索引擎输入关键字查找特定内容等。

第 2 章中,在顺序表和链表上都实现了查找操作,查找算法的时间复杂度是 $O(n)$,假设有以下 5 种情况,有没有更合适或者更高效的查找算法?

(1) 查找表的关键字无序。
(2) 查找表的关键字有序。
(3) 查找表的元素很多,而且经常变动。
(4) 查找表开始时为空,数据元素按设好的规则逐一放入查找表中。
(5) 教学办公室里有个柜子,里面分了很多小格,用来存放各个班级的名单,名单使用率很高,而且每年新生入学,毕业生离校,都要更换一批文档。如何让师生能快速找到所需的名单并且减少更换文档的工作量?结合实际,在成绩单上,用学号查找一个学生的名字,一般怎么搜索?

8.1 项目分析引入

学生记录包括学号、姓名、性别等关键字,在查找时,常用的操作是根据学号查找和根据姓名查找,请设计符合关键字特点的查找方法,提高查找效率。

8.2 项目相关知识点介绍

前面章节介绍的数据结构都涉及了查找,如线性表(顺序存储、链式存储)、特殊线性表(栈、队列和串)、树和图,但查找是 ADT 中的一个操作,而本章讨论的主要内容,根据查找表的情况不同,涉及的查找算法也不同。

8.2.1 顺序查找

1. 算法思想

顺序查找可以用顺序表,也可以用链表。因为本节的重点是查找策略,为了易于理解,假设以数组为存储结构。顺序查找非常直观,有关键字 key,在数组 a 中从头到尾进行比较。

2. 算法描述

为了符合习惯,查找表的第一个元素放在 $a[1]$ 中,算法如下:

```
int search1(int a[],int n,int key)
/* a 数组存放查找表,key 是要找的关键字,找到返回所在位置,找不到返回 -1 */
{ int i;
  for(i=1;i<=n&&a[i]!=key;i++);
  if(i<=n) return i;
     else   return -1;
}
```

3. 算法效率分析

如果关键字就在 $a[1]$,找 1 次就能找到;如果关键字在 $a[n]$,找 n 次才能找到;如果关键字不在表中,最后找到表尾了,不满足条件"i<=n",循环终止,也是找了 n 次。由于关键字出现在查找表的任何位置上是等概率的,即"pi=1/n",所以平均查找长度为

$$\text{ASL} = \frac{1}{n}\sum_{i=1}^{n} i = \frac{n+1}{2}$$

算法内的循环最多执行 n 次,每次进行两个比较,时间复杂度是 $O(n)$。

想提高算法的效率,就得设法减少比较次数,比较 $i \leqslant n$ 是为了防止找不到变成死循环,如果预先把关键字放在闲置的 $a[0]$ 中,那么就可以去掉这个条件,因为如果找不到,比较到 $a[0]$ 时,由于 $a[0]$ 必然和 key 相等,循环结束,此时,i 的值为 0,实际表明 key 不在表中。

```
int search2(int a[],int n,int key)
/* a 数组存放查找表,key 是要找的关键字,找到返回所在位置,找不到返回 0 */
{int i;
 a[0]=key;
 for(i=n;a[i]!=key;i--);
 return i;
}
```

因为这个技巧好像在 $a[0]$ 处设置了一个"哨兵",防止由于找不到 key 而 i 不断减 1 而出现死循环的错误,所以把这个改进的算法称为设置岗哨的顺序查找,当然也可以从前向后找,把"哨兵"放在 $a[n+1]$ 的位置,具体算法请尝试自行写出。

设置了岗哨的顺序查找算法,时间复杂度仍然是 $O(n)$,但每次循环只需做一次比较,比原算法的效率提高了一倍。

小结:无论查找表的数据元素是否有序,存储实现是链表还是顺序表,都可以使用顺序查找,它的平均查找长度是 $(n+1)/2$,时间复杂度是 $O(n)$。

8.2.2 折半查找

1. 算法思想

如果查找表的元素已按关键字有序排列,可以采用更高效的算法,就好像看书时,要翻到 120 页,由于页码是有序的,我们并不会从第一个页码开始,一个一个进行比较(是否等于 120),而是直接翻到中间部分,看翻到的页码是否为 120,如果翻到的是 190 页,

则余下的部分不用找了,在前半部分继续查找……重复这两步,很快就可以找到需要的页,比顺序查找效率高很多。由于每次查找,页数范围都减少一半,称这种查找算法为折半查找法。

2. 算法描述

分别用 low 和 high 表示当前查找范围的下界和上界,计算查找范围的中间位置:mid=(low+high)/2,然后把要找的关键字 key 和 $a[mid]$ 比较,如果 key=$a[mid]$,查找成功,返回 mid;如果 key<$a[mid]$,在 $a[low..mid-1]$ 里继续查找;如果 key>$a[mid]$,在 $a[mid+1..high]$ 里继续查找,如果 low>high,查找失败。

【算法 8-1】 折半查找算法。

```
int BSearch(int a[ ], int n, int key) {
    int low = 1, high = n;
    int  mid;
    while(low <= high) {
        mid = (low + high) / 2;
      if (key == a[mid])   return mid;
      else if (key < a[mid])   high = mid - 1;
      else   low = mid + 1;
    }
    return -1;}           // BSearch
```

【例 8-1】 已知如下 9 个元素的有序表{10,12,18,23,37,50,62,71,90},试给出查找 18 和 60 的过程。

(1) 查找 18 过程如下,具体如图 8-1 所示。

第 1 次 low=1,high=9,mid=5,因为 18<37,所以 low 不变,high=mid-1=4。
第 2 次 low=1,high=4,mid=2,因为 18>12,所以 low=mid+1=3,high 不变。
第 3 次 low=3,high=4,mid=3,因为 18=$a[3]$,所以查找成功,mid 作为返回值。

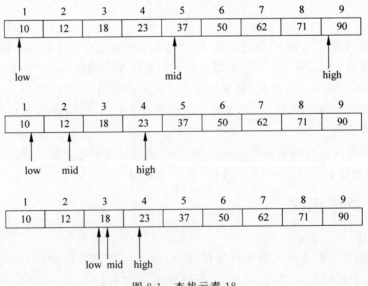

图 8-1 查找元素 18

(2) 查找元素 60 的过程如下,具体如图 8-2 所示。

第 1 次 low=1,high=9,mid=5,因为 60>37,所以 high 不变,low=mid+1=6。

第 2 次 low=6,high=9,mid=7,因为 60<62,所以 low 不变,high=mid-1=6。

第 3 次 low=6,high=6,mid=6,因为 60>50,所以 low=mid+1=7,high 不变。

因为 low>high,循环结束,所以查找失败。

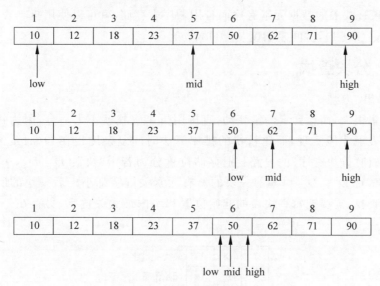

图 8-2　查找元素 60

3. 判定树

为了便于分析算法的时间性能,引入一种称为判定树的结构,来描述折半查找的活动过程。

判定树中的每一个结点对应查找表的一个元素,结点的值是元素的下标,结点位置由折半查找过程中,每次比较关键字的位置决定:比如 9 个结点的判定树,不论查找表内具体元素的值是多少,第一次和 key 比较的,一定是 $a[(1+9)/2]$,即 $a[5]$,所以整棵树的根结点就是⑤。若 key<$a[5]$,根据算法,low 仍然是 1,high 变成 mid-1=4,所以第 2 次比较一定是 $a[(1+4)/2]$,即 $a[2]$,所以⑤的左孩子是②。如果把表内的结点用圆圈表示,查找不成功的结点用方框表示,就能得到一棵只有度为 0 和度为 2 结点的判定树。容易推断出,如果圆圈的内部结点有 n 个,方框的外部结点就一定有 $n+1$ 个,9 个结点的判定树如图 8-3 所示(说明,(3,4)的意思是落到这里的关键字值介于 $a[3]$ 和 $a[4]$ 之间)。

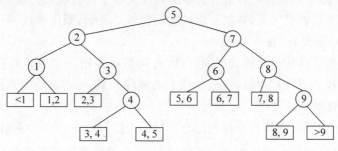

图 8-3　有 9 个结点的判定树

4. 算法效率分析

由于折半查找每次把查找范围缩小一半，所以判定树的深度不会超过 $\lfloor \log_2 n \rfloor + 1$，也就是说，无论查找是否成功，关键字比较次数（即从根到叶子的路径长度）最大值就是 $\lfloor \log_2 n \rfloor + 1$，若关键字出现在哪个位置都是等概率的，可以算出平均查找长度 $ASL = \log_2(n+1)$，所以算法的时间复杂度为 $O(\log_2 n)$，比顺序查找的效率高。

小结：如果查找表的数据元素有序而且用顺序表存储，就可以使用折半查找，它的平均查找长度是 $\log_2(n+1)$，时间复杂度是 $O(\log_2 n)$。

8.2.3 分块查找

1. 算法思想

如果数据集很大，而且元素经常变动，直接用折半查找就不太适合，因为折半查找需要在有序的顺序表上才能实现，而比较快的排序算法时间复杂度也在 $O(n\log_2 n)$，这种情况下，不妨采用一种"分块有序"的思路：把存储位置分为若干"块"：$D_1, D_2, \cdots, D_n$，块内无序，对于整个表，有 $D_i < D_{i-1}$，即前一块的所有元素关键字都小于后一块的所有元素关键字。为了便于查找，需要把每一块表的起始位置和块内最大关键字，另存在一张索引表中，如图 8-4 所示。

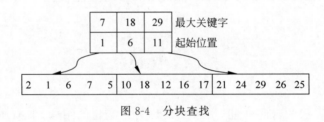

图 8-4 分块查找

2. 算法描述

由图可知，查找过程需要分两步进行：先在索引表中找出关键字在哪一块，然后在块内查找。因为索引表关键字有序，第一步可以使用折半查找提高效率，块内无序，第二步只能使用顺序查找。

以在图 8-4 中查找 12 和 4 为例。

（1）key=12。先将 key 依次和索引表中的最大关键字比较，因为 7<12<18，所以关键字 12 如果在查找表中，必然放在第 2 块，从第 2 块的起始位置 6 开始，顺序查找，找到 12 在 8 号位置，查找成功。

（2）key=4。先将 key 依次和索引表中的最大关键字比较，因为 4<7，所以关键字 4 如果在查找表中，必然放在第 1 块，从第 1 块的起始位置 1 开始，顺序查找，一直找到 5 号（第 2 块的起始位置减 1）也没有，查找失败。

实际应用中，为了体现分块查找的灵活性，每块可以占用一个独立的存储区，块内留有一些空位，假如查找不成功可以插入，假如找到要删除元素，也不会影响其他块。

3. 算法效率分析

分块查找算法的平均查找长度由两部分组成：一部分是在（有序）索引表内的查找 L_s，另一部分是在（无序）块内的顺序查找 L_t，假设把 N 个关键字的序列平均分成 m 块，每块含

有 k 个记录,则在索引表中查找概率为 $1/m$,在每个区间内的查找概率为 $1/k$,采用折半查找索引表,确定关键字所在区间,则在索引表中查找的平均查找长度为

$$ASL = L_S + L_t = \log_2\left(\frac{N}{m}+1\right) + \frac{k}{2}$$

小结:如果查找表的数据元素比较多,而且元素经常变动,就可以使用分块查找,它的时间复杂度和具体分块大小有关。

8.3 动态查找表

查找过程中,如果查找表不会改动,称为静态查找表,否则称为动态查找表。

8.3.1 二叉排序树

1. 算法思想

顺序查找和折半查找都是在线性结构上实现的,且查找前所有关键字都已经在查找表里,属于"静态查找";而二叉排序树是一种树型查找结构,查找表是根据数据出现的顺序逐个"放"在树上的,属于"动态查找"。

2. 定义

一棵二叉排序树 T 或为空树,或者是满足以下设定的一种二叉树(树形)结构。
(1) 若 T 的左子树不空,则左子树上的所有结点的值都比根结点小。
(2) 若 T 的右子树不空,则右子树上的所有结点的值都比根结点大。
(3) T 的左右子树也是二叉排序树。

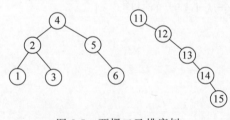

图 8-5 两棵二叉排序树

例如,图 8-5 所示的两棵树都是二叉排序树。根据定义可知,用中序遍历二叉排序树,就可以得到一个有序序列:图 8-5 两个图的中序遍历序列分别是 1,2,3,4,5,6 和 11,12,13,14,15。

由于二叉排序树的特性,用二叉链表来作为存储结构,能使算法更方便实现,下面给出树结点的定义。

```
typedef struct                          //整个结点是一个结构体
{keytype key;                           //关键字的值类型
 infotype otherinfo;                    //其他项
}Elemtype;
typedef struct BSTNode
{ Elemtype data;
  struct BSTNode * lch, * rch;
} BSTNode, * BSTree;
```

3. 主要算法

二叉排序树的查找、插入算法框架和二叉树的先序遍历递归算法非常相像,可以结合之前二叉树的先序遍历递归算法的递归过程来更好地理解。

(1) 查找:在以 T 为根的二叉排序树中查找关键字 key,找到则返回指向此结点的指

针,找不到返回空。

```
BSTree SearchBST(BSTree T, int key) {
    if((!T)||key == T->data.key) return T;                        //查找结束
    else if (key < T->data.key)   return SearchBST(T->lch,key);   //在左子树中继续查找
    else return SearchBST(T->rch,key);                            //在右子树中继续查找
}
```

（2）插入 key：调用插入函数前，先查找 key 是否在树上，如果不在，就建立新结点 s，递归找到插入的合适位置——树上比 key 大/小而且没有左/右孩子的结点 t，然后把 s 连接为 t 的左/右孩子。

```
void InsertBST(BSTree &T, Elemtype e ) {
    if(!T) {                          //找到插入位置,递归结束
      BSTree S = new BSTNode;         //生成新结点 S
        S->data = e;                  //新结点 S 的数据域置为 e
        S->lch = S->rch = NULL;       //新结点 S 作为叶子结点
        T = S;                        //把新结点 S 链接到已找到的插入位置
    }
    else if (e.key < T->data.key)
        InsertBST(T->lch, e );        //将结点 S 插入左子树
    else if (e.key > T->data.key)
        InsertBST(T->rch, e);         //将结点 S 插入右子树
}                                     // InsertBST
```

如果 T 为空,输入一个序列,重复调用插入函数,就可以建立二叉排序树。

（3）中序遍历二叉排序树：算法框架和二叉树的中序遍历递归算法相同，特别之处在于，根据二叉排序树定义，中序遍历的结果一定是一个从小到大的有序序列。

```
void InOrderTraverse(BSTree &T)
{
    if(T) {
      InOrderTraverse(T->lch);
      cout << T->data.key <<" ";
      InOrderTraverse(T->rch);
    }
}
```

4. 算法效率分析

以在图 8-6 所示的两棵树 T1 和 T2 查找关键字 key=17 为例。在 T1 上，key 先和根结点 6 比较，因为 17＞6,在右子树上继续找；再和 16 比较,因为 17＞16,在右子树上继续找；再和 17 比较,相等,查找成功,一共比较 3 次。

在 T2 上，key 先和根结点 2 比较,因为 17＞2,在右子树上继续找；再和 3 比较,因为 17＞3,在右子树上继续找……最后和 17 比较,相等,查找成功,一共比较 7 次。

查找过程实际就是走了一条从根到目标

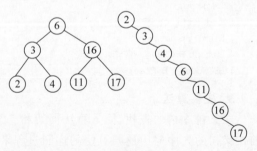

图 8-6　二叉排序树 T1 和 T2

结点的路径,比较两棵树,可以发现,对于同一个关键字集合,可以生成很多不同形态的二叉排序树,而一棵"茂盛"的二叉排序树(深度约等于 $\log_2 n$)查找效率,比一棵"瘦弱"的二叉排序树(深度可以达到 n)要高,也就是二叉排序树的 ASL 和形态是有关的。例如有 1023 个结点,如果生成的是满二叉树形态的,深度是 10,所以查找最多需要比较 10 个结点,如果生成的是每层只有一个结点的形态,深度是 1023,查找可能需要比较 1023 个结点。

8.3.2 平衡二叉树

1. 算法思想

由于二叉排序树的形态决定查找性能,直观上树的高度越小,查找效率越高。折半查找树的查找效率是 $O(\log_2 n)$,如果在全部数据放入之后,再调整成折半查找树的形态,效率太低,因此希望从空结点开始建立二叉排序树的过程中,用某些规则加以控制调整,使最终得到的树型深度尽可能地小。由此引入"平衡因子"的概念,平衡因子是指一个结点的左右子树高度之差。如果一棵二叉排序树的所有结点的平衡因子绝对值不超过 1,就称为平衡二叉树。

平衡二叉搜索树(Self-Balancing Binary Search Tree)又被称为 AVL 树,因为树上每个结点的平衡因子只有三种取值:-1、0、1,所以它的形态非常接近折半查找的判定树,由此使得查找的时间复杂度必然是 $O(\log_2 n)$,图 8-7 中,T1、T2、T3、T4 都是平衡二叉树,旁边的数字是结点的平衡因子。

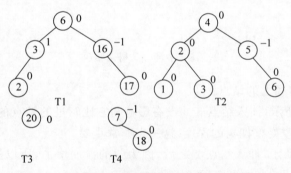

图 8-7 四棵平衡二叉树

2. 平衡二叉树的生成

在二叉排序树的建立过程中,随时计算结点的平衡因子,一旦有结点的平衡因子绝对值大于 1,马上进行调整。调整的原则是尽量缩小调整的范围,只调整影响平衡因子的最小子树,根据插入结点和失衡的根结点位置,可以分为 4 类调整:LL、LR、RR、RL。

【例 8-2】 用一个实例——数据集合{11,6,16,4,8,2,17,18,12,3}生成平衡二叉树,并解释 4 类调整的策略。

(1) 插入第一个结点 11,只有一个结点,所以平衡因子是 0,如图 8-8(a)所示。

(2) 再插入结点 6,结点 6 的左右子树都为空,所以平衡因子是 0,新插入的结点影响父结点的平衡度,所以 11 的平衡因子变为 1,如图 8-8(b)所示。

(3) 插入结点 16 后,平衡因子变化如图 8-8(c)所示。

(4) 插入结点 4 过程中,要和结点 11、结点 6 进行比较,如图 8-8(d)中箭头所示,插入引

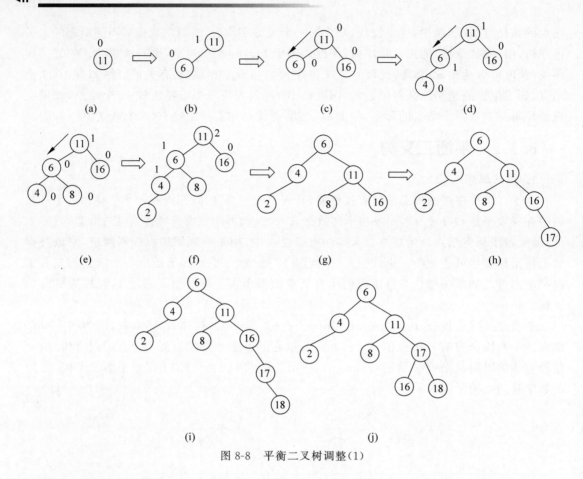

图 8-8 平衡二叉树调整(1)

起连锁反应,改变了路径上的结点。

(5) 如图 8-8(f)所示,插入结点 8 并没有影响和它比较过的结点的平衡因子,这是因为新增加的结点并没有改变整棵树的深度,这一点非常重要。

(6) 如图 8-8(e)所示,插入结点 2 之后,因为树的深度增加,所以逆向修改和它比较过的结点 4、结点 6 和结点 11 的平衡因子。

(7) 结点 11 的平衡因子变为结点 2,根据平衡二叉树的定义,需要调整。结点 11 是失衡最小子树的根结点,导致失衡的结点 2 在结点 11 的左孩子(L)的左子树(L)中。按照图 8-9(a)进行 LL 型调整,即把结点 11 变成结点 6 的右孩子,遇到的问题是,结点 6 原本已经有右孩子 8,所以按二叉排序树的定义:左子树的所有结点都比根小,右子树的所有结点都比根大,先把结点 11 变成结点 6 的右孩子,再把结点 8 变成结点 11 的左孩子,如图 8-8(g)所示。

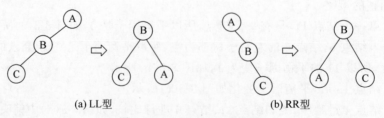

图 8-9 RR 型和 LL 型调整

(8) 插入结点 17 之后,改变了结点 16、结点 11 和结点 6 的平衡因子,如图 8-8(h)所示,但还是平衡二叉树。

(9) 如图 8-8(i)所示,插入结点 18 之后,引起结点 17 和结点 16 的失衡,按照影响范围最小的原则,只需调整结点 16 为根的子树即可保持整棵树的平衡。结点 16 是失衡最小子树的根结点,导致失衡的结点 18 在结点 16 的右孩子(R)的右子树(R)中,因此按照图 8-9(b)的形式进行 RR 旋转,得到图 8-8(g)。

(10) 插入结点 12 之后,因为树的深度增加,所以逆向修改和它比较过的结点 16、结点 17、结点 11 的平衡因子,失衡最小子树的根结点是 11。如图 8-10(a)所示,因为破坏平衡的结点 12 在结点 11 的右孩子的左子树上,所以进行 RL 型旋转。按图 8-11(b)的方法进行调整,得到图 8-10(c)的平衡状态。

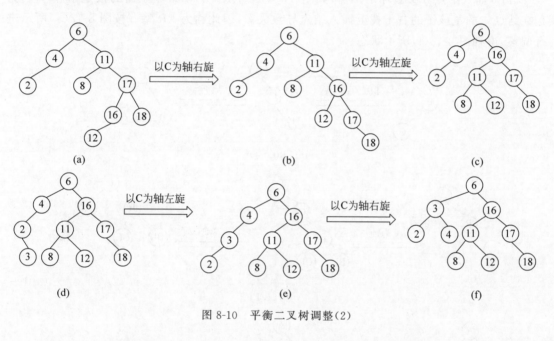

图 8-10 平衡二叉树调整(2)

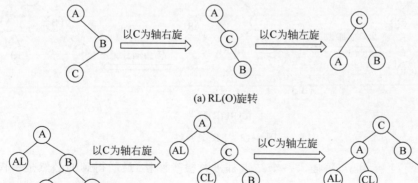

图 8-11 RL 型调整

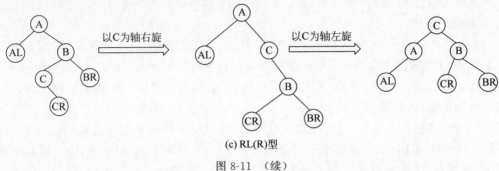

(c) RL(R)型

图 8-11 （续）

（11）插入结点 3 又破坏了平衡，如图 8-10(d)所示。失衡最小子树的根是结点 4，因为是在结点 4 的左孩子的右子树上插入结点导致失衡，因此称为 LR 型。按图 8-12(a)所示进行调整，得到图 8-10(f)所示状态。

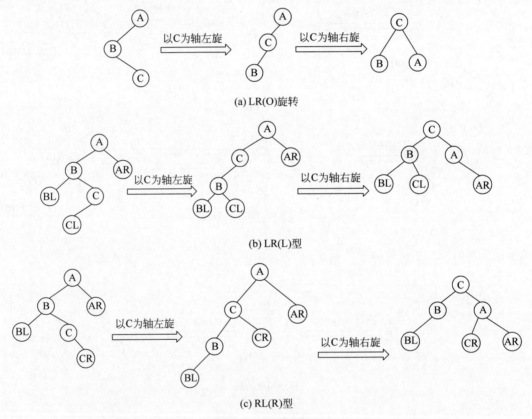

(c) RL(R)型

图 8-12 LR 型调整

由于引入了平衡因子，每插入一个结点都进行检查调整，最后得到的必然是一棵平衡二叉树。

理解 4 类调整时，不必死记硬背，而是通过观察比较，牢记平衡二叉树也是二叉排序树，所以左子树上的所有结点的值，都比根结点要小；右子树上的所有结点的值，都比根结点要大；根据具体情况，可能有几种调整方案，但是能保证调整后仍然符合二叉排序树的定义即可,调整的策略必然是总结的这 4 类策略之一。

8.3.3 B 树

平衡二叉树很好地确保了二叉排序树的查找性能,但是它们的结点存储密度比较低,每个结点只能存储一个数据,却至少要存放两个指针。在数据集比较小时,这个缺陷可以接受,如果存储大量数据时,会导致占用内存较多。实际应用中,磁盘上存储大量数据,而且频繁的读取需要花费很多时间,用平衡二叉树效率太低,所以对查找提出了以下需求。

(1) 一个结点内可以存放多个关键字,关键字增加时,指针变化的操作也比较简单。

(2) 关键字的增加、删除不需搬动大量数据。

(3) 关键字增加也不会破坏原查找表的性能。

B 树能很好地满足以上需求,因此在数据库和文件系统中大量应用。它的设计思想是,将相关数据尽量集中在一起,一次读取多个数据,减少硬盘操作次数。B 树算法减少定位记录时所经历的中间过程,从而加快存取速度。B 树的结点结构如图 8-13 所示。

图 8-13　B 树的结点结构

其中,n 是结点的元素数量;$a_1 \sim a_{m-1}$ 是结点中的关键字,一般按升序排列;p_i 是指向孩子结点的指针,以 p_0 为例,若指针不空,则 p_0 指向的孩子结点中的关键字都比 a_1 大,比 a_2 小,p_{m-1} 指向的孩子结点中的关键字都比 a_{m-1} 大。

假定一个结点可以容纳 100 个值,那么 3 层的 B 树可以容纳 100 万个数据,如果换成二叉查找树,则需要 20 层。假定操作系统一次读取一个结点,并且根结点保留在内存中,那么 B 树在 100 万个数据中查找目标值,只需要读取两次硬盘。

8.4　哈希表

8.4.1　算法思想

无论是树形结构的二叉排序树,还是线性结构的顺序查找,折半查找,关键字的存储位置和关键字的值之间没有映射关系,也就是不能根据关键字的值算出它的存储位置。如果能在两者之间建立映射关系,查找的效率可以大大提高,比如本章一开始情况(5)中提出的问题:①如何能让师生快速地找到所需名单并且减少更换文档的工作量? ②结合实际,在成绩单上,用学号查找一个学生的名字,一般是怎么搜索的?

要高效的解决这两个问题,不妨先分析一下学号的含义,一般学号是由"入学年份(4 位)"+"专业代码(5 位)"+"班别(1 位)"+"班内学号(2 位)"组成的,比如学号 201908344102,含义是 2019 级计算机专业(08344)1 班的同学,所以在放置成绩单时,先根据不同专业分层,每层再根据不同年级放不同单元格,在柜子前面贴上专业和层数对应表,查找的效率就高很多了。根据学号查找名字时,可以直接取学号的最后两位,在名单的相应位置上搜索,比用折半查找的效率还要高。这种元素存放位置是根据关键字的值"算"出来的查找表,就是哈希表。

最简单的哈希函数可以写成 $f(key)=key$,也就是关键字就是其存放位置。例如存储整型数列 1,2,3,采用数组存放,就可以使用这种映射,查找 i 时直接找 $a[i]$ 即可,但是这种情况很少,对于复杂的数据,要分析关键字的特点后再设置哈希函数,使得关键字能比较均匀地分布在存储空间里。如果两个元素的关键字不同,但是根据哈希函数算出来的地址相同,就称为冲突,发生冲突的关键字,称为同义词。

8.4.2 哈希函数的构造

1. 直接定址法

取关键字的某个线性函数作为哈希函数,有

$$f(key)=a \cdot key+b$$

$f(key)=key$ 是直接定址法的一个特例,如果哈希地址的取值范围和关键字集合大小相同,用直接定址法不会冲突,由于这种情况不常见,所以直接定址法虽然简单,但是很少应用。

2. 数值分析法

存储全班同学姓名就可以使用数值分析法:分析学号,发现最后两位是班内顺序编号,因此可以设计一个哈希函数,取学号最后两位作为存储位置。

3. 除留余数法

设哈希表的表长为 m,哈希函数为

$$f(key)=key \bmod p(p \leqslant m)$$

为了避免冲突,p 一般取一个不大于 m 且不等于 2 的素数。

8.4.3 冲突解决方法

1. 开放地址法

(1) 线性探测法。设用构造函数 $f(key)$ 得到的地址是 x,如果发生冲突,用 $(x+d) \bmod m$ 重新计算地址,其中的 $d=1,2,3,\cdots,n$。这种方法的好处是,只要哈希表还有空位,冲突的关键字总能找到位置存放,坏处是可能引起连锁反应:比如关键字序列是 a_1、a_2、a_3、a_4、a_5,a_1 和 a_2 是同义词,用开放地址法,a_2 找到一个空位 p_1 存放,可是 p_1 是 a_3 按 $f(key)$ 算出来的位置,于是 a_3 又用开放地址法找别的空位,这种情况大大降低哈希表的查找效率。

(2) 二次探测法。二次探测法也是在冲突后,用 $(x+d) \bmod m$ 来计算同位素的地址,不同之处在于 $d=1^2,-1^2,2^2,-2^2,3^2,-3^2,\cdots$ 由于试探时的 d 序列不是线性递增,可以更快地找到空位,也可以减少发生冲突连锁反应的情况。

(3) 伪随机探测法。伪随机探测法中 $(x+d) \bmod m$ 的 d 用随机数生成。

2. 链地址法

链地址法的基本思想是,每个存储位置不是直接放元素,而是放一个指针,可以理解为是一个链表的头指针,所有算出应该放这个位置的元素,都链在这个链表上,整个哈希表结构和邻接表有点相似。关键字 (16,08,30,21,62,27,91,34) 采用哈希函数:$H(key)=key \%7$,表长为 10,处理冲突用链地址法,构造哈希表如图 8-14 所示。

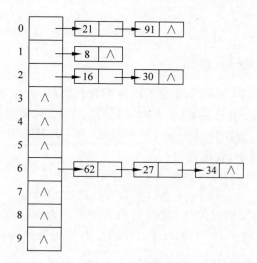

图 8-14 哈希表

8.4.4 哈希表的查找过程

关键字是整数,常用除留余数法构造哈希表。所以下面以此方法构造哈希表,以二次探测法解决冲突,介绍哈希表的查找过程。

【例 8-3】 设有一组关键字(16,08,30,21,62,27,91,34),采用哈希函数:$H(key)=key\%7$,表长为 10,用开放地址法的二次探测法($d=1^2,-1^2,2^2,-2^2,3^2,-3^2,\cdots$)处理冲突。要求:对该关键字序列构造哈希表,并计算查找成功的平均查找长度。

以 34 为例,在放置 34 之前,(16,08,30,21,62,27,91)已经放好,哈希表如表 8-1 所示。

表 8-1 构造哈希表

散列地址	0	1	2	3	4	5	6	7	8	9
关键字	21	8	16	30			62	27		91
比较次数	1	1	1	2			1	2		3

第一次按哈希函数计算 34 的地址:$H(34)=34\%7=6$,62 已经放在 6 号位置,冲突。

第二次用二次探测法:$d=1,(6+1)\%10=7$,27 已经放在 7 号位置,冲突。

第三次用二次探测法:$d=-1,(6-1)\%10=5$,可以存放,最终得到的哈希表如表 8-2 所示。

表 8-2 放置 34 之后的哈希表

散列地址	0	1	2	3	4	5	6	7	8	9
关键字	21	8	16	30		34	62	27		91
比较次数	1	1	1	2		3	1	2		3

平均查找长度为：
$$ASL_{succ} = (1+1+1+2+3+1+2+3)/8 = 14/8$$

8.4.5 哈希法性能分析

理论上哈希表构造简单，查找性能应该比折半查找要高，但是实际应用中，影响效率的主要因素是冲突次数，同一组关键字，放入哈希表的顺序不同，最终存放位置可能不一样，冲突次数也可能不一样。因为冲突越少查找效率越高，为了计算哈希表的平均查找长度，引入一个重要指标——装填因子，其定义为：

$$\alpha = \frac{\text{填入表中的元素个数}}{\text{哈希表的长度}}$$

显然，α 越大，发生冲突的可能性越大，哈希表的平均查找长度 ASL 是 α 的函数，用线性探测法时，如果查找成功，$ASL \approx [1+1/(1-\alpha)]/2$，如果查找不成功，$ASL \approx 1+\alpha/2$。用链地址法时，如果查找成功，$ASL \approx [1+1/(1-\alpha)2]/2$。

没有最好的哈希函数，如果能根据关键字特性构造哈希函数，使得既不浪费空间，冲突也比较少，就是一个比较理想的哈希函数构造方法。

8.5 项目实现

学完这一章，再思考本章开始列出的五种情况应该用哪一种查找。

(1) 查找表的关键字无序——用设置岗哨的顺序查找

(2) 查找表的关键字有序——用折半查找

(3) 查找表的元素很多，而且经常变动——用分块查找

(4) 查找表开始时为空，数据元素按设好的规则逐一放入查找表中——用平衡二叉树

(5) 教学办公室里有个柜子，里面分了很多小格，用来存放各个班级的名单，名单使用率很高，而且每年新生入学，毕业生离校，都要更换一批文档。如何让师生能快速找到所需的名单并且减少更换文档的工作量？结合实际，在成绩单上，用学号查找一个学生的名字，一般用哈希表进行搜索。

项目设计：学生记录包括学号、姓名、性别等关键字，在查找时，常用的操作是根据学号查找和根据姓名查找，请设计符合关键字特点的查找方法，提高查找效率。

算法解析：学号虽然是数字，但是有 12 位，如果用整型存储更不好处理，因此学号和姓名字段都定义为字符串类型；分析可知，同班同学学号只有最后两位不同，前面部分相同，因此可以取最后两位转换成数值后用折半或者哈希函数 $H(key)=key$ 设计查找函数。

按照常规，班级记录都是按学号顺序存放的，因此按姓名查找时，采用设置岗哨的顺序查找，减少比较次数，尽量提高查找效率。

项目实现：

```
# include < iostream >
# include < string.h >
# include < cstring >
using namespace std;
# define len 15                              //字符串长度
```

```
#define n 10                                    //学生人数

typedef struct{
    int key;
    char * no;
    char * name;
}sturec;
sturec a[15];

int chtoin(char * f)                            //取学号最后两位转换成数值
{   int num,i;
    i = strlen(f);
    num = f[i-1] - '0' + (f[i-2] - '0') * 10;   //取学号最后两位转换成数值
    cout << f <<"    "<< i <<"    "<< num << endl;
    return num;
}

int search2(sturec a[],int n1,char * key1)
/* a 数组存放查找表,key是要找的关键字,找到返回所在位置,找不到返回 0 */
{int i;
 a[0].name = new char[len];
 a[0].name[len-1] = '\0';                       //设置岗哨
 strcpy(a[0].name,key1);
 for(i = n1;strcmp(a[i].name,key1);i--);
 return i;

}

int BSearch(sturec a[],int n1,int key) {
/* 在有序表中折半查找其关键字等于 key 的数据元素.若找到,则函数值为
   该元素在表中的位置,否则为 0 */
    int low = 1,high = n1;                      //置查找区间初值
    int   mid;
    while(low <= high) {
        mid = (low + high) / 2;
        if (key == a[mid].key)   return mid;    //找到待查元素
        else if (key < a[mid].key)   high = mid - 1;
     //继续在前一子表进行查找
        else   low = mid + 1;                   //继续在后一子表进行查找
    }                                           //while
    return 0;                                   //表中不存在待查元素
}                                               //BSearch

int hash(sturec a[],int n1,int key)
//学号最后两位就是记录所在位置
{key = key % 10;
if(key < 1||key > n1) return(0);
    else return key;
}
int main()
{ int i,pos1,pos2,pos3,num;
  cout <<"请输入学号和姓名,以回车分隔"<< endl;
```

```
    for(i = 1;i <= n;i++)
    { a[i].no = new char[len];   a[i].no[len-1] = '\0';
      cin >> a[i].no;
      a[i].name = new char[len];a[i].name[len-1] = '\0';
      cin >> a[i].name;
    }
    for(i = 1;i <= n;i++)
    {   cout << a[i].no <<"   "<< a[i].name << endl;
    }
    cout <<"请输入需要查找的姓名:";                    //输入姓名用顺序查找
    char  * key1 = new char[len];   key1[len-1] = '\0';
    cin >> key1;
    pos1 = search2(a,n,key1);
    if(pos1 == 0) cout <<"找不到此姓名";
      else cout << key1 <<"在第"<< pos1 <<"个位置"<< endl;

    cout <<"请输入需要查找的学号:";                    //输入学号
    char  * key2 = new char[len];   key2[len-1] = '\0';
    cin >> key2; num = chtoin(key2);                  //取最后两位作为关键字
    for(i = 1;i <= n;i++)
       a[i].key = chtoin(a[i].no);

    pos2 = BSearch(a,n,num);                          //用折半查找法
    if(pos2 == 0) cout <<"找不到此学号";
      else cout << key2 <<"在第"<< pos2 <<"个位置"<< endl;

    pos3 = hash(a,n,num);                             //用哈希函数计算记录位置
    if(pos3 == 0) cout <<"找不到此学号";
      else cout << key2 <<"在第"<< pos3 <<"个位置"<< endl;

    return 0;
}
```

8.6 习题

1. 填空题

(1) 散列表中解决冲突的两种方法是_____和_____。

(2) 用以下序列(100,80,90,60,120,110,130)构造二叉排序树,这棵树的树根是_____,如果序列改为(100,120,110,130,80,90,60),树根_____(填"变/不变")。

(3) 已知如下11个元素的有序表(5,16,20,27,30,36,44,55,60,67,71),这个序列的折半查找树有_____层,用折半查找算法查找27,找了_____次才找到。

(4) 在有序表(12,24,36,48,60,72,84)中二分查找关键字72时所需进行的关键字比较次数为_____。

(5) 设有一个采用开放地址法的线性探测再散列法解决冲突得到的散列表:
T: 0 1 2 3 4 5 6 7 8 9 10

| | | | 13 | 25 | 80 | 16 | 17 | 6 | 14 | |

散列函数为 $H(k)=k \bmod 11$，若要查找元素 14，探测的次数是_____。

2. 选择题

(1) 顺序查找要求查找表的结构是( )。
　　A. 有序顺序表　　B. 有序链表　　C. 无序顺序表　　D. 以上都可以

(2) 用顺序查找法查找长度为 n 的线性表时，每个元素的平均查找长度为( )。
　　A. n　　B. $n/2$　　C. $(n+1)/2$　　D. $(n-1)/2$

(3) 查找表是以( )为逻辑结构。
　　A. 集合　　B. 图　　C. 文件　　D. 树

(4) 平衡二叉树是以( )为存储结构。
　　A. 集合　　B. 图　　C. 文件　　D. 树

(5) 散列查找是由键值( )确定散列表中的位置，进行存储或查找。
　　A. 散列函数值　　B. 本身　　C. 平方　　D. 相反数

(6) 索引顺序表的特点是顺序表中的数据( )。
　　A. 有序　　B. 无序　　C. 块间有序　　D. 散列

(7) 设有序顺序表中有 n 个数据元素，则利用二分查找法查找数据元素 X 的最多比较次数不超过( )。
　　A. $\log_2 n+1$　　B. $\log_2 n-1$　　C. $\log_2 n$　　D. $\log_2(n+1)$

(8) 选取哈希函数 $H(k)=(3k) \bmod 11$，则关键字为 5 的记录在无冲突的情况下其哈希表地址应为( )
　　A. 任意　　B. 3　　C. 4　　D. 5

3. 应用题

(1) 已知哈希表地址区间为 0~10，给定关键字序列(20,30,70,15,8,12,18,63,19)。哈希函数为 $H(k)=k\%11$，采用线性探测法处理冲突，将以上关键字依次存储到哈希表中。试构造出该哈希表。

(2) 给定表(19,14,22,01,66,21,83,27,56,13,10)。试按元素在表中的次序将他们依次插入一棵初始时为空的二叉排序树，画出插入完成之后的二叉排序树。

(3) 设一组初始记录关键字集合为(25,10,8,27,32,68)，散列表的长度为 8，散列函数 $H(k)=k \bmod 7$，要求用线性探测作为解决冲突的方法设计哈希表。

(4) 已知关键字集合{19,01,23,14,55,68,11,82,36}，设哈希函数为 $H(\text{key})=\text{key} \bmod 11$(哈希表长为 11)，采用二次探测再散列处理冲突，试画出该哈希表。

第 9 章 排序

CHAPTER 9

排序(sort)是对数据进行处理的一种重要操作,在程序设计中占有重要的地位。例如,为了提高查找效率,可采用折半查找算法,此时就需将查找表按关键字排序。

本章将介绍插入排序、交换排序、选择排序和归并排序四类内部排序方法的基本思想,并从排序过程、算法实现、时间和空间性能的分析等方面进行了深入阐述,最后通过对各种排序方法的综合比较和分析,给出了不同情况下应选择哪种排序方法的指导思想。

9.1 项目分析引入

假设班级有 23 名同学,所有同学的数据信息(学号、姓名及多门课程的成绩等)无序地存放在一个文件里,以顺序表作为排序表,从文件中读取所有学生数据信息创建待排序表,同时需要完成如下内容。

(1) 将排序表按学号排序并显示排序结果。
(2) 按姓名以递增的方式显示排序结果。
(3) 从所有学生数据中求解出总成绩为第 k 个的学生信息并显示。

9.2 排序的相关术语与概念

排序是计算机内经常进行的一种操作,其目的是将一组"无序"的记录序列调整为"有序"的记录序列。

排序的确切定义为:对于 n 个记录组成的输入序列 $\{R_1,R_2,\cdots,R_n\}$,根据其相应的关键字序列 $\{K_1,K_2,\cdots,K_n\}$ 得到一个所有记录的输出序列 $\{R_{i1},R_{i2},\cdots,R_{in}\}$,使得 $K_{i1} \leqslant K_{i2} \leqslant \cdots \leqslant K_{in}$(或 $K_{i1} \geqslant K_{i2} \geqslant \cdots \geqslant K_{in}$),此过程称为排序。

例如,对于关键字序列 $\{52,49,80,36,14,58,61,23,97,75\}$,按照某种排序方法对该序列排序,得到的非递减有序的序列为 $\{14,23,36,49,52,58,61,75,80,97\}$。

1. 排序的稳定性

假设 $K_i = K_j (1 \leqslant i \leqslant n, 1 \leqslant j \leqslant n, i \neq j)$,且在排序前的序列中 R_i 领先于 R_j(即 $i < j$)。若在排序后的序列中 R_i 仍领先于 R_j,则称所用的排序方法是稳定的;反之,若可能使排序后的序列中 R_j 领先于 R_i,则称所用的排序方法是不稳定的。

例如,对于表 9-1 给出的初始学生记录,现按关键字"成绩"对从高到低对其进行排序,若采用的排序方法是稳定的,则成绩相同的两位王二同学和高五,原来次序在前的王二同学,排序后一定会排在高五前面,这种排序结果为必然的,如表 9-2 所示。反之,若所采用的排序方法是非稳定的,则就有可能使得王二同学排在了高五同学的后面,如表 9-3 所示。

表 9-1 待排序的学生记录

学　号	姓　　名	出 生 日 期	成　　绩	家 庭 地 址
13100301	丁一	1980.6	68	北京
13100302	王二	**1981.9**	**80**	哈尔滨
13100303	刘三	1980.7	96	青岛
13100304	李四	1982.3	73	上海
13100305	高五	**1981.1**	**80**	大连
13100306	赵六	1983.2	87	哈尔滨

表 9-2 采用稳定的排序方法进行排序时的必然结果(按"成绩"从高到低次序)

学　号	姓　　名	出 生 日 期	成　　绩	家 庭 地 址
13100303	刘三	1980.7	96	青岛
13100306	赵六	1983.2	87	哈尔滨
13100302	王二	**1981.9**	**80**	哈尔滨
13100305	高五	**1981.1**	**80**	大连
13100304	李四	1982.3	73	上海
13100301	丁一	1980.6	68	北京

表 9-3 采用非稳定的排序方法进行排序时的可能结果(按"成绩"从高到低次序)

学　号	姓　　名	出 生 日 期	成　　绩	家 庭 地 址
13100303	刘三	1980.7	96	青岛
13100306	赵六	1983.2	87	哈尔滨
13100305	高五	**1981.1**	**80**	大连
13100302	王二	**1981.9**	**80**	哈尔滨
13100304	李四	1982.3	73	上海
13100301	丁一	1980.6	68	北京

2. 排序的分类

排序分为内部排序和外部排序:若待排序记录都在内存中,称为内部排序;若待排序记录一部分在内存,一部分在外存,则称为外部排序。其中,外部排序时,要将数据分批调入内存来排序,中间结果还要及时放入外存,显然外部排序要复杂得多。

本章主要介绍内部排序,涉及 4 类排序方法,分别是插入排序、交换排序、选择排序、归并排序。

3. 排序算法性能标准

一个排序算法好坏,一般应从以下 3 方面综合衡量。

(1)时间复杂度:它主要是分析记录关键字的比较次数和记录的移动次数。

(2)空间复杂度:算法中使用的内存辅助空间的多少。

(3)稳定性:算法是否稳定。在有些特定应用中,就要求排序算法必须是稳定的。

内部排序方法很多,很难提出一种最好的排序方法,所以要分析每种方法的优缺点,针对于具体问题,选择最合适的方法。

4. 排序记录的存储结构

待排序的记录序列在逻辑结构上为线性表(通常称为排序表),因此可用顺序存储结构,还可用链式存储结构。因此,排序表通常采用以下 3 种存储结构。

(1) 排序表为顺序表。此时,排序时需对记录本身进行物理重排,即通过关键字之间的比较判定,将记录移到合适的位置。

(2) 排序表为链表(动态链表或静态链表)。对链表排序时,无须移动记录,仅须修改指针,但算法相对复杂。通常,将这类在链表上实现的排序称为链表排序。

(3) 以顺序表存储待排序记录,用一个辅助顺序表作为排序表。当待排序记录存放在顺序表中时,大量的记录移动势必影响排序算法的效率。特别是排序表是一个动态表时,每次对排序表修改(例如进行插入、删除操作)后,就须对其重新进行排序。另外建立一个由每条记录的关键字和其存储位置组成的辅助表,排序时并不移动原始记录表中的元素,仅需对辅助表中元素进行排列。这种排序方法通常称为索引排序,对应的辅助表称为索引表(通常索引表中还有主关键字项)。例如,对表 9-1 所给出的待排序记录按"成绩"从高到低建立的索引表如表 9-4 所示,其中设表中原始记录的存储位置依次为$\{1,2,\cdots,6\}$。

表 9-4 待排序记录(表 9-1 所示)的索引表

成 绩	原始表中存储地址	成 绩	原始表中存储地址
96	3	**80**	5
87	6	73	4
80	2	68	1

索引表上的排序与直接在原始顺序表上的排序的实现方法是一致的。因此,在本章的讨论中以顺序表作为待排序的记录序列存储结构,其定义如下:

```
#define MAXSIZE 100          //假设的文件长度,即待排序的记录数目
typedef struct{
    KeyType key;             //关键字项,关键字类型为 KeyType
    ………;                     //其他数据项
}RcdType;
typedef struct{
    RcdType R[MAXSIZE + 1];  //存储待排序记录序列的一维数组,R[0]闲置或作为"哨兵"使用
    int length;              //顺序表长度
}SortSqList;                 //顺序表类型
```

其中,关键字类型 KeyType,依赖于具体应用而定义,不失一般性,本章中将其约定为数值类型。

9.3 插入排序

插入排序(Insertion Sort)的基本思想是:每次将一个待排序的记录,按其关键字大小插入到前面已经排好序的子文件中的适当位置,直到全部记录插入完成为止。插入排序通

常需要一个辅助空间存储当前待插入的记录,在插入时,需要移动已排序记录,为新插入的元素提供空间。

本节介绍 3 种插入排序方法:直接插入排序、折半插入排序和希尔排序。

9.3.1 直接插入排序

直接插入排序(Straight Insertion Sort)是一种最简单的排序方法,它的基本操作是将一个记录插入到已排好序的有序表中,从而得到一个新的、记录数增 1 的有序表。

假设待排序的记录存放在数组 $R[1] \sim R[n]$ 中,直接插入排序的基本过程如下。

(1) 初始时,$R[1]$ 自成 1 个有序区,无序区为 $R[2] \sim R[n]$。从 $i=2$ 起直至 $i=n$ 为止,依次将 $R[i]$ 插入当前的有序区 $R[1] \sim R[i-1]$ 中,生成含 n 个记录的有序区。

(2) 当插入第 $i(i \geqslant 1)$ 个记录时,前面的 $R[1] \sim R[i-1]$ 已经排好序。这时,用 $R[i]$ 的关键字与 $R[i-1],R[i-2],\cdots,R[1]$ 的关键字顺序进行比较,找到插入位置即将 $R[i]$ 插入,插入位置之后的所有记录依次向后移动。

(3) 第 i 趟直接插入排序的操作为:在含有 $i-1$ 个记录的有序子序列 $R[1] \sim R[i-1]$ 中插入一个记录后,变成含 i 个记录的有序子序列 $R[1] \sim R[i]$;并且和顺序查找类似,为了在查找插入位置的过程中避免数组下标出界,在 $R[0]$ 处设置监视哨。在自 $i-1$ 起往前搜索的过程中,可以同时后移记录。

(4) 整个排序过程为 $n-1$ 次插入,即先将序列中第 1 个记录看成是一个有序子序列,然后从第 2 个记录开始,逐个进行插入,直至整个序列有序。

例如,设待排序记录的初始关键字序列为{26,18,20,19,38,30,20,23},对其采用直接插入排序的执行过程如图 9-1 所示。在图 9-1 中,(26)和(18,26)等表示当前有序的子序列。20 和 20 表示关键字值相同,但记录所处的待排序位置不同,以验证算法是否是稳定的。每行的第一个黑体数据,则表示此趟排序前设置的监视哨。

```
初始关键字:      (26) 18  20  19  38  30  20  23
第1趟排序后:  18 (18  26) 20  19  38  30  20  23
第2趟排序后:  20 (18  20  26) 19  38  30  20  23
第3趟排序后:  19 (18  19  20  26) 38  30  20  23
第4趟排序后:  38 (18  19  20  26  38) 30  20  23
第5趟排序后:  30 (18  19  20  26  30  38) 20  23
第6趟排序后:  20 (18  19  20  20  26  30  38) 23
第7趟排序后:  23 (18  19  20  20  23  26  30  38)
```

图 9-1 直接插入排序过程示例

1. 算法描述

根据直接插入排序的思想和分析,其实现的算法如算法 9-1 所示。

【算法 9-1】 直接插入排序算法。

```
void insertSort(SortSqList &L){
    //对顺序表 L 作直接插入排序
    int i,j;
    for(i = 2; i <= L.length; ++i)
        if(L.R[i].key < L.R[i-1].key){
            L.R[0] = L.R[i];                                    //复制为哨兵
            for(j = i-1; L.R[0].key < L.R[j].key; j--)          //在查找插入位置的同时记录后移
                L.R[j+1] = L.R[j];
            L.R[j+1] = L.R[0];                                  //插入到正确位置
        }
}
```

整个插入排序需要 $n-1$ 趟"插入"。因为只含一个记录的序列必定是有序序列，故插入应该从 $i=2$ 开始。另外，在第 i 趟中，若第 i 个记录的关键字不小于第 $i-1$ 个记录的关键字，"插入"也就不需要进行了。

在算法中，为了避免查找插入位置时数组下标越界，在 $R[0]$ 处设置监视哨，它的作用是在查找循环中"监视"下标变量 j 是否越界。一旦越界（即 $j=0$），因为 $R[0].key$ 和自己比较，循环判定条件不成立使得查找循环结束，从而避免了在该循环内每一次都要检测 j 是否越界（即省略了循环判定条件"$j \geqslant 1$"）。

2. 算法分析

（1）从空间来看，它只需一个记录的辅助空间。

（2）从时间来看，该算法的基本操作为：比较两个关键字的大小和移动记录。最佳情况下，即初始关键字序列非递减有序排列时，关键字间比较的次数达最小值 $n-1$，而移动记录的次数为 0。而在最坏情况下，即初始关键字序列非递增有序排列时，相应关键字间相互比较的次数达到最大值 $\sum_{i=2}^{n} i = (n+2)(n-1)/2$，记录间移动的次数也达最大值 $\sum_{i=2}^{n}(i+1) = (n+4)(n-1)/2$。在随机情况下，即初始关键字序列出现各种排列的概率相同，可取上述两种情况下的最小值和最大值的平均值，即所需进行关键字间的比较次数和移动记录的次数约为 $n^2/4$，综上所述，直接插入排序的时间复杂度为 $O(n^2)$。

（3）直接插入排序是稳定的。

（4）算法的不足与改进，当待排序记录的数量 n 很小时，直接插入排序是一种很好的排序方法，但是当 n 很大时，显然不宜采用直接插入排序。因此应对算法进行改进，改进的方向应是尽可能减少"比较"和"移动"这两种操作的次数，下面介绍的几个算法分别从不同的角度来改进直接插入排序的不足。

9.3.2 折半插入排序

折半插入排序（Binary Insertion Sort）的基本思想是：利用折半查找减少关键字间的比较次数，其基本操作是在一个有序表中进行查找和插入，由此进行的插入排序称为折半插入排序。

例如，初始关键字序列为{30, 13, 70, 85, 39, 42, 6, 20}，图 9-2 仅仅给出了第 7 趟排序时情况，当关键字 20 需要通过查找插入到正确位置中时，直接插入排序需要比较 6 次，而通过折半查找思路,可以将比较的次数减少为 3 次。当关键字个数和数量很大时,效果更加明显。

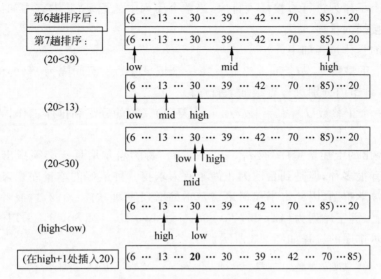

图 9-2　一趟折半插入排序示例

1. 算法描述

根据折半插入排序的思想和分析,其实现的算法如算法 9-2 所示。

【算法 9-2】　折半插入排序算法。

```
void binInsertSort(SortSqList &L){
    //对顺序表 L 作折半插入排序
    int i, j, low, high, mid;
    for(i = 2; i < = L.length; ++i){
        L.R[0] = L.R[i];                                //L.R[i]暂存到 L.R[0]
        low = 1; high = i - 1;
        while(low < = high ){
            mid = (low + high)/2;                       //在 R[low…high]中折半查找插入的位置
            if(L.R[0].key < L.R[mid].key) high = mid - 1;    //插入点在高半区
            else low = mid + 1;                         //插入点在低半区
        }
        for (j = i - 1; j > = high + 1; - - j) L.R[j + 1] = L.R[j];  //记录后移
        L.R[high + 1] = L.R[0];                         //插入
    }
}
```

2. 算法分析

(1) 折半插入所需附加存储空间与直接插入排序相同。

(2) 从时间上看,折半插入并没有减少记录间的移动次数,仅仅减少了关键字间的比较次数,因此其时间复杂度仍为 $O(n^2)$。

(3) 折半插入排序是不稳定的。

9.3.3　希尔排序

希尔排序(Shell Sort)又称缩小增量排序,是 D. L. Shell 于 1995 年提出的。它是对直接插入排序的一种改进。它的基本思想是：先将整个待排序记录序列分成若干个子序列，然后分别对各个子序列进行直接插入排序，当整个序列中的记录"基本有序"时，再对全体记录进行一次直接插入排序。

希尔排序的具体过程如下。

(1) 取一个正整数 d_1，$d_1 = \lceil n/2 \rceil$，从第一个记录开始所有间隔为 d_1 的倍数的记录放在同一组中，在各组内分别进行直接插入排序。

(2) 再取一个正整数 d_2，$d_2 = \lceil d_1/2 \rceil$，重复(1)、(2)的分组和排序工作，直至取 $d_k = 1$ 为止，一般有 $d_{i+1} = \lceil d_i/2 \rceil$。

由 Shell 提出的上述增量序列 $\{d_1, d_2, \cdots, d_k\}$ 称为希尔增量。必须指出的是，关于增量序列的取法有很多种，但是到目前为止尚未有人求得一种最好的增量序列，这涉及一些至今尚未解决的数学难题，因此本书仅讨论最基本的增列序列，如$\{5,3,2,1\}$或者$\{5,3,1\}$等。

例如，初始关键字序列为$\{42,35,60,90,76,13,27,42,50,8\}$，采用的增量序列是$\{5,3,1\}$，则希尔排序的过程如图 9-3 所示。

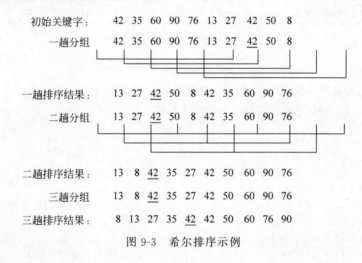

图 9-3　希尔排序示例

1. 算法描述

根据希尔排序的思想和分析，希尔排序的实现过程如算法 9-3 所示。其中，ShellPass 是一次排序，ShellSort 是完整的希尔排序算法。

【算法 9-3】　希尔排序算法。

```
void ShellPass(SortSqList &L, int d){
    //希尔排序中的一次排序,d 为当前增量
    int i, j;
    for(i = d + 1; i <= L.length; i++)        //将 L.R[d+1..n]分别插入各组当前的有序区
        if(L.R[i].key < L.R[i-d].key){
            L.R[0] = L.R[i]; j = i - d;       // L.R[0]只是暂存单元,不是哨兵
            do {                               //查找 R[i]的插入位置
                L.R[j+d] = L.R[j];             //后移记录
                j = j - d;                     //查找前一记录
            }while(j > 0&&L.R[0].key < L.R[j].key);
            L.R[j+d] = L.R[0];                 //将 L.R[i]插入到正确的位置
        }
}
```

```
}
void ShellSort(SortSqList &L, int d[], int k){
    //对顺序表 L 进行希尔排序,d[0]~d[k-1]是值递减的增量序列,且 d[k-1] = 1
    int i = 0;
    for(i = 0; i < k; i++) ShellPass(L, d[i]);
}
```

2. 算法分析

(1) 希尔排序的实质是先将整个序列按间隔的增量序列分成几个子表分别进行直接插入排序,待整个序列基本有序时,再对整个序列进行一次直接插入排序,这样就可以减少记录关键字间的比较次数和移动记录的次数。因此,增量序列的确定是关键。

(2) 确定一种最好的增量序列在数学上仍然是一个难题,但是到目前为止,已经得出一些局部的结论。例如,如果采用希尔增量,则时间复杂度为 $O(n^2)$;如果采用的增量序列形如 $\{2k-1,\cdots,7,3,1\}$,则时间复杂度为 $O(n^{\frac{3}{2}})$。

(3) 一般来说,如果增量序列中的值没有除 1 之外的公因子或者至少相邻两个增量序列中的值没有除 1 之外的公因子,则这样的增量序列是最好的。增量序列不管如何选取,必须保证最后一个增量的值为 1。

(4) 希尔排序方法是不稳定的。

9.4 交换排序

借助于"交换"的思想进行排序的方法称为交换排序法,其基本思想是:比较两个待排序记录的关键字,若为逆序则相互交换位置,否则保持原来的位置不变,直到没有逆序的记录为止。

本节主要讨论两种交换排序法:冒泡排序和快速排序。

9.4.1 冒泡排序

冒泡排序(Bubble Sort)是最简单的一种交换排序法,其基本思想是:

(1) 首先将第 1 个记录的关键字与第 2 个记录的关键字进行比较,若为逆序则交换这两个记录,再将第 2 个记录与第 3 个记录的关键字进行比较,以此类推,直至将第 $n-1$ 个记录和第 n 个记录进行比较为止,上述过程称为第 1 次冒泡排序,其结果是关键字最大的记录被安置到最后的位置。

(2) 然后进行第 2 次冒泡排序,即对前 $n-1$ 个记录进行同样操作,使关键字次大的记录被安置在倒数第 2 个位置上,即第 $n-1$ 个记录的位置。

(3) 依次进行第 $3,4,\cdots,n-1$ 次冒泡排序。一般地,第 i 次冒泡排序,将该次最大关键字的记录安置在第 $n-i+1$ 个位置上。

整个冒泡排序过程总共需要 $n-1$ 次冒泡排序,其结果是关键字较小的记录好比水中气泡逐渐向上起泡,而关键字较大的记录就像石块往下沉,每次总有一块"最大"的石头沉到水底(或者说每次总有一个"最小"的气泡浮到水面),故形象地称为冒泡排序。例如,对关键字序列为$\{49,38,65,97,76,13,27,49\}$进行冒泡排序的过程如图 9-4 所示。

49	38	38	38	38	13	13	13
38	49	49	49	13	27	27	27
65	65	65	13	27	38	38	38
97	76	13	27	49	49	49	49
76	13	27	49	49	49	49	49
13	27	49	65	65	65	65	65
27	49	76	76	76	76	76	76
49	97	97	97	97	97	97	97
初始关键字	第一次排序后	第二次排序后	第三次排序后	第四次排序后	第五次排序后	第六次排序后	第七次排序后

图 9-4　冒泡排序示例

1．算法描述

根据冒泡排序的思想和分析，其实现过程如算法 9-4 所示。

【算法 9-4】 冒泡排序算法。

```
void bubbleSort(SortSqList &L){
    // L 中 R[1]～R[n]为待排序的记录,对 L 做冒泡排序
    int i, j;
    for(i = 1; i < L.length; ++i)            //冒泡排序
        for(j = 1; j < L.length - i + 1; j++)  //一次冒泡排序过程
            if(L.R[j + 1].key < L.R[j].key) {
//如果 L.R[j+1].key 小于 L.R[j].key,则交换之
                L.R[0] = L.R[j];
                L.R[j] = L.R[j + 1];
                L.R[j + 1] = L.R[0];
            }
}
```

2．算法分析

（1）在最佳情况下，当待排序记录为正序时，排序过程不需要移动记录，实际上只需进行一次排序，进行 $n-1$ 次关键字比较即可。在图 9-4 所示示例中，第五次冒泡排序后记录已经有序，故第六次和第七次操作是多余的，因此算法可以改进，将在 9.4.2 节中介绍。

（2）在最坏情况下，亦即当待排序记录为逆序时，需要进行 $n-1$ 次冒泡排序，且需进行 $\sum_{i=1}^{n-1}(n-i)=n(n-1)/2$ 次关键字比较和 $3n(n-1)/2$ 次记录移动，因此总的时间复杂度为 $O(n^2)$。

（3）冒泡排序是稳定的，并且特别适用于记录基本有序的场合。

9.4.2　快速排序

快速排序（Quick Sort）是对冒泡排序的一种改进，它是目前内部排序中速度较快的一种方法，是由 C. A. R. Hoare 于 1962 年提出的。快速排序的基本思想是：首先选取某个记录的关键字 K 作为枢轴，通过一趟排序将待排序的记录分割成左、右两个子表，左边子表

中各记录的关键字都小于或等于 K，右边子表中各记录的关键字都大于或等于 K，然后用同样的方法递归地处理这两个子表，以达到整个序列有序，这一排序方法又称为分区交换排序。

快速排序的实现过程如下。

(1) 假设待排序序列为 $\{R_s, R_{s+1}, \cdots, R_t\}$，首先选取一个记录作为枢轴记录（通常选取第 1 个记录 R_s），这个记录又简称"枢轴"。

(2) 然后按下列操作重排其余记录：将所有关键字比枢轴记录的关键字小的记录移到枢轴记录之前；将所有关键字比枢轴记录的关键字大的记录移到枢轴记录之后。

(3) 由此以该枢轴最后所落的位置 i 作为分界线，将待排记录 $\{R_s, R_{s+1}, \cdots, R_t\}$，分割成两个子序列 $\{R_s, R_{s+1}, \cdots, R_{i-1}\}$ 和 $\{R_{i+1}, R_{i+2}, \cdots, R_t\}$，这个过程称为一趟快速排序或一次划分。

整个快速排序可递归进行，即对每趟所分割的两部分重复上述过程，直至每个部分内只剩下一个待排序记录或为空时为止。

一趟快速排序的具体做法如下。

(1) 附设两个指针 low 和 high，它们的初值分别为 s 和 t，设枢轴记录的关键字为 pivotkey。

(2) 首先从 high 所指位置起向前搜索找到第一个关键字小于 pivotkey 的记录，并和枢轴记录相互交换。

(3) 从 low 所指位置起向后搜索，找到第一个关键字大于 pivotkey 的记录，并和枢轴记录相互交换。

(4) 重复步骤(2)、(3)，直至 high=low 为止。

例如，若初始关键字序列为 $\{49, 38, 58, 97, 76, 13, \underline{38}, 65\}$，且总是选择待排序序列中第 1 个记录作为枢轴，则对其进行快速排序的过程如图 9-5 所示。

1. 算法描述

在具体实现时，每交换一对记录需要进行三次记录移动（赋值）的操作。在排序过程中对枢轴记录的赋值是多余的，因为只有在一趟排序结束时，即 low=high 时枢轴记录才找到自己的最后位置，因此可以先将枢轴记录暂存在 $R[0]$ 的位置，排序过程中只做 $R[\text{low}]$ 或 $R[\text{high}]$ 的单向移动，直至一次排序结束后再将枢轴记录移至正确位置上。

快速排序的算法如算法 9-5 所示。

【算法 9-5】 一趟快速排序算法。

```
int Partition(SortSqList &L, int low, int high){
    //以 R[low]为枢轴,对顺序表 L 的子表 R[low]～R[high]进行一次快速排序
    //函数返回枢轴的最终位置
    KeyType pivotkey;
    L.R[0] = L.R[low];
    pivotkey = L.R[low].key;                //枢轴记录关键字
    while(low < high){                       //从表的两端交替地向中间扫描
        while(low < high&&L.R[high].key >= pivotkey) high--;
            L.R[low] = L.R[high];             //将比枢轴记录小的记录移到低端 low
        while(low < high&&L.R[low].key <= pivotkey) low++;
            L.R[high] = L.R[low];             //将比枢轴记录大的记录移到高端
```

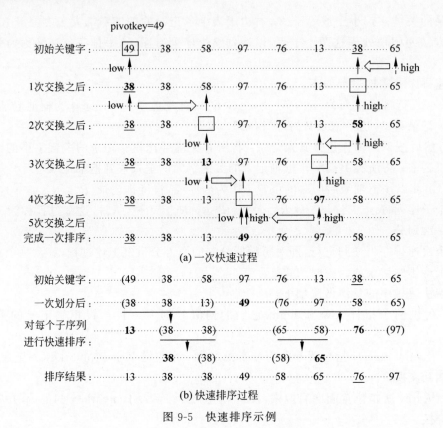

图 9-5 快速排序示例

```
        }
        L.R[low] = L.R[0];                    //枢轴记录到位
        return low;                            //返回枢轴位置
}
```

递归形式的快速排序算法如算法 9-6 所示。

【算法 9-6】 快速排序的递归实现算法。

```
void QSort(SortSqList &L, int low, int high){
    //对顺序表 L 中的子序列 L.R[low..high]作快速排序
    int pivotLoc;
    if(low < high){                           //长度大于 1
        pivotLoc = Partition(L, low, high);
        QSort(L, low, pivotLoc - 1);          //对低子表递归排序
        QSort(L, pivotLoc + 1, high);         //对高子表递归排序
    }
}
void QuickSort(SortSqList &L){
    //对顺序表 L 作快速排序
    QSort(L, 1, L.length);
}
```

2. 算法分析

（1）就平均性能而言，快速排序是最好的内部排序。若选择合适的基准记录，每次划分

使左右两个子序列长度相等,则这是最佳的情况,此时划分的次数为 $\log_2 n$,总的比较次数为 $n\log_2 n$,其时间复杂度为 $O(n\log_2 n)$。若初始记录序列按关键字有序或基本有序时,快速排序将蜕化为冒泡排序,其时间复杂度为 $O(n^2)$。针对这种情况,通常根据"三者取中"的法则选取基准记录,即比较 L.R$[s]$.key,L.R$[(s+t)/2]$.key 和 L.R$[t]$.key,取关键字居于中间的记录为基准记录,经验证明,这可大大改善快速排序在最坏情况下的性能。

(2) 当待排序记录完全无序时,快速排序性能最好;当待排序记录有序或基本有序时,快速排序蜕变为冒泡排序,这是最坏的情况。

(3) 快速排序递归算法需要堆栈来实现,栈中存放待排序记录序列的首尾位置,一般情况下需要栈空间 $O(\log_2 n)$,在最坏情况下,需要的栈空间为 $O(n)$。

(4) 快速排序方法是不稳定的,如图 9-5(a)所示。

9.5 选择排序

选择排序(Selection Sort)的基本思想是:每一趟从待排序的记录中选出关键字最小的记录,顺序放在已排好序的子文件的最后,直到全部记录排序完毕。常用的选择排序方法包括简单选择排序、树形选择排序和堆排序。

9.5.1 简单选择排序

简单选择排序(simple selection sort)是一种最简单的选择排序方法,其基本思想是:对 n 个待排序记录 L.R$[1..n]$进行 $n-1$ 次扫描,第 i 次扫描 L.R$[i..n]$中的 $n-i+1$ 个记录,并从中选出最小关键字的记录与第 i 个记录交换位置($1\leqslant i\leqslant n-1$)。重复这样扫描 $n-1$ 次,最后得到的序列就是有序的。其具体操作如下。

(1) 第一次扫描,选出 n 个记录中关键字值最小的记录,并与 L.R$[1]$记录交换;

(2) 第二次扫描,选出余下的 $n-1$ 个记录中关键字值最小的记录,并与 L.R$[2]$记录交换。

(3) 以此类推,直至第 $n-1$ 次扫描结束,此时整个序列即为有序序列。

例如,设初始关键字序列为$\{21,25,49,\underline{25},16,08\}$,简单选择排序的示例过程如图 9-6 所示。

```
初始关键字：    21   25   49   25   16   08
第1次排序：（ 08 ）25   49   25   16   21
第2次排序：（ 08   16 ）49   25   25   21
第3次排序：（ 08   16   21 ）25   25   49
第4次排序：（ 08   16   21   25 ）25   49
第5次排序：（ 08   16   21   25   25 ）49
排序结果：    08   16   21   25   25   49
```

图 9-6 简单选择排序过程示例

1. 算法描述

根据简单选择排序的思想和分析,其实现的过程如算法 9-7 所示。

【算法 9-7】 简单选择排序算法。

```
void selectSort(SortSqList &L){
    //对记录序列 L 进行简单选择排序
    int i, j, k;
    for(i = 1; i < L.length; i++){                //做第 i 次排序(1≤i≤n-1)
        k = i;
        for(j = i + 1; j <= L.length; j++)        //在当前无序区 L.R[i..n]中选 key 最小的记录
            if(L.R[j].key < L.R[k].key)           //如果 L.R[j].key 小于 L.R[k].key
                k = j;                            //k 记下目前找到的最小关键字所在的位置
        if(k!= i){                                //交换 L.R[i]和 L.R[k]
            L.R[0] = L.R[i]; L.R[i] = L.R[k]; L.R[k] = L.R[0];   //L.R[0]作为暂存单元
        }
    }
}
```

2. 算法分析

(1) 在简单选择排序过程中,所需进行记录移动的操作次数较少。当初始序列是正序时,移动记录次数达到最小为 0 次;当初始序列是逆序时,移动记录次数最大为 $3(n-1)$ 次。

(2) 无论初始序列如何排列,所需进行关键字间的比较次数相同,均为 $n(n-1)/2$ 次,故总的时间复杂度为 $O(n^2)$。

(3) 简单选择排序方法是不稳定的。

9.5.2 树形选择排序

用简单选择排序法从 n 个记录中选出关键字最小的记录要做 $n-1$ 次比较,从剩余 $n-1$ 个记录中选出最小者要做 $n-2$ 次比较,以此类推。显然,相邻两趟中某些比较是重复的且是重要的,为了避免重复的比较,可以采用树形选择排序(Tree Selection Sort)。

树形选择排序的基本思想如下。

(1) 将 n 个待排序记录的关键字序列 $\{K_1, K_2, \cdots, K_n\}$,先两两比较取出其中关键字值较小的 $n/2$ 个记录再进行两两比较,继续选择每对中的较小者,直至选出最小关键字。

(2) 对余下的 $n-1$ 个记录进行第二次同样的操作,再选出一个次小关键字,如能反复,直至整个排序结束。

上述过程可以用一棵含有 n 个叶子结点的完全二叉树表示,每个分支结点存放其左右孩子中具有较小关键字的那个结点的副本(或关键字),以此类推,则树根表示具有最小关键字的结点。当选出一个关键字时,将其相应的叶子结点关键字值设置为无限大,目的是方便操作。

例如,初始关键字序列为$\{13, 28, 17, 20, 29, 33, 30, 31\}$,则树形选择排序的过程如图 9-7 所示。

由于 n 个叶子结点的完全二叉树的深度为 $\lceil \log_2 n \rceil + 1$,则在树表选择排序中,除了最小关键字外,每选择一个次小关键字需进行 $\lceil \log_2 n \rceil$ 次比较。因此它的时间复杂度为

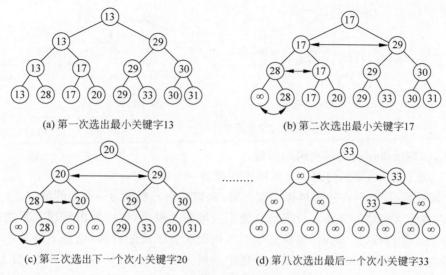

(a) 第一次选出最小关键字13 (b) 第二次选出最小关键字17

(c) 第三次选出下一个次小关键字20 (d) 第八次选出最后一个次小关键字33

图 9-7 树形选择排序过程示例

$O(n\log n)$，树型选择排序虽然减少了比较次数，但元素要重复存储。耗费较多的存储空间以及和最大值进行多余的比较，为了保留比较信息，算法也很复杂，一种改进的方法是由 J. Williams 在 1964 年提出的另一种形式的选择排序——堆排序。

9.5.3 堆排序

在堆排序（heap sort）中，把待排序的序列逻辑上看作一棵完全二叉树，并用堆来选择待排序记录中的极值，从而实达到最终的排序目的。

1. 堆定义

对于一个具有 n 个记录的线性序列 $\{R_1, R_2, \cdots, R_n\}$，若其关键字序列 $\{K_1, K_2, \cdots, K_n\}$ 满足如下关系：

$$\begin{cases} K_i \leqslant K_{2i} & (2i \leqslant n) \\ K_i \leqslant K_{2i+1} & (2i+1 \leqslant n) \end{cases}, \quad \begin{cases} K_i \geqslant K_{2i} & (2i \leqslant n) \\ K_i \geqslant K_{2i+1} & (2i+1 \leqslant n) \end{cases} \tag{9-1}$$

则称该线性序列为堆。

若把关键字序列 $\{K_1, K_2, \cdots, K_n\}$ 看作一棵完全二叉树的层次序列，则堆的含义表明，完全二叉树中所有非叶子结点的关键字值均不大于（或不小于）其左右孩子结点的关键字值，相应地将该完全二叉树称为小（大）根堆。因此，若序列 $\{K_1, K_2, \cdots, K_n\}$ 是堆，则堆顶元素（完全二叉树的根）必为序列中 n 个元素的最小值（或最大值）。

例如，关键字序列 $\{95,84,70,55,60,42,65,8,27,48\}$ 和 $\{6,27,11,43,85,32,24,56\}$ 均满足堆的定义，分别为大根堆和小根堆，图 9-8 给出了分别与这两个序列所对应的完全二叉树。

2. 堆排序

将无序序列建成一个堆，得到关键字最大（或最小）的记录；输出堆顶的最大（小）值后，使剩余的 $n-1$ 个元素重新又建成一个堆，则可得到 n 个元素的次大（小）值；重复执行，得到一个有序序列，这个过程叫堆排序。

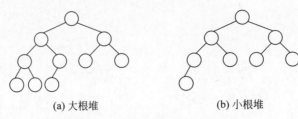

(a) 大根堆　　　　　　　(b) 小根堆

图 9-8　与堆所对应的完全二叉树

由此,实现堆排序需要解决两个问题。

(1) 构造初始堆,即如何由一个无序序列建成一个堆。

(2) 调整堆,即如何在输出堆顶元素之后,调整剩余元素成为一个新的堆。

现在,先来考虑堆的调整。设当前所使用的堆为大根堆,假设输出堆顶元素之后,以堆中最后一个元素替代之。此时,整棵完全二叉树就失去了堆的性质,已经不再是一个堆,但根结点的左右子树均为堆,子树的根为子树中的极大值,因此可从根结点开始,自上而下进行调整。将堆顶元素同左、右子树根中较大者进行比较,若小于该子树根结点的值,则堆顶结点与该子树根结点交换;可能因为交换又破坏了该子树的堆的性质,则重复上述调整过程,最坏的情况是直至调整到叶子结点才结束。这种自堆顶向下调整建堆的过程称为结点向下"筛选"。

例如,如图 9-9 所示,给出了堆顶极大值的输出及堆的调整过程。

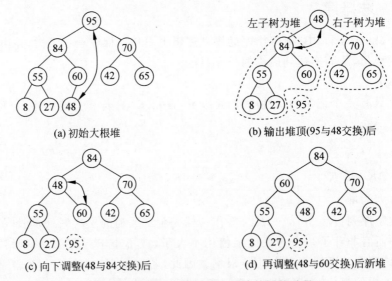

图 9-9　堆顶极大值的输出及堆的调整过程

接下来,再考虑初始堆的构造方法。实际,从一个无序序列建造初始堆的过程就是一个反复"筛选"的过程。若将 n 个待排序记录的关键字序列看成是一棵完全二叉树,则所有的叶子结点所对应的子二叉树(只有一个根结点)一定为堆。因此,只需从最后一个分支结点(第 $\lfloor n/2 \rfloor$ 个)开始,依次将以第 k 个($k = \lfloor n/2 \rfloor$, $\lfloor n/2 \rfloor - 1$, $\lfloor n/2 \rfloor - 2$, …, 1)分支结点为根的子树调整为堆;当 $k=1$ 时,最终得到的完全二叉树所对应的序列就是一个堆。

例如,若初始关键字序列{70, 27, 65, 55, 48, 42, 95, 8, 84, 60},则将其构造一个初

始大根堆的过程如图 9-10 所示。

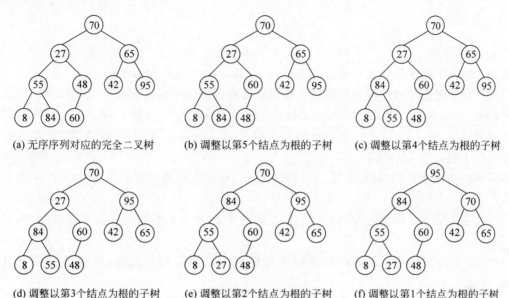

图 9-10 构造初始大根堆的过程示例

根据前面的分析,为使排序结果按关键字非递增有序排列,则在堆排序的算法中先建一个"大根堆",将堆顶元素与序列中最后一个记录交换,然后对序列中前 $n-1$ 个记录进行"筛选",重新调整为一个"大根堆",如此反复直至排序结束。

由此,堆排序的实现如算法 9-8 所示。其中,函数 heapAdjust()为堆的"筛选"算法;而函数 heapSort()则给出了反复调用筛选函数来实现堆排序的过程。

【算法 9-8】 堆排序算法。

```
void heapAdjust(SortSqList &L, int s, int m){
/*已知 L 中记录 R[s]~R[m]的关键字除 R[s].key 之外其余均满足大根堆的定义,
  本函数调整 R[s],使得 R[s]~R[m]成为一个大根堆 */
    int j;
    L.R[0] = L.R[s];                              //将 R[s]放至 R[0]中临时保存
    for(j = 2 * s; j <= m; j * = 2){              //向下筛选,寻找 R[0]的调整位置
        if(j < m&&L.R[j].key < L.R[j+1].key) ++j; //j 指向为 s 的左右孩子中关键字较大者
        if(L.R[0].key >= L.R[j].key)  break;      //筛选结束,R[0]应在位置 s 上插入
        L.R[s] = L.R[j];   s = j;                 //将 R[j]调整到双亲结点位置上,继续向下寻找调整位置
    }
    L.R[s] = L.R[0];                              //将 R[0]调整到位置 s 处
}
void heapSort (SortSqList &L){
    //对顺序表 L 进行堆排序
    int i;
    for(i = L.length/2; i > 0; -- i)              //反复调用 heapAdjust 将 R[1]~R[length]建成大顶堆
        heapAdjust(L, i, L.length);
    for(i = L.length; i > 1; -- i){               //反复调用 heapAdjust,实现排序
        L.R[0] = L.R[1]; L.R[1] = L.R[i]; L.R[i] = L.R[0];
//堆顶 R[1]与最后一个 R[i]交换
```

```
            heapAdjust(L, 1, i-1);           //将 R[1]~ R[i-1]重新调整为大顶堆
    }
}
```

3. 算法分析

（1）堆排序对 n 较大的文件比较有效，记录数 n 较少时不提倡使用。

（2）堆排序运行的时间主要耗费在建初始堆和调整建新堆时的反复"筛选"上。对深度为 k 的堆，heapAdjust 算法中进行的关键字比较次数不超过 $2(k-1)$ 次。n 个结点的完全二叉树的深度为 $\lfloor \log_2 n \rfloor + 1$，则调整新建堆时调用 heapAdjust 过程 $n-1$ 次，总共进行的比较次数不超过 $2(\lfloor \log_2(n-1) \rfloor + \lfloor \log_2(n-2) \rfloor + \cdots + \log_2 2) < 2n \lfloor \log_2 n \rfloor$。因此，堆排序在最坏的情况下，其时间复杂度也为 $O(n \log n)$，相对于快速排序来说，这是堆排序最大的优点。

（3）堆排序的空间复杂度为 $O(1)$，即仅需一个记录大小的辅助存储空间，供交换元素使用。

（4）堆排序过程中，总是将堆顶记录与最后一个记录进行交换，所以堆排序是不稳定的。

9.6 归并排序

归并排序（Merging Sort）的基本思想是将两个或两个以上的有序序列归并成一个新的有序序列的过程。本节以 2-路归并排序为例进行阐述。

含有 n 个记录的初始序列，可以把每个记录看成一个原始子序列，每个子序列的长度为 1，然后进行两两归并，得到 $\lceil n/2 \rceil$ 个长度为 2 或 1 的子序列，继续将前面得到的子序列进行两两归并，直至得到一个长度为 n 的子序列为止，这种排序方法称为 2-路归并排序。

例如，对初始关键字序列{20,14,18,24,32,16,28}，图 9-11 给出了 2-路归并排序过程。

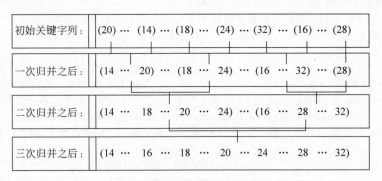

图 9-11 2-路归并排序过程示例

1. 算法描述

2-路归并最核心的操作是将一维数组中前后相邻的两个有序序列合并成一个有序序列，具体如算法 9-9 所示。

【算法 9-9】 合并前后相邻两个序列的算法。

```
void merge(RcdType SR[], RcdType TR[], int s, int m, int t){
```

```
//将有序的 SR[i…m]和 SR[m+1…n]归并为有序的 TR[i…n]
int i, j, k;
i = s, j = m + 1, k = s;
while(i <= m&&j <= t) {                        //当两个有序子表均未完时
    if(SR[i].key <= SR[j].key)
        TR[k++] = SR[i++];
    else TR[k++] = SR[j++];
}
while(i <= m) TR[k++] = SR[i++];               //当第 1 个子序列未完时
while(j <= t) TR[k++] = SR[j++];               //当第 2 个子序列未完时
}
```

一次完整归并操作是将 $SR[1..n]$ 中前后相邻且长度为 len 的有序段进行两两合并,得到前后相邻,长度为 2len 的有序段,并存放到 $TR[1..n]$ 中。实现见算法 9-10。

【算法 9-10】 有序段两两合并的算法。

```
void MSort(RcdType SR[ ], RcdType TR[ ], int n, int len ){
//将 SR 中每 len 个结点有序的 n 个结点两两合并到 TR[1..n]中,使 TR 中结点每 2len 个结点有序.
    int first, last;
    first = 1;
    while(first + len < n){                    //还至少有两个有序段
        last = first + 2 * len - 1;
        if(last >= n) last = n - 1;            //最后一段可能不足 len 个结点
        merge(SR, TR, first, first + len - 1, last );//相邻有序段归并
        first = last + 1;                      //下一对有序段中左段的开始下标
    }
    if(first < n)                              //当还剩下一个有序段时,将其从 SR 复制到 TR
        for(; first < n; first++) TR[first] = SR[first];
}
```

归并排序算法的完整实现过程是:利用一趟归并算法控制有序段的长度,每归并一趟,有序段长度加倍,并交替地从 L.R 归并到 TR[ ],又从 TR[ ]归并到 L.R,直至整个序列有序。具体描述如算法 9-11 所示。

【算法 9-11】 归并排序算法。

```
void mergeSort(SortSqList &L){
//对记录序列 L 进行归并排序
    int len = 1, f = 0, n = L.length;
    RcdType TR[MAXSIZE];                       //TR 暂时存储排序记录,MAXSIZE 可以设置
    #define MAXSIZE 100
    while(len < n) {
        if(f) MSort(TR, L.R, n, len );
        else MSort(L.R TR, n, len );
        len * = 2;                             //一次归并后,有序段长度加倍
        f = 1 - f;                             //控制交替归并
    }
    if(f)                                      //当经过奇数次归并时,从 TR 复制到 L.R
        for(f = 0; f < n; f++) L.R[f] = TR[f];
}
```

2. 算法分析

（1）设待排序的记录 L 的长度为 n，若有 $n=2^k$，则对 L 进行 $k=\log_2 n$ 遍归并；对于任意的 n，需进行 $\lceil \log_2 n \rceil$ 遍归并。每遍归并的比较次数不超过 n，故总的比较次数为 $O(n\log_2 n)$。每遍归并需 n 次移动，故总的移动次数为 $O(n\log_2 n)$。因此，整个归并排序的时间复杂度为 $O(n\log_2 n)$。

（2）实现归并排序需和待排记录等数量的辅助空间，故其空间复杂度为 $O(n)$。

（3）归并排序的最大特点是，它是一种性能好且稳定的排序方法。

9.7 各种排序方法比较

1. 各种排序方法的性能

综合本章讨论的各种内部排序方法，可将各种方法的性能归纳成如表 9-5 所示。

表 9-5 各种排序算法性能比较

排序算法	平均时间	最坏情况	最好情况	辅助空间	稳定性
直接插入	$O(n^2)$	$O(n^2)$	$O(n)$	$O(1)$	稳定
希尔排序	$O(n^{1.5})$	/	/	$O(1)$	不稳定
冒泡排序	$O(n^2)$	$O(n^2)$	$O(n)$	$O(1)$	稳定
快速排序	$O(n\log n)$	$O(n^2)$	$O(n\log n)$	$O(\log n)$	不稳定
简单选择	$O(n^2)$	$O(n^2)$	$O(n^2)$	$O(1)$	不稳定
堆排序	$O(n\log n)$	$O(n\log n)$	$O(n\log n)$	$O(1)$	不稳定
归并排序	$O(n\log n)$	$O(n\log n)$	$O(\log n)$	$O(n)$	稳定

从表 9-5 可以得出如下结论。

（1）从平均性能而言，快速排序最佳，时间最省，但在最坏情况下会蜕变成冒泡排序，其性能不如堆排序和归并排序稳定。堆排序和归并排序相比较，当 n 较大时，归并排序所需时间较堆排序节省，但所需辅助空间最多。

（2）从稳定性来看，除了直接插入、简单选择和归并排序是稳定的以外，几乎所有性能较好的内部排序方法都是不稳定的。

（3）当序列中的记录"基本有序"或 n 值较小时，直接插入排序是最佳的排序方法，因此常将它与其他的排序方法（如快速排序、归并排序等）结合使用。

2. 排序方法的选择

实际应用中，在选择排序方法时，要综合考虑排序方法的各种因素，如排序方法的时间复杂度、空间复杂度、稳定性、简单性、待排序记录数以及每条记录本身的信息量大小等诸多因素。通可按下述原则选择排序方法。

（1）当待排序记录数 n 较小时，可以采用直接插入排序或简单选择排序。

（2）当待排序记录数的初始状态已经按关键字基本有序时，可以采用直接插入排序或冒泡排序。

（3）当待排序记录数 n 较大，关键字分布较随机且对稳定性没有要求时，可以采用快速排序。

（4）当待排序记录数 n 较大,内存空间允许,且要求排序稳定时,可以采用归并排序。

（5）当待排序记录数 n 较大,关键字分布可能会出现正序或逆序的情况,且对稳定性不做要求时,可以采用堆排序(或归并排序)。

综上所述,在本章讨论的所有排序方法中,没有哪一种是绝对最优的。因此,在使用时需根据不同情况适当选用,甚至可将多种方法结合使用。

9.8 项目实现

按照本章开头项目引入时的要求,完成相应的功能,并显示运行结果。设学生的数据信息存储在文件"studata2.txt"中,且第一个数据为学生数。文件中数据的内容形式如图 9-12 所示。

项目实现代码如下:

```
#include <stdio.h>
#include <stdlib.h>
#include <string.h>

#define MAX 101
typedef struct
{   int num;
    char name[13];
    int sc[2];                              //两门课的成绩
    int total;                              //总成绩
} stuType;                                  //学生类型
//创建查找表:从文件中读取学生数据存于 stus 中,返回学生数
int creatTable(stuType stus[])
{
    int i,n;
    FILE *fp;
    if(!(fp = fopen("studata2.txt","r")))   //打开文件
    {
        printf("文件打开失败!\n");
        system("pause");
        return 0;
    }
    fscanf(fp,"%d",&n);
    for(i = 1; i <= n; i++)
    {
        fscanf(fp, "%d%s%d%d",
            &stus[i].num,stus[i].name,&stus[i].sc[0],&stus[i].sc[1]);
        stus[i].total = stus[i].sc[0] + stus[i].sc[1];
    }
    fclose(fp);
    return n;
}
```

```
23
14  范蕊    70 73
20  唐帅    91 82
4   王昊    85 64
13  杨明    63 71
1   井子玄  76 85
18  张三    86 60
8   巩佳睿  81 78
21  袁鹏宇  73 65
9   张三    73 72
10  许春晓  84 62
......  ......  ......
```

图 9-12 文件"studata2.txt"

```c
//显示一个学生数据 stu 的信息
void showStuInfo(stuType stu)
{   printf("\t%5d%13s%8d%8d%8d\n",stu.num,stu.name,stu.sc[0],stu.sc[1],stu.total);
}
//显示学生信息表
void showTable(stuType stus[], int n)
{   printf("\t--------------------------------------------\n");
    printf("\t%5s%13s%8s%8s%8s\n","学号","姓名","课程1","课程2","总成绩");
    printf("\t--------------------------------------------\n");
    for(int i=1;i<=n;i++) showStuInfo(stus[i]);
    printf("\t--------------------------------------------\n");
}
//按学号的一次希尔排序
void shellPassByNum(stuType stus[], int n, int d)
{                                           //代码略
}
//按学号的希尔排序
void shellSortByNum(stuType stus[], int n)
{                                           //代码略:可选取增量序列为:n/2, n/4, …,1
}


typedef struct
{   int addr;                               //在数据表中的地址(序号)
    char name[13];
} nameIndexType;                            //姓名索引项类型
//显示姓名索引表 R 中的数据信息
void showIndexTable(nameIndexType R[],int n)
{
    int i;
    printf("\t*** 姓名索引表 ***\n");
    printf("\t%5s%13s\n","地址","姓名");
    for(i=1;i<=n;i++)
        printf("\t%5d%13s\n",R[i].addr,R[i].name);
}
//按姓名的直接插入索引排序,并将结果输出到文件并显示
void insertSort_NameIndex(stuType stus[],int n)
{   nameIndexType R[MAX];
    FILE *fp;
    int i,j;
    for(i=1;i<=n;i++)
    {
        R[0].addr=i; strcpy(R[0].name,stus[i].name);
        //代码略:R[0]作为临时变量和哨兵,再将其插入到有序表中
    }
    if(!(fp=fopen("nameIndex.txt","w")))    //打开文件
    {
        printf("文件打开失败!\n");
        system("pause");
        return ;
    }
    fprintf(fp,"%d\n",n);                   //向文件中输出学生数
```

```c
    for(i = 1;i <= n;i++)                           //向文件中输出每条索引数据
        fprintf(fp,"%d    %s\n",R[i].addr,R[i].name);
    fclose(fp);
    showIndexTable(R,n);                            //显示索引表信息
}

//按总成绩,进行一次快速排序(递减)
int partition(stuType stus[],int low, int high)
{                                                   //代码略
}
//利用 partition,在学生信息表 stus[1..n]中查找第 k 大成绩
int KthLarge(stuType stus[],int n,int k)
{   int low = 1,high = n,loc;
    loc = partition(stus,low,high);
    while(loc!= k)
    {   if(k < loc) high = loc - 1;
        else low = loc + 1;
        loc = partition(stus,low,high);
    }
    return k;                                       //返回 k 大值在原表中的位置
}
int main()
{   stuType stus[MAX];
    int n;
    n = creatTable(stus);                           //创建并显示学生信息表
    showTable(stus,n);
    system("pause");
    shellSortByNum(stus,n);                         //按学号希尔排序,并显示

    system("cls");
    showTable(stus,n);
    system("pause");
    //重新读取数据创建学生信息表 stus[1..n],按姓名建立索引表;显示并输出到文件中
    n = creatTable(stus);
    insertSort_NameIndex(stus,n);
    system("pause");

    //循环测试:利用快速排序方法,查找第 k 大值
    int k = 1,loc;
    while(k!= 0)
    {   system("cls");
        printf("查找第 k 大成绩,输入 k(0 结束查找):");
        scanf("%d",&k);
        if(k == 0)break;
        if(k < 0||k > n)
        {   printf("第%d 大成绩不存在!\n",k);
            system("pause");
            continue;
        }
        loc = KthLarge(stus,n,k);
        printf("第%d 大成绩的学生信息:\n",k);
        showStuInfo(stus[loc]);                     //输出第 k 大成绩的学生数据
        system("pause");
    }
```

```
    return 0;
}
```

项目运行的结果如图 9-13～图 9-16 所示。

（1）创建待排序表并输出，如图 9-13 所示。

C:\Users\haitao\Desktop\数据结构\实验7排序\...

学号	姓名	课程1	课程2	总成绩
14	范蕊	70	73	143
20	唐帅	91	82	173
4	王昊	85	64	149
13	杨明	63	71	134
1	井子玄	76	85	161
18	张三	86	60	146
8	巩佳睿	81	78	159
21	袁鹏宇	73	65	138
9	张三	73	72	145
10	许春晓	84	62	146
5	刘琦	65	92	157
11	张煊圆	67	94	161
7	孙宏宇	65	82	147
12	张志龙	66	90	156
23	赵云雷	65	64	129
2	王丹阳	97	89	186
22	张三	71	75	146
15	郑秋磊	85	83	168
3	王帅华	72	63	135
16	姜雪	86	90	176
17	姜明亮	65	76	141
19	郝运	69	81	150
6	孙书雅	74	70	144

图 9-13　创建待排序表

（2）将排序表按学号排序，排序结果如图 9-14 所示。

C:\Users\haitao\Desktop\数据结构\实验7排序\...

学号	姓名	课程1	课程2	总成绩
1	井子玄	76	85	161
2	王丹阳	97	89	186
3	王帅华	72	63	135
4	王昊	85	64	149
5	刘琦	65	92	157
6	孙书雅	74	70	144
7	孙宏宇	65	82	147
8	巩佳睿	81	78	159
9	张三	73	72	145
10	许春晓	84	62	146
11	张煊圆	67	94	161
12	张志龙	66	90	156
13	杨明	63	71	134
14	范蕊	70	73	143
15	郑秋磊	85	83	168
16	姜雪	86	90	176
17	姜明亮	65	76	141
18	张三	86	60	146
19	郝运	69	81	150
20	唐帅	91	82	173
21	袁鹏宇	73	65	138
22	张三	71	75	146
23	赵云雷	65	64	129

图 9-14　按学号排序结果

（3）以姓名拼音顺序递增的方式排序，排序结果如图 9-15 所示。

（4）从所有的学生数据中找出总成绩为第 3 名的学生信息，结果如图 9-16 所示。

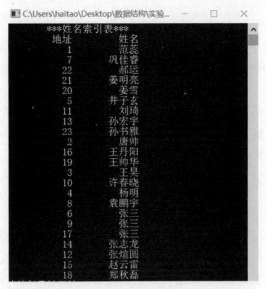

图 9-15 以姓名递增的方式排序结果

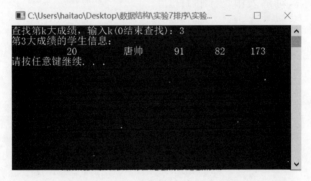

图 9-16 找出总成绩为第 3 名的学生

9.9 习题

(1) 什么是稳定的排序方法？什么是不稳定的排序方法？内部排序中哪些方法是稳定的？哪些是不稳定的？

(2) 选择排序,堆排序,快速排序是不稳定的排序方法,试分别举一个实例加以说明。

(3) 设待排序记录的关键字序列为{11,4,18,33,29,9,18,21,5,19},分别写出使用快速排序、堆排序、归并排序进行排序的过程。

(4) 对于给定的待排序的关键字序列{49,38,65,97,76,13,27,49,55,4},利用希尔排序方法(设增量序列为{5,3,1})对其从小到大排序,给出排序过程。

(5) 对给定关键字的序号 $j(1 < j < n)$,要求在无序记录 $A[1..n]$ 中找到按关键字从小到大排在第 j 位上的记录,试利用快速排序的划分思想设计算法实现上述查找。

(6) 对于给定的序列：①{19,75,34,26,97,56}；②{97,26,34,75,19,56}；③{19,34,26,97,56,75}。哪些是堆(是大根堆还是小根堆),哪些不是堆,若不是利用建立初始堆的方法将其建成大根堆。

（7）已知一组记录的关键字序列为：{46,74,16,53,14,26,40,38,86,65,27,34}，写出详细的堆排序过程，画出每一步得到的完全二叉树。

（8）对于给定的待排序的关键字序列{49,38,65,97,76,13,27}，对其按2-路归并排序方法对其从小到大排序，给出排序过程。

（9）试为下列每种情况选择合适的排序方法：$n=30$，要求最坏情况速度最快；$n=30$，要求既要快又要排序稳定；$n=1000$，要求平均情况速度最快；$n=1000$，要求最坏情况速度最快且稳定；$n=1000$，要求既快又最省内存。

（10）在已讨论过的2-路归并排序方法中，排序是从 n 个大小为1的子文件（每个子文件只有一个记录）开始的。另一种改进的方式是：首先对待排序的文件进行一次扫描，将它划分为最少个数的有序子文件，例如，设待排序序列为{15,18,2,26,43,92,87,25,28,30,36,12}，因为15<18,2<26<43<92,25<28<30<36，所以被划分为下面的几个子文件：{15,18}{2,26,26,43,92}{87}{25,28,30,36}{12}，然后将这些子文件进行两两合并，试重新写出2-路归并排序算法，并分析算法所需的比较次数和辅助空间。

（11）设采用带头结点的双向链表作为待排序记录的存储结构，试利用直接插入排序方法思想，编写一个算法，对链表中记录排序。

图书资源支持

感谢您一直以来对清华大学出版社图书的支持和爱护。为了配合本书的使用，本书提供配套的资源，有需求的读者请扫描下方的"书圈"微信公众号二维码，在图书专区下载，也可以拨打电话或发送电子邮件咨询。

如果您在使用本书的过程中遇到了什么问题，或者有相关图书出版计划，也请您发邮件告诉我们，以便我们更好地为您服务。

我们的联系方式：

地　　址：北京市海淀区双清路学研大厦 A 座 714

邮　　编：100084

电　　话：010-83470236　010-83470237

资源下载：http://www.tup.com.cn

客服邮箱：tupjsj@vip.163.com

QQ：2301891038（请写明您的单位和姓名）

用微信扫一扫右边的二维码,即可关注清华大学出版社公众号。

教学资源·教学样书·新书信息

人工智能科学与技术
人工智能|电子通信|自动控制

资料下载·样书申请

书圈